U0179396

# 中国的运河

# Canals in China

史念海 著

山东人民出版社 DG 大觀

**图书在版编目（CIP）数据**

中国的运河 / 史念海著. -- 济南：山东人民出版社，2022.7（2023.5 重印）

ISBN 978-7-209-13695-2

Ⅰ. ①中… Ⅱ. ①史… Ⅲ. ①运河 – 水利史 – 中国 Ⅳ. ①TV882

中国版本图书馆CIP数据核字(2022)第003806号

**中国的运河**

ZHONGGUO DE YUNHE

史念海　著

主管单位　山东出版传媒股份有限公司
出版发行　山东人民出版社
出 版 人　胡长青
社　　址　济南市市中区舜耕路517号
邮　　编　250003
电　　话　总编室（0531）82098914
　　　　　市场部（0531）82098027
网　　址　http://www.sd-book.com.cn
印　　装　山东临沂新华印刷物流集团有限责任公司
经　　销　新华书店
规　　格　16开（170mm × 240mm）
印　　张　18.5
字　　数　170千字
版　　次　2022年7月第1版
印　　次　2023年5月第3次
ISBN 978-7-209-13695-2
定　　价　68.00元

# 序　言

《中国的运河》这部书本是我的旧作。新中国成立初期，有些同志主张重印出版。当时别有任务，无暇从事修订，因而就搁置起来。近年一些有关的著作，间或引用这本拙著中的论点，有的就利用这本拙著中的资料。这样不以覆瓿相视，看来还有重印的必要。

既是早岁的旧作，自须多加修订。这些年来，一直从事历史地理学的研究，不时接触到运河的问题，正可借此补正。又由于运河的研究已渐为世所重，有关的撰述时有所闻，发微探幽，皆见功力，如能随处采撷，就可略减瑕疵。这都有助于修订的工作。

以前，一些同志不时有所询及：当年撰写这样一本著作，动机何在？这里不妨略作说明：

这事得从历史地理学和沿革地理学的关系说起。历史地理学是一个有悠久渊源的学科。可是长期却被称为沿革地理学，历史地理学这个名称是晚近才普遍使用的。这两个不同的名称是有相当明显的区别的。作为沿革地理学就容易引起这样的问题：其一，沿革地理学的研究是以探索地理的建置沿革为主，如何能够说明历史时期地理现象的变迁？其二，沿革地理学如何能够为世所用？抗日战争时期，我就曾经有过这样的疑问。核实而言，沿革地理学是难以完全说明历史时期地理现象的若干变迁的，也不易解释和地理有关的若干历史事实。至于为世所用的问题，不能说沿革地理学就不可能为世所用，即使能够为世所用，究竟不是十分广泛的。新中国成立以来，经过同志们的共同努力，逐渐明确了沿革地理学只是历史地理学的一个部分，而历史地理学则是研究历史时期的地理的学科。地理现象是经常在变迁着，这样的变迁对于人的从事生产及其他活动必然会发生相应的影响。人是能够利用自然和改造自然的。这样的利用和改造又会反过来影响自然，促成地理现象的新的变迁。这样互为影响，永无休止，其间具有各种相应的规律。历史地理学正是要探求这样的变迁、影响及其有关的规律，使人能够更多更好地利用自然和改造自然。这样的要求就不是沿革地理学所能够完全完成的。抗日战争时期，在这一方面，似乎还未曾达到这样的境界。那时，我所能够探索到的，也只有下列这两点：其一，沿革地理学诚然在历史地理学中居有一定的地位，从事历史地理学的研究却不应仅限于沿革地理学的范围。如何才能超出这样的局限？由于当时对于历史地理学的学科性质和有关的范畴尚未有明确的论定，还难说得具体。好在已经注意到事物的变化，应该据以说明变化的缘由及其过程和影响。这样就可以稍稍轶出沿革地理学的旧规。其二，我逐渐体会到像历史地理学这样一门学科不仅应该为世所用，而且还应该争取能够应用到更多的方面。一门学科如果不能为世所用，那它是否能够长期存在下去，就成了问题了。历史上曾经有过若干绝学，最后终于泯灭无闻。沦为绝学自各有其因素，不能为世所用可能是其中一个重要原因。

有了这样一些设想，就企图作出较为具体的运用。当时我和顾颉刚先生皆寓居北碚，近在比邻。我向顾先生谈到这样的设想，承他赞许和鼓励，我就从事对于运河的研究。《中国的运河》这样的书名，也是承他指定的，书稿写成之后，并承他过目和安排付印。今修订出版此书，而先生已归道山，请益无从，念及嘉陵江畔追随杖履的情景，泫然无已！

当时，既然有这样的设想，研究运河自然就不能限于探索各条运河的沿革，但还是由史学着眼和立论。固然也曾试图说明事物变化的缘由及其过程和影响，却往往是偏重于社会和人为的方面，自然的因素就显得少些。这些年来从事野外考察，也感到应该有所增补，这样就不免要有更多的改动，不是局部的修订所可了事的，拾遗补阙，只好稍待来日。

历史地理学诚然要为世所用，但当时从事运河的研究，却是难于希冀能够实现这样的奢望。当时，抗日战争已进行到紧要关头，历史上能够兴修运河的地区，绝大部分都已沦陷。而且在那样的社会，要想兴修运河，那真是缘木求鱼，谈何容易！如果说为世所用，那要等待到新中国成立以后。实际上，正是在新中国成立以后才能把整治旧运河和开凿新运河的工作提到建设的日程上来。

新中国成立以后，我能够有一些机缘看到前代运河的遗迹和京杭运河得到整治后的现况，使我感到鼓舞。我曾在山东定陶和巨野之间考察菏水原来流经的地区，在河南淇县和浚县访问曹操为修凿白沟而堵塞淇水入白沟的枋头，也曾在关中平原探索汉唐漕渠的故道，在河南安徽一些县市访求隋唐运河的遗迹，在洛阳市区欣赏唐代含嘉仓的规模，在开封城中寻觅张择端《清明上河图》所描绘的汴河桥梁的旧址，在通州市外了解通惠河和潞河会合的水口。每到一处，都可以想见前代劳动人民卓越的成就。我也曾辗转往来于太湖周围各处，在江苏高淳东坝考察了传说是伍子胥所开的渠道，在杭州市南寻求江南运河与钱塘江交会的地方。我还曾循嘉兴附近的运河，达到苏州的葑门，看到运河中的船只交错往来，略无阻碍；片片白帆高擎船上，络绎不绝，极目远望，了不见端倪。我还曾畅游江淮之间，得见高邮以南已经展宽的运河新姿，循河上下，碧水长天不见涯际；由汽轮拖带的长队木船，先后逶迤，破浪前进，宛如渡海蛟龙，迅即远去，不可复睹。由此，我深深感到，正是在社会主义社会，运河才能发挥出更大的作用，于是，更增加了修订这本拙著的勇气。

当前，举国上下同心同德振兴中华，四化建设更是日新月异，捷报频传，运河的开拓兴建也是其中的重要一端。就在前几天，更传来了京杭运河高邮县至临城段拓宽疏浚工程竣工的喜讯，从事运河研究的人听到这样的信息，怎能按捺下去喜悦的心情！这本拙著如果能够对四化建设略尽一点添砖添瓦的微力，也是躬逢盛世的一点心愿！

念海记

1985 年除夕

# 目　录

# 第一章　远古时期自然水道的利用

## 水道交通的便利

水面上的船舶交通是要比陆地上的车辆运输经济而省力，今日固然如此，就在古代也是一样的。一苇之航，只要水力可以胜任，就能随水道所至而达到其沿岸的各处。陆地上的运输不受水道的限制，可以随意所之，这是一点长处。陆地上除开平原之外，又有许多山陵丘壑，处处都可增加运输的困难；就是在平原，车辆推挽所需的力量，到底比起同样载重的船舶大得多。所以目的地相同的地方，只要有水陆两道，人们往往会采取水道运输；即使水道所绕的路多一点，两相比较，还是水道运输要经济些。

这种极为显明的道理，就是远古时期的人类也早就知道的。远古的人类活动的范围常常喜欢在有河流经过的地方，而其发展的地区也不外乎沿河流域；倒是山岳地带成为发展的阻碍。远古的人类喜欢有河流的地方，其原因很多：有河流的地方，为冲积土壤，普遍肥沃；水中所产的鱼虾更足以吸引远古时期以渔猎为生的人类，而河流交通的便利，仍然是其中很重要的因素。近数十年来，我国发现的新石器时期文化遗址中，绝大部分近在河流侧畔，譬如黄河支流的渭水、洛河以及汾水下游和涑水流域的遗址，就是显明的例证。现在的陇山以东的渭水下游两侧，为东西交通的大道。陇海铁路就是循着这条大道兴修的。这条大道在西安以东，沿渭水南侧；西安以西则改行北岸。现在已经发现的新石器时期文化遗址的分布，正是和这条大道在渭水南北分布的情况相符合。

## 三代时期的交通

现在已经发现的新石器时期的文化遗址虽遍布于全国各地，黄河流域实较为繁多，尤其是黄河中游各处更是如此。直至夏、商、周三代，其民族活动的范围还是脱离不了黄河流域。说得更明白一点，这所谓黄河流域仅是指龙门以下的黄河，另外加上渭水和济水两条河流，与龙门以上的黄河毫不相关，这是因为龙门以下的黄河可以通行舟楫，而龙门以上的黄河在那时候还不能作交通上的利用。

夏、商、周三代常常迁都。迁都的原因很多，有的是因为政治的理由，有的是出于经济的原因，还有的因为突然而来的灾害的压迫。这些因素如何，暂且不必去管它，单就他们迁都的地方来说，就可以证明上面所说的话非尽虚妄。夏人本来居住在中原一带，他们为何迁来迁去，总不离黄河两岸？而商人据说原居于东方，他们迁来迁去，也迁到黄河的附近。按照旧日的说法，商人的迁都是因为黄河泛滥的灾害。说也奇怪，黄河泛滥的灾害既然迫得商人不能安居乐业，为什么舍不得离开黄河流域，而另外去找一块新地？周人起于西方，这是毫无疑问的。由周人的辗转迁徙，更可证明水道在交通上的作用。周人最初的居住地方在泾、渭二水之间，他们的迁徙是由泾水附近迁到渭水附近，更沿着渭水向东迁徙，再到东边，就和商人发生冲突，后来索性把商人灭了。周人为什么向东迁徙而不向西迁徙？这个道理很简单，就是泾、渭二水愈往东愈能行船。至于旧日所说的周人的先世是畏惧西方戎人的压迫，才向东迁徙，那不是全面的说法。西方的戎人固然侵扰过周人，这些戎人的力量不见得比商人还大。周人既然能把商人都平灭了，难道对于这些戎人就没有办法？可见旧日那些说法，还需要再多加斟酌。当然到西周末年，周人势力衰弱，反受戎人的压迫，那另是一回事情。

夏、商、周三代的迁徙之迹如此，和夏、商、周同时的部落也有许多，或者是敌国，或者是与国，也大都在附近的地带，不出黄河流域。他们彼此间侵夺征伐的事情是常常免不了的，用兵的疆场也就都限于这一小范围。再远的国家自然也有，那另是一个区域，另是一个交通系统，彼此间的交涉也就稀少了，因为交通的阻碍，他们的过往自然不至于太为频繁。

## 周人的封国

三代之中，周人势力的扩张，大于夏人和商人。周人扩张的道路也是随水道而不同。周人居于西方，西方的地势较高。他们顺着水道向东方、东南方和东北方发展。顺着黄河向东发展，就灭了商。商灭之后，他们立刻封建起许多同宗的邦国，来治理这些地方。那时的黄河是由今日的河北入渤海，所以周人就沿着黄河而下，建立了燕国。由中原往东去，可以循济水入海，所以周人就沿着济水往东发展，在这里建立了齐国和鲁国，以及其他若干小国。由中原往东南去，是颍水和汝水，周人在这两水附近，也建立了许多国家，如著名的陈国、蔡国和许国。由这三方面的水道往上溯，雒邑（今洛阳）正是一个会合点。周公把雒邑改建为周室的东都，并不是毫无意义的举动。汉水是往南去的水道，周人对这方面也没有放松。他们沿汉水而下，建立了汉东诸国。另外在河东还有汾水和涑水，周人又溯这两水而上，建立了霍国和晋国。这几条水道的分布，正是当时的交通网。周人把握着这个交通系统，培植他们的势力，统治权是十分稳固的。后来三监反叛，淮夷作乱，周人能够很快把他们平定，正是得着当时水道的益处。

## 春秋时期水道的利用

春秋之世，各国的兵争逐渐频繁。这时期对于水道的大规模利用却并不多。在周初封国的时候，他们恐怕东方新征服的地方不安，所以在中原一带旧日商人的故土建立了许多重要的诸侯封国，而没有想到南方的“蠢尔荆蛮”的楚国，后来竟会成为周室的大患。假若周室没有东迁，即使楚国强盛起来，也可以沿汉水进兵讨伐，可是东迁之后，直通楚国的水道就失去了效用。齐、晋两国是当时中原盟主，倡起尊王攘夷的口号。他们所攘的夷，除过北方的戎人外，当然是楚国了。而楚国和华夏诸侯之间的交争，也历时最为长久。楚国居于南方，当时中国的水道却偏偏往东流去，这与当时兵争的道路恰成了一个十字形。整个春秋时期，齐、晋两国为了和楚国争霸，不知打了多少次仗，彼此总是车战，根本没用过一次水军。在北方，齐、晋迭为盟主，其他小国都以强国马首是瞻，倒没有什么大问题。齐晋两国也曾有过战争，晋国在西，齐国在东，恰巧这时候的黄河又是斜贯两国之间，由西南向东北流去，所以齐、晋两国对于黄河也没有积极地利用过。倒是秦、晋两国间的水道交通很为发达。秦、晋两国分据黄河的东、西。晋国都于绛（在今山西翼城县南），靠近汾水。秦国都于雍（在今陕西凤翔县南），距渭水不远。由渭水入黄河，再由黄河溯入汾水，正是一条极好的交通道路。历史上有名的秦、晋泛舟之役，就是沿着这条水道。此事发生于鲁僖公十三年（公元前647年）。这一年，晋国饥馑，秦国输粟于晋，运粮的船只自雍至绛，相继于途[1]。由于这条水道稍为迂远，所以其后秦、晋两国之间的几次兵争，都循着汾水之南的涑水的道路[2]。虽然主要的兵争仍是利用车战，而不是水军。

北方齐、晋两国和楚国交争的结果，楚国并没有完全失败。春秋季年，楚国东边兴起一个吴国，常常和楚国交战，楚国竟被吴国搅得疲于奔命。有一次，吴兵竟然攻进楚国的郢都[3]。楚国和吴国是能利用天然水道的国家，两国都有大量的沼泽地带，更分别居于大江和淮水的上下。那时的大江在交通上不见得有若何的价值，这或者是因为九江的浩渺，不适于行舟的缘故。所以吴、楚两国间战争都是以淮水为用兵的道路[4]。春秋时期盛行车战，国家的强弱都是以所拥有的兵车多少为标准。吴国最初根本不会利用车辆，还是后来晋国派人前往教他们驾驶的[5]。由这一点也可以看出他们是如何善于利用水上交通的了。

1 《左传》僖公十三年。

2 《左传》僖公二十四年："（秦伯纳重耳），济河，围令狐，取臼衰……入于曲沃。"杜注，"桑泉在河东解县西，解县东南有臼城"。令狐在今临猗县西。皆为涑水左近地。故秦伯纳重耳之役，入自涑川。又文公十二年，"秦伯伐晋，取羁马，晋人御之"。是役即成公十三年吕相绝秦时所谓"入我河曲，伐我涑川，俘我王官，剪我羁马，我是以有河曲之战"，盖亦战于涑水附近也。僖公二十四年为公元前636年，文公十二年为公元前615年。

3 吴入郢事，见《左传》定公四年。定公四年为公元前506年。

4 吴、楚两国历次战争的事迹，见《史记》卷三一《吴太伯世家》，又卷四〇《楚世家》。两国战争的疆场都在淮水流域。

5 《左传》成公七年："巫臣请使于吴，晋侯许之。吴子寿梦说之，乃通吴于晋，以两之一卒适吴，舍偏两之一焉。与其射御，教吴乘车，教之战阵，教之叛楚。"吴人之用车战，当始于此。成公七年为公元前584年。

## 《禹贡》中交通网的设计

经过春秋到战国初年，当时中国境内可以通行舟楫的水道都已被人们所利用，所以就有人想方设法把这些主要的水道都联系起来，构成一个交通网。这个交通网的规模现在还可以考见。今传世的《禹贡》就记录了这个交通网的轮廓和一些有关的事情。《禹贡》本是《尚书》的一篇，为战国初年的人士托名大禹而撰述的[1]。这位作者所以一定要托名大禹著作这篇《禹贡》，是别有一番苦心的。战国本是一个复杂而混乱的时期，诸雄各霸一方，争战不休，人民永没有安息的时候。这位苦心的著作家，憧憬着统一，设想可以利用水道交通的便利来统一华夏。他更进一步计划了统一以后全国的交通系统。这些计划在当时是环境所不许可的，所以他假托了大禹来抒展他的抱负。他理想中统一后的全国应该划分为九州，而以冀州西南部距离黄河不远的地方为国都的所在地，其他八州的贡赋都可以利用水道运输到国都来。他所计划的冀州，约相当今日的山西、河北两省和河南省的一部，其幅员相当广大，而理想中的国都是在冀州西南部。那时的黄河是由冀州的西南绕着冀州的东界向东北流去，所以冀州东北部的贡赋大可以利用黄河的水道运输到国都来。他所计划的兖州，是界于黄河和济水之间，约相当今日的山东和河北两省相邻处各一部分。兖州除过濒着黄河和济水之外，中间还有一条漯水，所以兖州的贡道可以由济水和漯水通到黄河，再由黄河上溯而运输到国都去。他所计划的青州，是在泰山以东和东海以西，正是今日山东省的地方。青州有一条汶水流入济水，所以青州的贡道是由汶水入济，再由济水入于黄河。他所计划的徐州，是北起泰山南至淮水而东濒于大海，约相当今日山东省的南部和江苏、安徽两省的北部。徐州中间有泗水，南边有淮水，泗水下游还是流到淮水里面。泗

1　拙著《河山集二集 · 论〈禹贡〉著作的年代》。

水和济水相距不远，中间有一条人工开的菏水互相沟通，所以徐州的贡道是由淮水和泗水入菏，再由菏水入济，由济水而入黄河。淮水的南边是扬州，扬州中间横贯着大江，扬州的贡道正是利用大江由海滨绕进淮水，再往北就可以借用徐州的贡道。今日的湖北和湖南两省，是他计划中所称的荆州。荆州有江、沱、潜、汉各水，荆州的贡道就由这几条水道运输到豫州边界，设法陆运转入豫州的洛水，再由洛水入于黄河。豫州的故地，相当今日的河南省的西南大半部。这里除过洛水而外，还有伊水、瀍水和涧水。伊、瀍、涧三水下游都会于洛水，而洛水入于黄河。这正是豫州的极好贡道。今日的陕西省和甘肃省，那时称为雍州。雍州正是黄河流经的地方，另外还有泾水和渭水，所以雍州的贡赋很可以顺流而下，以达于国都。雍州之南，荆州之西，今日四川省地方，他称之为梁州。这位著作者对于梁州的地理好像不大十分清楚。他说今日的汉水和嘉陵江的上游有一条潜水可以互相沟通。这样梁州的贡赋可以利用这条潜水运入汉水，再由汉水附近陆运入渭，由渭而入河。这一个交通网在今日看起来，并不是什么了不起的事情，但在那个时候，地理知识还不十分丰富，尤其是战国初年，诸雄分立，要想详细调查也不容易，真难为他计划出这样详细的交通系统。至于梁州的潜水贡道，根本与事实不符，这也怪不得他。在他以后，一直到清代，二三千年间，竟还没有一个确定的答案，明乎此，就可不必多事苛求了。

由这个交通网中，可以看出当时的人们对水道的交通看得是如何的重要。陆道有时候也可以利用，但那只是万不得已时才想到的事。譬如梁州和雍州之间，隔着巴山和秦岭两重大山，这位《禹贡》著作者，竟异想天开地想出一条潜水来解决这个困难。汉水和渭水之间，真是没有办法可想了，只好利用陆道。又譬如扬州，若由陆道达冀州，中间只要经过豫州就可以了。正是因为有水道可以凭借，所以就迂回曲折，由江入海，由海入淮，由淮入泗，由泗入菏，由菏入济，再由济入河，而后才到国都。这种迁就水道的方法，当然是因为水道的经济而省力了。

由这个交通网中，还可以看出，当时的人对于水道交通已是尽可能地加以利用，而且不断在发展和扩充新的水道交通，用人工开辟新的水道交通也已经初步具备条件了。

# 第二章　先秦时期运河的开凿及其影响

## 运河的萌芽

水道的运输诚然经济而省力，可是水道也有它的缺点。水道经常是一定的，不管是上溯或顺流，所能达到的地方总是有限的。这在上古小国寡民的时期，原是不成什么问题的，后来由于人们活动的区域逐渐扩大起来，就会感到不大方便。当时中国内部几条主要河流都各自成为一个系统，要由这个系统中的水道到别的系统中的水道，常须大费周折，甚至于不可能。克服这种困难，自然需要利用陆道以补不足。陆道的运输本来不经济，而辗转起卸又增添了若干麻烦。所以后来就有人设法以人工开凿运河，沟通本来不相联贯的水道，使舟楫得以直接往还。这种运河的开凿是补充自然水道的不足，是交通上的一个大进步。

司马迁对于早期的运河曾经有过概括的叙述。他说：自禹治洪水之后，“荥阳下引河，东南为鸿沟，以通宋、郑、陈、蔡、曹、卫，与济、汝、淮、泗会。于楚，西方则通渠汉水云梦之野，东方则通沟江淮之间。于吴，则通渠三江五湖。于齐，则通淄济之间。于蜀，蜀守冰凿离堆，辟沫水之害，穿二江成都之中。此渠皆可行舟，有余则用溉浸，百姓飨其利”[1]。司马迁这段概括，详细靡遗，可以据以论述。

## 最早的运河

司马迁在这些运河中没有举出哪一条运河开凿最早。说起最早开凿运河的，一般都是说到吴王夫差。这是指鲁哀公九年（公元前486年）夫差开凿邗沟以沟通江淮间的事。其实最初开凿运河的不是吴王夫差，而吴国第一条运河也不一定就是邗沟。最初开凿运河的是楚国，而不是吴国。楚庄王时（公元前613年—前591年），孙叔敖曾经在云梦泽畔激沮水作云梦大泽之池。沮水由今湖北远安县东南流，经当阳县而南入大江，距楚国都城郢（今湖北江陵县西北）还有一段道路。沮水下游也在云梦泽附近。当时如何激沮水，却难得说清了。这宗事见于三国时缪袭等所撰的《皇览》[2]。缪袭等何所据而云，不得而知。因为时代离得过远，又不易详究其间传说的缘由，所以有人就不大相信。不过云梦所在的地区乃是一个水泽之国，就其近岸之处设法整理，以便通行舟楫，原不是不可能的事情。当时注意水利的楚相孙叔敖，曾整理过期思（在今河南固始县西北）的水道[3]，安见他不能激沮水作云梦大泽之池？不过却也不宜过分夸大。过分夸大而遮出

1 《史记》卷二九《河渠书》。《河渠书》在这里说：“东方则通鸿沟江淮之间。”这句话中误衍“鸿”字。《汉书》卷二九《沟洫志》引此文，正作“东方则通沟江淮之间”。

2 《史记》卷一一九《循吏·孙叔敖传·集解》引。

3 《太平寰宇记》卷一二九：“芍陂，在（安丰）县东一百步。《淮南子》云：‘楚相作期思之陂，灌雩娄之野。’又《舆地志》：崔寔《月令》云，孙叔敖作期思陂，即此。”然期思县在今河南固始县西北，期思陂当在其附近，距安丰县（今安徽寿县南）甚远。期思陂与芍陂当非一地。

史料的限度，那是史家所应忌讳的。再往后去，到楚灵王时（公元前540年—前529年），也曾在郢都附近开渠通漕。据说楚灵王当时筑了一座章华台，开渠的目的就是便于章华台的漕运[1]。章华台在郢都的东南。据后来记载，郢都附近有条扬水，就发源于郢都的西北，经郢都之南，东流于今湖北潜江县西北，注入沔水。沔水就是现在的汉江。扬水南侧有一个较大的湖泊，与扬水相通，名为离湖。这章华台就在离湖的侧畔[2]。由于有这样的河流湖泊，就是施工也是比较容易的。所谓开渠可能就是疏浚水道，使之易于行船；也可能是在郢都和扬水之间，或是在离湖和章华台之间开凿过渠道。因为河流和湖泊里是用不着再开渠的。不过这和孙叔敖的激沮水作云梦大泽之地相比较，规模应是大得许多了。

孙叔敖激沮水作云梦大泽之池，可以说就是司马迁所谓的“通渠汉水云梦之野”。前引司马迁的话，是说“于楚，西方则通渠汉水云梦之野，东方则通鸿沟江淮之间”。司马迁这句话也为班固所引用。《汉书·沟洫志》作“东方则通沟江淮之间”。以《沟洫志》证《河渠书》，则《河渠书》分明误衍“鸿”字。鸿沟在济、汝、淮、泗之间，不能远移至江淮之间。江淮之间的沟应为吴王夫差凿于邗城之下的沟。不过也有不同的意见。据说，司马迁在这里所说江淮之间鸿沟并非衍文，乃是指淝水而言。淝水怎么能成为“鸿沟”？这是经过人工开凿的结果。淝水之西本来有一条沘水，就是现在的淠河。沘水和淝水之间有一个期思陂，一名芍陂，这是人工壅沘水筑成的。芍陂规模相当广大，西容沘水而东通淝水。淝水本来北入淮水，由于芍陂水灌入，抬高了水位，直高过淝水源头，溢过所在的山冈，和其南的施水相连接，因此施水也称为淝水。施水本来南入巢湖，巢湖南通大江。这样就形成江淮之间的运河，也就是司马迁所说的“通鸿沟江淮之间”。据说这条“鸿沟”也是楚相孙叔敖所开凿的。

孙叔敖在这里有关水利的建树，始见于《淮南子·人间训》。《人间训》

1 《水经·沔水注》。
2 《水经·沔水注》。

说："孙叔敖决期思之水，而灌雩娄之野。"期思在今河南固始县西北，雩娄在今固始县东南。两地皆距沘淝两水之间的芍陂尚远，其间似无若何关系。《后汉书·王景传》说："(庐江)郡界有楚相孙叔敖所起芍陂稻田。"《水经·肥水注》也说："(肥水)又东北经白芍亭东，积而为湖，谓之芍陂……言楚相孙叔敖所造。"期思之陂是否就是芍陂？还有待于研究。这里就以沘、淝二水之间的芍陂而论。这里是一片平原地区。虽说是平原地区，也难得一平如砥。芍陂规模诚然广大，若说是芍陂灌入于淝水，促成淝水倒流，甚至倒流过了源头，南流入于施水，似难与实际相符。我曾到过淝水源头考察，当地的山虽说并不太大，坡势却相当陡峻。不论淝水如何倒流，恐难流过山去。因此，若不以《河渠书》所说的"通鸿沟江淮之间"有衍文，而谓所谓"鸿沟"就是淝水的说法，恐不易得到符合实际的结论。

## 伍子胥所开凿的运河

孙叔敖的激沮水，楚灵王的开渠通漕都在云梦附近。古时所说的云梦，横跨大江南北，就是江汉之间的沼泽也都包括在内。这块地方是溆浦纵横，兼陵互隰，在水大的时候，倒也是浩渺无际，在水小的时候，或者就有许多的浅滩。楚国向来把这块地方看作国家的屏蔽，何况汉水的东岸，大别山上还有大隧、直辕、冥阨三个险要的关隘(今河南、湖北两省间的黄岘、武胜、平靖三关)。可是楚昭王时(公元前515年—前489年)，伍子胥率吴师伐楚，就走的是这条道路[1]。在伍子胥的意思，或者以为只要冲进了这几个险隘，吴国的水军很可能漂浮到云梦泽上。他没有料想得到，这一战楚师的崩溃是那么迅速。他到了云梦泽畔，正是十一月、十二月之际，泽水

1 《左传》定公四年。

浅落的时候。他不能顿兵泽畔，等候第二年的桃花水，所以只好开凿运河了。他是由汉水而扬水。扬水所流过的地方，正是云梦泽的中心。他所开凿的地方，当然在扬水和其附近沼泽。因为吴国的舳舻众多，所以他开的渠是相当费工的。后来这条渠就以他的名字为名，而被称为子胥渎[1]。这个渎，据说在扬水的源头，论方位乃在纪南城（即郢都）的西南，东南流入纪南城中，再由城中流出，称为龙陂；绕郢都之南，东北流才称为扬水[2]。这和当时战争形势很不相当。伍子胥来自郢都之东，为什么开渠之地竟在郢都之西？由汉水之滨到郢都，是要横过一段云梦泽的，为什么不在云梦泽内开渠，而开渠的地方反在已离开云梦泽的郢都之西？这都是无由为之作出解释的。

## 三江五湖间的运河

据说伍子胥伐楚的时候，还曾在吴国境内开凿过一条运河。这条运河当经过今江苏高淳县东坝附近。这里迄今尚称胥溪，俗称胥河。胥溪或胥河的得名可能和伍子胥的开凿运河有关。由这里西去，有固城、石臼、丹阳诸湖。由这里东行，有三塔湖、长荡湖、荆溪、震泽。东坝附近有三五里高阜。凿通这个高阜，吴国的舟师就可由太湖直出现在安徽芜湖市附近的大江之中。这个说法见于韩邦宪《广通坝考》[3]。广通坝就在现在的东坝。邦宪为明嘉靖时人，他所根据的材料是什么，现在也无从考察。（附图一伍子胥在吴国所开凿的运河图）

---

1 《水经·沔水注》。

2 《水经·沔水注》。

3 胡渭《禹贡锥指》引。

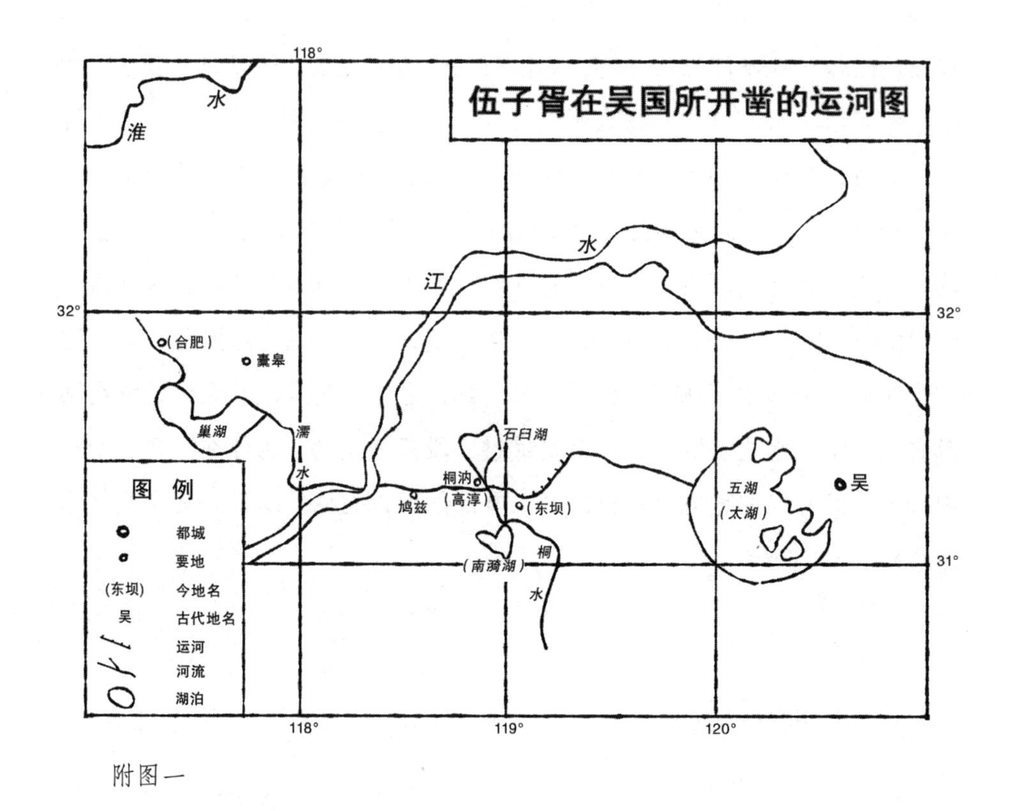


附图一

这条水道诚然是由几个湖泊联络起来，由于中间有一段高阜，须要人工来开凿，所以绝对不是一条自然水道。我曾亲至东坝考察，承当地人士见告：前数年，在东坝南头水道侧畔发现许多盆碗遗物，制作颇古，当系秦汉前遗物。水滨能有这些盆碗遗物，而且又殊不少，可能是当年开凿这条运河时遗留下来的。据此，则子胥伐楚开渠当非无稽之谈。在伍子胥伐楚以后，这条水道在吴楚两国的战争中还曾经作为行军的道路。鲁哀公十五年（公元前 480 年），楚子西、子期伐吴，就走的这条道路。这次楚军远征到了桐汭。据杜预说，广德县西南有条桐水，出白石山，西北入丹阳湖[1]。魏晋时的广德县就是现在安徽广德县。桐汭当是桐水入丹阳湖处；应是

1 《左传》哀公十五年及杜注。

这条道路上的地方。在伍子胥伐楚以前，大概不曾在这条路上作过战争[1]。

这条运河因为《禹贡》提到过扬州有三江，所以就被后来解经的人派做中江，反把原来开凿的痕迹泯没了[2]。如前所说，《禹贡》乃是出自战国时期的人士之手。战国时人写的书中如果把这条水道当成三江之一，这说明这条水道已经像自然水道的样子而畅流无阻。这里还应该说一下，当时为什么不使用大江的水道，却在这里开凿一条运河。要说明这个问题，应该先说明吴楚两国之间的形势。前面已经说过，吴、楚两国之间虽有大江，而大江在那时却无益于交通，所以吴、楚两国间的战争都是在淮水附近进行。淮水和大江之间有一个巢湖，巢湖之水由濡水入大江，入江处离伍子胥所开凿的运河不远，由江南来的舟师，就可越过大江，航行到巢湖。如果没有这条水道，吴国的舟师就须由姑苏（今苏州市）北入大江，再溯江西上。这就要经受江上风涛之险，而且路途也相当遥远，是有很多困难的。

由巢湖以北到淮水这一段道路是怎样的情形？巢湖之北为合肥。合肥附近，淝水北流入淮[3]，而施水南流入巢湖。每当夏水暴涨时，施水就合淝水，构成一条自然水道，所以有了合肥这个名称[4]。这也就是说，不是夏水暴涨的时候，淝施二水还应是各自分流的。这条淝施间的水道，后来许多记载都曾经提到过，甚至如前面所说的，还有人认为这里曾经施过人工，成为一条运河。我曾亲自到合肥市考察过这条水道。承安徽水利局的赞许，并由两位工程师陪同，共同考察。我们到了南淝河（即《水经》所谓的施

---

1 《左传》襄公三年，“楚子重伐吴，为简之师，克鸠兹，至于衡山”。杜注，“鸠兹，吴邑，在丹阳芜湖县东，今皋夷也。衡山在吴兴乌程县南”。假若杜注不错，则子重这次东征，正是由这条道路行军的。不过衡山的所在，顾炎武和江永都怀疑杜预的说法。顾炎武说，衡山应在今丹阳县，江永以为应该在当涂县。按照顾、江二氏的说法，则楚师绝对不能利用这条水道。由子重伐吴算起，算到吴师入郢，其间也有六十多年光景。若是早有这条水道，那么，这六十多年间吴、楚两国的战争也有好多起，为什么这条水道没有利用过一次？所以我也考虑子重伐吴之役所到的衡山，大概是杜预注错了，不然万没有把一条有用的水道放弃了六十多年不用的道理。

2 《汉书》卷二八《地理志》：“丹阳郡芜湖，中江出西南，东至阳羡入海。”芜湖，今安徽芜湖县。阳羡，今江苏宜兴县。中江所行的正是这条运河的河道。

3 《水经 · 肥水注》。肥水，即今淝水。

4 《水经 · 施水注》。

水）的源头，当地确曾有开凿河道的残迹，显然未获成功，半途中止。当地山势并不很高，由于南淝河源头分散，正源水力较弱。山势虽不很高，渠道终未凿通。渠道不通，水力较弱，难以通行舟筏。前面所说的施水受淝，乃是见于前人的记载，与实际并不相符。各书所载在此地开河事，应都是以讹传讹，难以相信。

前面曾征引过司马迁所说的“于吴，则通三江五湖”。后世解释三江五湖的甚多，所说各有不同。三江之名始见于《禹贡》。《禹贡》说过：“三江既入，震泽致定。”《禹贡》自有北江和中江，何必纷纷再作其他解释。《禹贡》所说的中江，乃是“过九江至于东陵，东迤北会于汇，东为中江入于海”。司马迁于中江无说，当时殆亦无从说起。不过先说“三江既入”，而后说“震泽致定”，则三江当不在震泽之下，而伍子胥所凿的就可以相当于三江地区的运河。汉时却以在芜湖分江东出的为中江[1]。伍子胥所凿正在所谓中江东流的地方，因而这条运河也就不再为人所认可。不过当地考古的收获还可以证明这条运河不仅不是自然水道，也非浩渺巨大的江水流过的故道。

至于五湖，说者亦甚多。有的历举所见的五湖之名，有的认为只是一个震泽，也就是现在的太湖。可谓众说纷纭，莫衷一是。其实太湖及其附近地区，正是一个湖泊地区，湖泊繁多，理所当然，实不必一一探究其原始。近人以《越绝书 · 吴地传》所载的吴古故水道和百尺渎为开凿于五湖之间的运河，有一定的道理。据《越绝书》所载，这条吴古故水道乃是“出平门上郭地，入渎，出巢湖，上历地，过梅亭，入杨湖，出渔浦，入大江，奏广陵”。据说：平门即原苏州北门；巢湖当即漕湖；梅亭在今无锡。杨湖疑即阳湖，在今常州、无锡间，紧临江南运河；渔浦即今江阴县西利港，广陵在今扬州市西北蜀岗上。这条运河应该自今苏州西北行，穿过漕湖，溯太伯渎与江南运河而上，再经阳湖北入古芙蓉湖，然后由利港入于长江，以达扬州。至于百尺渎，《越绝书》所载，乃是“奏江，吴以达粮”。

1 《汉书》卷二八《地理志》。

据说，百尺渎在今浙江海宁县盐官镇西南四十里河庄山侧[1]。这条百尺渎在吴国南部，乃是通往越国的水道。吴、越两国战地多在这一地区，当是由这条百尺渎转输粮饷。而吴古故水道的凿成，当为吴夫差开邗沟具备了先决的条件。如果没有这条水道的开通，吴国的船只就不易直至邗下，开凿邗沟的意义就不是很大了。因此，《越绝书》这两条记载还是可以徵信的。也因为有这样的几条运河，可以证明司马迁所说的“于吴，则通三江五湖”，并非虚枉。

## 夫差开邗沟

伍子胥开凿运河，是吴王阖闾时候的事。阖闾在位时曾击破楚国，称霸一方。后来他因为攻越受伤身死，这自然是个遗憾。但这个遗憾不久就被他的儿子夫差弥补起来。夫差攻破越国，东南方面再没有敌手，他就踌躇满志，想以吴国之强，应该为各国的盟主。这时中原的齐国、晋国依然强大，他要为各国的盟主，必须先和齐国、晋国较量一下高低。吴国主要的兵力是舟师，以舟师北进，根本没有适宜的道路可走。由江入淮，固然可以绕到海上，海上的险恶风涛暂时不必说起，就是入淮以后，也还离晋国很远，不能达到目的。好在夫差是一位雄心勃勃的君王，而开凿运河又是吴国已经收效的方法，于是一不做，二不休，就于他承继王位的第十年，开始开凿由大江直达淮水的运河。这就是前边所说的鲁哀公九年夫差所开的邗沟。这条邗沟是由汉时广陵（今江苏扬州市）引江水东北行，一直引到射阳湖（在今江苏兴化、建湖、盐城、宝应诸县间）中，再由射阳湖通

1　魏嵩山、王文楚《江南运河的形成及其演变过程》（刊 1979 年《中华文史论丛》第二辑）。

到末口入淮[1]。这条运河所以名为邗沟的缘故，因为夫差在开凿运河的时候，同时于水口修筑了一座以邗为名的城，运河由邗城下流过，水随城名，就称为邗沟。其实这条运河除过邗沟一名之外，还有许多别的名称。有的称为渠水[2]，有的称为韩江[3]，有的称为邗溟沟，还有称为中渎水的[4]，大约都是随时随地互异的名称。

邗城在现在的江苏扬州市。现在扬州市南至长江直线距离为三十里。既然邗沟的开凿是为了沟通大江和淮水，为什么邗城却离江岸尚有三十里？这是古今江岸的变迁，不能以现在江岸情况上论古人。如果邗城不近在江边，邗沟的水将从何处引进？据实地探索，当时的江岸大致在今仪征县西北的胥浦、扬州市东北的湾头和江都县东北的宜陵一线[5]，邗城正在这一线上。自邗沟开凿以后，其入淮的北口屡有更改，入江的南口却经历较长的时期而很少变化。（附图二　吴王夫差邗沟图）

关于邗沟的起讫，也还有些不同的说法。东汉时，班固作《汉书·地理志》，于江都县条说："渠水首受江，北至射阳入湖。"这是说，邗沟北流到射阳县入于射阳湖。自从有这一条记载，有人就以为这条运河只是由江都到射阳湖，与淮水无关，入湖的水流再流入海[6]。这样就是说，吴王夫差北上的路，是由邗城入运河，由运河入射阳湖，再由射阳湖入海，由海道再入淮。那么，吴王夫差所以要开凿运河，岂不是毫无意义？况且射阳湖离淮水并不很远，吴王夫差既然能开凿由邗城到射阳湖的水道，难道就不会想到再由射阳湖开凿到淮水？这条运河一直到两汉三国时还为运输

1　吴王所开凿的邗沟，《左传》哀公九年的记载仅说是"吴城邗，沟通江淮"，再没有详细的说明。杜预注补充说："于邗江筑城穿沟，东北通射阳湖，西北至末口入淮，通粮道也。今广陵韩江是。"末口在今江苏淮安县北，今名北神堰。

2　《汉书》卷二八《地理志》。

3　上引《左传》杜注。

4　《水经·淮水注》。

5　扬州地区水利处《扬州水利》。

6　陈澧《汉书地理志水道图说》。

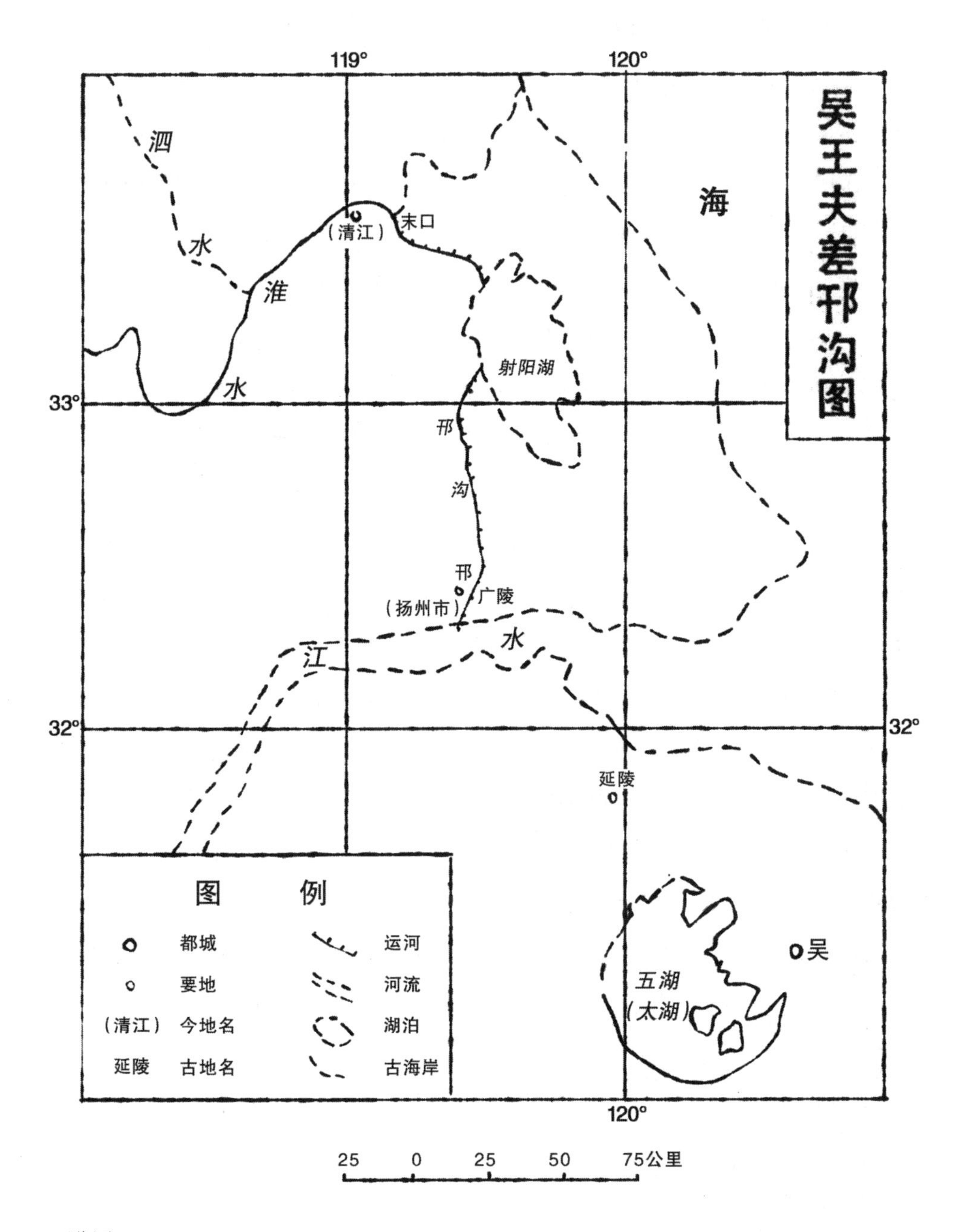
吴王夫差邗沟图
119°
120°
33°
32°
32°
120°
泗
水
淮
水
(清江)
末口
海
射阳湖
邗
沟
邗
广陵
(扬州市)
江
水
延陵
五湖
(太湖)
吴
图 例
都城
要地
(清江) 今地名
延陵 古地名
运河
河流
湖泊
古海岸
25 0 25 50 75公里

附图二

的重要道路[1]，中间也没有再开凿过。若不是吴王夫差沟通，如何会畅通无阻，经历了许多岁月？

夫差所开凿运河，也和伍子胥的旧办法一样，是利用了当地的几个湖泊。大江和淮水的下游中间，本是一段洼地，湖泊纵横，现在虽然和古时有点不同，但拿起地图来看时，仍然会看见这里涂着一片灰白色的水道标记。古时这块地方的湖泊想必更多更大。就以射阳湖来说吧，宋时尚萦洄三百里[2]，而今日就是一点遗迹也都湮没了，仅有一条射阳河由这里曲折迂回，绕阜宁县南，而至射阳县入海。邗沟自扬州市开始以后，所以不一直北上，却向东北引去，就是利用这些湖水的缘故。因为地势的关系，这条运河水流的方向并不是一直向南，或是一直向北，乃是引江水由南流入，引淮水由北流入，相会于射阳湖中。这种同一河道而水流不是一个方向，不仅邗沟如此，也是若干运河的一个特色。

关于江水和淮水都能引到射阳湖中这个问题，说者容或有不同的论证。孟子说过："决汝、汉，排淮、泗，而注之江。"[3]孟子时，邗沟已开。这分明是说，邗沟之开乃是引淮、泗之水南流入江。班固却说："（广陵国江都县），渠水首受江，北至射阳入湖。"[4]撰《水经》者又说："（淮水）东过淮阴县北，中渎水出白马湖，东北注之。"[5]中渎水就是吴王所凿的邗沟。郦道元本着《水经》的说法，遂以此水直至山阳口入淮[6]。班固说邗沟北流，只是入射阳湖。《水经》的作者和郦道元却说是引江入淮。唐代李翱曾经走过这条水路，他在所著的《来南录》中说："自淮沿流，至于高邮，乃泝至于江。"[7]说沿说泝，显然是近淮近江处都较为高昂。沈括却说，《孟子》所说"排淮、泗而注之江"，则淮、泗固当入于江，这就是禹的旧迹。并且说，熙宁（公

1 《史记》卷一〇六《吴王濞传》，《三国志》卷二《魏书 · 文帝纪》。
2 《太平寰宇记》卷一二四《楚州》。
3 《孟子 · 滕文公上》。
4 《汉书》卷二八《地理志》。
5 《水经 · 淮水注》。
6 《水经 · 淮水注》。
7 《梦溪笔谈》卷二四《杂志一》引。今本《来南录》中无这一段话。

元 1068 年—1077 年）中，曾经派遣使臣访求过，故道宛然具在。由于江淮已深，水流无由达到高邮[1]。沈括所说的“禹迹”，未悉是怎样判断出来的，至于北来之水不能再往南流到高邮，据说是由于江淮已深。如江淮果真已深，水流怎么只到高邮以北？这些沈括都没有说得清楚。朱熹不同意这些说法：一点是淮水东入于海，才得列为四渎；若南入江，与渎名不相符合。再一点是李翱所用沿溯二字似亦未当。他指出：“古今往来淮南，只行邗沟运河，皆筑埭置闸，储闭潮汐，以通漕运，非流水也。故自淮至高邮，不得为沿，自高邮以入江，不得为溯。而习之（李翱字）又有自淮顺潮入新浦之言，则是入运河时偶随淮潮而入，有似于沿。意其过高邮后，又迎江潮而出，故复有似于溯，而察之不审，致此谬误。”[2]唐宋时期已有闸河方法，且见于应用，故朱熹以此为言。吴王初开邗沟时，尚无闸河设想，更说不上具体措施。邗沟水流当不是依靠于潮汐，所以朱熹的说法也未见得确切。

清人阎若璩认为吴王开邗沟，乃引江达淮，隋文帝开山阳渎，炀帝开邗沟，皆自山阳至扬子入江，水流与前相反[3]。吴王开沟自大江边肇始，隋帝施工却起于淮滨。施工肇始的地址不同，渠中水流是否就能一直流下去，而难保其间就不会再有什么变化？这也是一个问题。

胡渭则认为班固说渠水入湖，而不说入淮，颇有分寸，较其他各家最为近实。他说：“高邮、宝应地势最卑，若釜底然。邗沟首受江水，东北流至射阳湖而止。杜预云，自射阳西北至末口入淮，此不过言由江达淮之粮道耳。路可通淮，而水不入淮也。”[4]为什么他说高邮、宝应地势最低若釜底然？这是根据潘季驯的说法。潘季驯在所著《两河议》中说：“高家堰去宝应，高丈八尺有奇，去高邮，高二丈二尺有奇。”[5]其实此理亦至为明显，若渠水由江一直入淮，那一定是江高而淮低。这样中间的湖泊简直不能存在

1 《梦溪笔谈》卷二四《杂志一》。

2 《朱文公文集》卷七一《偶读漫记》。

3 阎若璩《四书释地》。

4 《禹贡锥指》卷六。

5 阎若璩《四书释地》。

了。引淮水入江，道理也是一样的。一些论著徒在文字方面斤斤计较，而未一探究当地的实际形势，所以总难说得中肯。

## 商鲁之间的菏水

吴王夫差北上的目的若仅是伐齐，那么，他由邗开沟入淮以后，再由泗水而上，经过鲁国，就可以达到齐国的边界。而鲁国这时候受吴国的压制，夫差几次招呼鲁侯前去会盟，鲁侯都不敢不去。吴国假道鲁国去伐齐，那自然是没有问题的，何况那时吴国伐齐，鲁国还追随在吴国之后呢。吴王如果要会晋侯，那却成了问题。那时黄河和济水都向东北流去，而中原的鸿沟还没有着手开凿，夫差要以舟师去扬威晋地，会见晋侯，却是不大容易。可巧泗水和济水之间在那时候也是一片沼泽之区，除过有名的大野泽以外，还有什么雷泽、菏泽，相距都不很远，正是开凿运河的好地方。于是吴王又利用他的旧方法，在泗水和济水之间又开凿了一条水道，当时称之为通沟于商鲁之间，北属之沂，西属之济[1]。这就是后来所称的菏水。吴王很可以把他的舟师由菏水开入济水，直达到他和晋侯会盟的黄池。黄池在今河南封丘县南，那时正是在济水岸上。

根据后来的记载，这条菏水分济水于定陶东北[2]。定陶就是现在山东定陶县。菏水由定陶东流，合泗水于湖陵县西六十里谷庭城下[3]。湖陵县在今山东鱼台县东，谷庭城就在今鱼台县。这是说菏水沟通了济水和泗水。可是吴

1 《国语 · 吴语》："吴王夫差既杀申胥，不稔于岁，乃起师北征，阙为深沟，通于商鲁之间，北属之沂，西属之济，以会晋公午于黄池。"夫差杀子胥在鲁哀公十年，会晋侯在哀公十三年，通沟于商鲁之间，当是此三四年间事。当时鲁国都于曲阜，宋国都于商丘。宋国本属商人之后，菏水正在其间，故称通沟于商鲁之间。

2 《水经 · 济水注》。

3 《水经 · 泗水注》。

王所通之沟乃是北属之沂，西属之济，这将如何解释？沂水为泗水的支流，出于鲁城（今山东曲阜县）东南，就在鲁城西南会于泗水。所以郦道元说：“余以水路求之，止有泗川耳。盖北达沂，西北经于商鲁而接于济矣。吴所浚广耳，非谓起自东北受沂，西南注济也。”[1]所谓北达于沂，自是溯泗水而上，泗水为自然水道，无待再阙深沟，充其量只是浚广而已，而阙为深沟的实际上也只有一条菏水。（附图三　商鲁之间运河图）

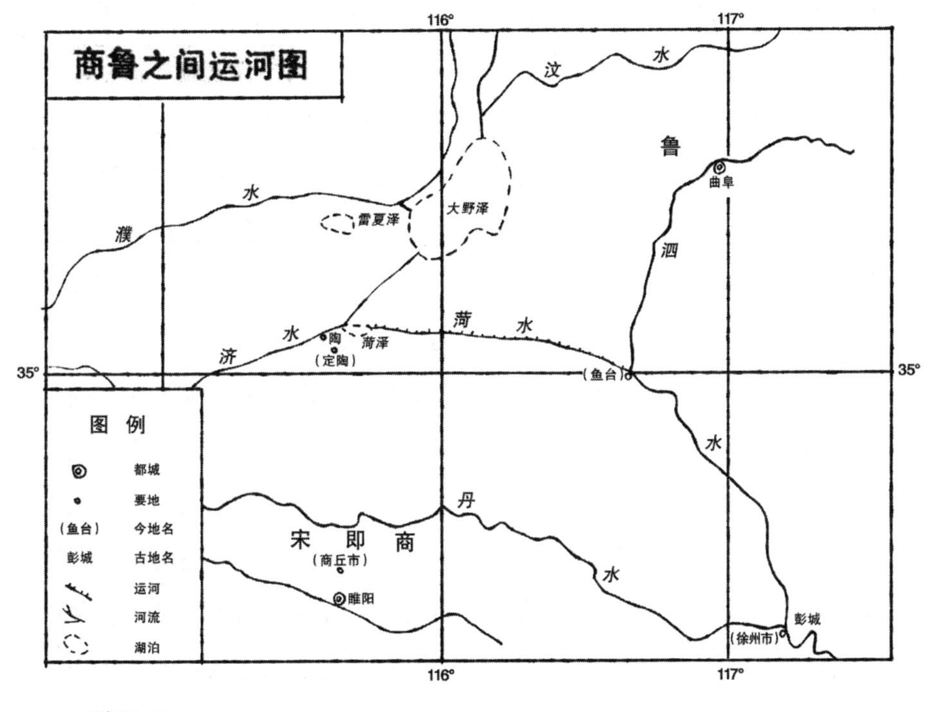


附图三

1 《水经·泗水注》。

前面已经指出，吴王和晋侯所会的黄池，乃在济水岸上，位于今河南封丘县南。可是黄池附近有一条黄沟，由济水分出，东经汉外黄县故城（今河南兰考县东南）南、成武县故城（今山东成武县）南、平乐县故城（今山东单县东）南，于沛县故城（今江苏沛县东）南注于泗水。这条黄水也是沟通济水和泗水的，而且分济水的地方就在黄池附近。或者有人以此为吴王所凿的。这条黄沟详细记载于《水经·泗水注》，可是郦道元论述时并未涉及吴王，似与吴王无关。这条黄沟虽由黄池分济水东流，可是沿流曲折频繁，而且中间一段还曾向北绕至今山东成武、单县等处，流程远较菏水为长，似非出自人工开凿。吴王开沟于商鲁之间，是要西会晋侯。其所开之沟当不会曲折逶迤，多费时日，像这条黄沟的样子。

菏水南边，另外还有一条获水。获水上承汳水，也都是人工开凿的水道，和菏水同在商鲁之间。汳水和获水乃是后来鸿沟系统中的一个分支，并非吴王所开凿。不过这两条差不多平行的水道，相离又不太远，容易使人混淆。其实鸿沟和济水都是由黄河分出来的，分流的地方远在黄池之上的石门。石门在今河南旧荥泽县西北，吴王绝不会特为绕了这么一个大圈子而多费如许的人工去开凿汳水和获水。所以这两条水道和菏水的距离虽近，而开凿的意义完全不同，不可混淆，也不能混淆。

或者有人要问，前面所提到《禹贡》中的交通网，不是说过徐州的贡道是由淮水、泗水入菏水，再由菏水入济。这条贡道难道不就是吴王夫差会晋侯于黄池时所走的道路！前面还曾经提到：《禹贡》这篇文章本是战国时期一位憧憬统一的人士假托大禹撰成的。由这条菏水的水道更可证明这位假托大禹撰成《禹贡》的人士绝不是吴王以前或同时的人。至少在他的时候，菏水已变成一条重要的水道，所以他就把这条水道编入他所计划的交通网中，不知道却由这里露出了马脚。

还有一个消极的证明，可以知道菏水并非一条自然的水道，而为人工开凿的运河。菏水开凿成为运河后，最显明的结果是使陶成为当时天下的经济中心，因为陶的位置正是居于菏水由济水分流的地方，是一个交叉点，东可通齐鲁，西可通秦晋，南可通吴楚，北可通燕代。这些地方由水道交通彼此来往，所以陶就蒸蒸日上，俨然为当时天下的经济中心。如果承认当时名闻天下的陶朱公就是曾经辅佐越王勾践灭掉吴国的范蠡，必将惊奇陶的发展是如何的快啊！因为陶朱公到陶的时候，陶已经发展成为一个最重要的城市，那时离吴王开凿菏水时也不过十年上下的光景[1]。

陶在春秋时期，本是曹伯的封地。春秋二百多年间，曹国在诸侯各国间竟然无足轻重。这倒不是因为它的国土过小。说起国土大小，郑国也并不见得如何广大，而反成为国际争执的焦点。晋、楚两国城濮之战，晋文公先以兵围曹国，这不是因为曹国的地势重要，而是因为晋文公未得国之前，浪游各国，经过曹国的时候，受到曹伯的侮辱，特别来报复的缘故[2]。假若这条菏水早开凿若干年，或者本是一条自然水道，那么，曹伯的子子孙孙也不至于优游寂寥地一代复一代直至于亡国。

## 淄济之间和成都城中的运河

淄、济之间的运河是沟通淄水和济水的河道。济水流经战国时齐国境内，绕齐国都城临淄（今山东淄博市东旧临淄县）西北入于渤海。淄水发源于今山东莱芜县北，经临淄城东，又东北会时水入于渤海。时水出于临淄城西北二十五里，于临淄城东北与淄水相会合[3]。时水之北就是济水。彼此距离已经是相当近了。淄济两水间的距离既已很近，但沟通这两水间的运河究竟在什么地方？却未见到明文记载。关于淄水下游的归宿，曾经有过不同的说法。《水经》以为是入于海，杜预以为是入于汶。《汉书 · 地理志》

1 参见《史记》卷一二九《货殖列传》。

2 《左传》僖公二十八年。

3 《水经 · 淄水注》。

于泰山郡莱芜县下却说："原山，淄水所出，东至博昌入济。"各家注解，互有差异[1]。淄水和汶水之间隔着泰山，淄水何能越过泰山入汶？这是用不着多说明的。淄水和济水之间还有一条时水，而时水又是入淄，可见淄水原来是不能和济水相通的。《汉书》所记淄水入于济水，不一定就是错简，可能就是淄济之间的运河所在。由于有了运河，淄水西流，原来的下游渐至枯竭，因而就形成了淄水不入于海，而是入于济水。从当地地形看来，也是有此可能的。淄水流经临淄城东，时水源出临淄城西北二十五里，相距如此之近，是可以互相沟通的。时水由临淄城西北发源，仍一直流向西北，至贝丘西才折向东北流。贝丘在汉博昌县（今山东博兴县东南）西，东南距临淄城四十里[2]。当时济水流经乐安县南，薄姑城北。薄姑城距临淄城五十里。薄姑城与乐安县隔济水相对，相去不远[3]。这样就可以证明：时水与济水相隔还不到十里。在这样相近的地方开凿运河，不是没有可能的。这样一条运河，应是在临淄城东引淄水西北流，利用时水的河道，再在贝丘西开河通于济水。

淄、济之间的运河是什么时候开通的？这是一个不易解答的问题。苏秦为赵合从而说齐王之时，曾经提到临淄城的富庶。当时城中有七万户居民，皆甚富而实[4]。临淄为齐国都城所在地，富庶是可能的，但像苏秦这样的说法，实为当时各国所少有。这可能和淄、济之间运河的开通有关，是运河促成了这样的富庶。不过这里还应再作说明。前面已经说过：淄、济之间运河的开通，是利用了淄水支流的时水。时水也有一条支流，称为渑水。渑水出于营城东。营城为临淄城中一个小城。渑水在贝丘西北入于时水。二水相合，其下互为通称，故时水亦称渑水[5]。战国末年，田单攻狄之时，鲁仲连曾说田单："今将军东有夜邑之奉，西有淄上之虞，黄金横带，而驰乎

1 王先谦《合校本水经注 · 淄水注》引赵一清《水经注释》。

2 《水经 · 淄水注》。

3 《水经 · 济水注》。

4 《战国策 · 齐策一》。

5 《水经 · 淄水注》。

淄渑之间。”[1]或者据此而谓渑水在战国末年犹未稍泯，这条运河可能尚未于其时修通。如上文所说，这条运河是使用了时水的河道，至贝丘之下始另开新河和济水相通。渑水与时水相合在贝丘西北，是运河的兴修并未涉及时渑二水相合之前的渑水河道，这是第一点。远在春秋时期，齐人就已重视渑水。齐景公在晋国的宴会上就曾经说过："有酒如渑，有肉如陵。"[2]鲁仲连以渑水和淄水并称，可能也是当时习用的称颂语言，并非具体的实指。这是第二点。根据这两点，可以说淄、济之间运河的开通，不可能迟至战国末年。

至于在蜀凿离堆，辟沫水之害，穿二江行成都中，司马迁已明白指出，这是蜀守李冰的成就。李冰为战国时的秦国人，这是无疑义的。不过他受命守蜀的时候，却有两种不同的说法：一说他是秦昭王时守蜀的[3]，一说他的守蜀，乃是秦孝文王派去的[4]。按秦取蜀后，即派遣蜀侯治其地，至昭王三十年（公元前277年）始设蜀守。其年蜀守为张若[5]。李冰为蜀守若在昭王时，亦当在其末年。穿入成都的二江，《括地志》谓为西南自温江县界流来的大江和西北自新繁县界流来的郫江[6]。唐温江县和新繁县今仍同名。李泰在这里所指流自温江县的大江，别有汶江、管桥水，清江、水江诸名，实际是流经温江、双流两县之西的一支江水。当时似未能流至成都。郫江流经郫县，距新繁县似稍远些。杜预《益州记》以二流为郫江和流江[7]。《水经注》以李冰于都安县作大堰，壅江作堋，堋有左右口，分江水为郫江和捡江[8]。这捡江当即是流江。《水经注》还说："江水又东迳成都县，县有二江，双流郡下，故扬子云《蜀都赋》曰：'两江珥其前'者也。"李冰为蜀守时，治水的主

1 《战国策·齐策六》。
2 《左传》昭公十二年。
3 《水经·江水注》引《风俗通》。
4 《华阳国志》卷三《蜀志》。
5 《史记》卷五《秦本纪》。
6 《史记》卷二九《河渠书·正义》引。
7 《史记》卷二九《河渠书·正义》引。
8 《水经·江水注》。

要成就应是灌溉农田。蜀中能够富庶，也是由于农田得到灌溉的缘故。不过这两条流经成都的河流都是可以行舟的，和淄、济之间的运河是一样的。大概是由于它们的灌溉之利更为巨大，行舟之事就逐渐不再受到重视了。

## 鸿沟系统的开凿

吴王夫差通沟于商鲁之间后，不久，春秋时期告终，进入战国时期。战国时期，中原方面对于有关水道曾进行过大规模的整治，开凿了好几条运河。这几条运河各有各的起讫地方，也各有各的名称，不过其间也并不是都没有关系，事实上可以说是一脉相承的，因此有了一个总名，就是鸿沟。提起鸿沟，常常会引起误会。秦汉之际，汉高祖和楚霸王曾经约定以鸿沟为界，而暂时各罢干戈。若是鸿沟是几条运河的总名，而这几条运河又都各有各的名称和起讫的所在，那么，楚汉分界的地方又将在何处？原来水道的名称时常因为流经的地方不同，而随处改变。鸿沟最初不过是这几条运河的总名，后来因习惯的关系，就把其中某一段水道用这总名来称呼。楚汉分界中的鸿沟，只是鸿沟系统中的狼汤渠[1]，并非鸿沟的全体。

关于鸿沟的问题，自来多有论述。《史记 · 高祖纪 · 索隐》曾有详细的注解。《索隐》引应劭说，谓在荥阳东南二十里；又引张华说，谓此水本二渠，一渠东流，经浚仪（今河南开封市南）南，是始皇灌大梁时所凿的，这就是鸿沟；别有一渠东至阳武县（今河南阳原县东南）为官渡水。《索隐》所说的还是鸿沟的总渠，郦道元也曾说过"汳水亦谓之鸿沟水。盖因

1 狼汤渠或写作蒗荡渠，或写作蒗汤渠，亦有写作浪宕渠、浪宕渠的，这些都是写法不同，其实只是一条水。

汉楚分王，指水为断故也。《郡国志》曰：‘荥阳有鸿沟水是也’”[1]。这和应劭所说其实是相同的。这一段是鸿沟初由济水分出，还没有再分为各运河的河段[2]。这段鸿沟总渠是由西向东流的。可是楚汉分界的时候，楚国居东，汉国居西，断没有用一条东西流的水道为界的道理。鸿沟系统中各运河只有狼汤渠是由北向南流的，所以楚汉分界的鸿沟，应该是狼汤渠。郦道元虽曾经说过鸿沟即是汳水，楚汉分界处在荥阳，大概他感到这样的说法到底稍欠妥当，所以又说：“渠水于此（即浚仪县）有阴沟、鸿沟之称焉。项羽与汉高分王，指是水以为东西之别。苏秦说魏襄王曰：‘大王之地，南有鸿沟’是也。”[3]郦道元不仅肯定了渠水是楚汉分界的鸿沟，还批驳了以萧县（今江苏萧县）西的鸿沟亭、梁国睢阳县（今河南商丘县）东的鸿口亭为楚汉分界的鸿沟的说法的非是[4]。

## 鸿沟系统中的各运河

鸿沟的开凿是由荥阳引黄河水流向东南。由于分支很多，流经的范围也广，在当时通到宋、郑、陈、蔡、曹、卫各国，下游分别和济、汝、淮、

1 《水经 · 济水注》。

2 荆三林等《敖仓故址考》（刊《中原文物》1984 年第 1 期）曾论述及鸿沟。据说：“牛口峪大坡立窦王碑处往东有一条大沟，约五华里长，越过一道山岭就是刘沟。刘沟在河阴县南，似属开渠引水的鸿沟口。由此向南有一道四里左右的沟渠，宽三百米左右，深二百米左右，系人工开凿。沟两侧高出沟底两米多的土台上，有住家户。沟底两边有明显的水流冲刷痕迹，蜗牛角、料礓石比比皆是。在四里左右处折向东，横跨广武山，直达上任庄，然后折向南，进入旃然河，又东南流入开封一带。这道沟当地群众仍称为鸿沟，并传说是古代运河。”按此说与《水经注》不合，且广武山耸立于黄河南岸，山势高昂，山北的水流是不会越过高山向南流的，刘沟的水更是不会南越广武山与旃然河合流的，而蜗牛壳和料礓石等皆难作为考古的证据。尤其是料礓石更非长期有水流的河床中所宜有，因而所得的传说难符合于事实。

3 《水经 · 渠注》。

4 《水经 · 渠注》。

泗几条河流相会合[1]。那时宋国都于商丘，也就是现在河南商丘县。郑国都于新郑，也就是现在河南新郑县。陈国都城在今河南淮阳县。蔡国都城在今安徽凤台县。曹国都城在今山东定陶县。卫国都城在今河南濮阳县。这也就是说，鸿沟的范围乃是在荥阳之东，泗水之西，淮水之北，济水之南，包括今河南省的东部，山东省的西南部，安徽省的北部和江苏省的西北部。在鸿沟的总名下，分流出汳水、获水、狼汤渠、睢水、鲁沟水和涡水[2]等河流。

从现在的地图上观察，鸿沟系统所流经的地区，一片平原，绝大部分的高程都在五十米以下。偏西处的兰考、民权、杞县、睢县、宁陵、太康、淮阳以及再往西北的开封、尉氏、通许、中牟、郑州等市县的高程最多也只达到二百米。这是现在的高程。就是这样的高程还是与长期以来黄河不断泛滥所堆积的泥沙有关。黄河中本来含有大量泥沙，流到下游，水势较缓，泥沙逐渐沉积，河床也相应抬高，因而就容易溃决。一经溃决，所含的泥沙就随洪水泛滥到处堆积。从南宋初年起，黄河在这一地区的溃决泛滥就逐渐增多，明清时期前后相继，更为频繁，历时愈久，泥沙堆积也就愈为深厚。一些高地丘陵，甚至乡里都邑都被湮没，深埋地下[3]。远在战国时期，这个地区的堆积尚未显著，应较现在为低下。从现在地图上还可看到，在这广漠的平原上，仅江苏徐州和安徽宿县之间散布着一些较低的山丘，就在古代除此之外也几乎看不到有关山岳的记载。现在徐州和宿县之间的山丘皆彼此孤峙，不相联系，未能成岭成峰。现在如此，战国时期当也不至于有特殊状态。

鸿沟系统中诸运河的开凿为一时的巨大工程。在这样地势低下而又没有什么过于高大的山丘的广漠平原之中开凿运河，也是一项善于利用自然

---

1 《史记》卷二九《河渠书》。《河渠书》又说："通鸿沟江淮之间。"这句话是错的。江淮之间所通的就是前面所说的吴王夫差的邗沟，并不是鸿沟。以《汉书·沟洫志》相对勘，《史记》这句话恰恰多出一个"鸿"字，几乎不可通了。这是在前面已经说过了的。

2 涡水或写作涡水，就是现在的涡河。

3 拙著《历史时期黄河流域的侵蚀与堆积》。

和改造自然的成就。现在这个地区河流纵横交错，到处分布，密如蛛网。可以设想：在远古时期，这广漠平原之中本来还可能有若干水道河流。鸿沟系统中的汳水、获水、睢水、鲁沟水、涣水都是早已形成的河流，只是彼此互不相关。鸿沟系统的开凿者斟酌形势，设法沟通，使其成为一个系统。譬如汳水，本为鸿沟系统中的主要支派，春秋时期已经有了汳的名称。这一点到后面还将要论及。又如汳水的下游为获水，而获水亦为鸿沟系统中的支派，实际上汳水和获水本是两水。汳水至蒙县（今河南商丘市北）为获水，其余波南入睢阳城中（今河南商丘县）[1]。这里所谓余波应为汳水本来的正流。后来汳水被遏入获水，正流水量减少，因而就成了余波。如果追溯获水名称的变迁，当可得到证明。《竹书纪年》记载："宋杀其大夫皇瑗于丹水之上。"[2]此事亦见《左传》哀公十八年。鲁哀公十八年为晋定公三十五年，即公元前477年。丹水乃获水的兼称。皇瑗被杀之时，智伯尚未灭亡，韩赵魏三家更未列为诸侯，当然还谈不上鸿沟的开凿。鸿沟既未开凿，就已经有了获水，这获水当然是自然水道了。由于汳水和获水相距不远，鸿沟开凿时，遏汳入获，原来的汳水下游就只好称为余波。寖假这段余波亦不复存在了。为什么获水兼称丹水？郦道元解释说："盖汳水之变名也。"[3]事物名称的变换改易，也并不是毫无原因。郦道元于此未能举出其间的原因，因而这样的解释就显得勉强。这样先于鸿沟形成的水道，睢水也可以作为例证。《水经》说："睢水出梁郡鄢县。"东汉鄢县在今河南宁陵、柘城两县间，亦即商丘县的西南。郦道元对此提出异议说："睢水出陈留县西浪荡渠，东北流。《地理志》曰：'睢水首受陈留浚仪狼汤水也。'《经》言出鄢，非矣。"鸿沟系统中的睢水，由陈留东流过雍丘、襄邑、宁陵、睢阳，再向东南流去。这四县依次为今杞县、睢县、宁陵、商丘。那时鄢县僻在睢阳西南，不在睢水流经的地方。《水经》的作者若是伪误，何必指出

1 《水经·汳水注》。

2 《水经·获水注》。

3 《水经·获水注》。

不在睢水水道上的县名以作其发源地？颇疑《水经》的作者记载的是睢水本来的水道，与鸿沟系统中的睢水水道有所不同。鸿沟系统诸水道的开凿者对于睢水只开凿了陈留至睢阳一段，其下就利用睢水本来的水道。因为下游是睢水的自然水道，故于施工的这一段，也就用睢水为名了。这情形也见诸涡水[1]。《水经》说："阴沟水出河南阳武县浪荡渠，东南至沛为濄水。"郦道元为这段话作了说明，也提出了异议。他说："阴沟始乱浪荡，终别于沙，而濄水出焉。濄水首受沙水于扶沟县。许慎又曰：'濄水首受淮阳扶沟县浪荡渠。'不得至沛方为濄水也。"东汉沛县为今江苏沛县，其地距涡水流域过远，和涡水当无关系。东汉沛郡（治所在今安徽淮北市西北）辖地广大，其西陲的谯县，乃今安徽亳县，正是现在涡水流经之地，故这里所说的沛当指沛郡而言。扶沟县今仍为河南扶沟县。浪荡渠经过扶沟县，再南流至陈县。陈县今为河南淮阳县，再南入于颍水。谯县距离过远，浪荡渠不能远至其地。《水经》虽说阴沟水出河南阳武县浪荡渠，实际上大梁（今河南开封市）以下至扶沟县这一较长河段，阴沟水一直和浪荡渠合流，不能至沛方为涡水。可是《水经》确是明白说涡水是在沛郡，这一点仿佛睢水之出鄢县，当是涡水原在沛郡，为一自然水道。鸿沟系统的形成，当是由扶沟县开渠引水至沛郡入于涡水。

这里当再就鸿沟系统及其各个分支，一一溯其原委。鸿沟的水流原是由黄河里面引出来的。那时黄河还没有侵入济水的故道，而济水由黄河分出来的地方，正和鸿沟在一起，都是今日河南荥阳县附近。鸿沟既然和济水同由黄河分出，就一齐向东流去，一直流到今日原阳县南，才彼此分开。济水向东，鸿沟偏向东南[2]。鸿沟再往东南，到今开封市西北，又分为两支，往东流的是汳水，往南流的是狼汤渠。

汳水和狼汤渠分流后，流到今兰考县和商丘县之间，称为甾获渠，更往东流，就改称获水，而不再名为汳水了。获水东南流，至彭城（今江苏

1 涡水即濄水，《水经·阴沟水注》作涡水。

2 关于黄河、济水和鸿沟的关系，可参见《水经·河水注》和《济水注》《渠注》。

徐州市）北入于泗水[1]。

狼汤渠的名称很多，有称为浪荡渠的[2]，有称为浚仪渠的[3]，也有称为渠的[4]，其下的更有称为沙水的[5]。浚仪渠是因为今开封市附近在那时有一浚仪县，渠水流过那里，所以称为浚仪渠。渠自然是狼汤渠的简称。关于狼汤渠起源的地方，自来有不同的说法。有的说是由黄河分出来的，分流的地方在荥阳县北，也就是说和济水一起由河水分出[6]；有的说是由济水分出来的。这一说法又可分为两种：一说分流的地方就在荥阳县[7]，一说在阳武县（今河南原阳县东）[8]。其实由荥阳引河东流，乃是鸿沟的总流，尚未分支为各条运河[9]。把狼汤渠的起源上推到荥阳分河的地方，只是以分支后的狼汤渠代替鸿沟的总名，核诸实际，似乎上推的过远了。狼汤渠再往南流，至今开封市陈留镇西北，又分出一条睢水。再往南流，至陈留镇西南，又分出一条鲁沟水。狼汤渠更南，在今太康县西，又分出一条涡水。狼汤渠一直流到今淮阳县南，才流入颍水[10]。颍水至今安徽颍上县南入于淮水。

前面曾经说过，鸿沟下游分别和济、汝、淮、泗会合。汝水在颍水之西。狼汤渠入颍，其西再无鸿沟分支，如何能与汝水相会？其实，这也不是没有道理的。汝水与颍水虽各自独流，却并不是毫无瓜葛。汝水中游流到奇领城西北，分流出一条渍水，也称大濦水，东流至汝阳县北，入于颍水[11]。奇额城在今河南郾城县，汝阳县在今河南商水县南。这里值得注意的乃是渍水的名称。《尔雅》说过：“河有雍，汝有渍。”郭璞解释说，这是大水

1 《汉书》卷二八《地理志》和《水经 · 泒水注》《水经 · 获水注》。
2 《水经 · 河水注》。
3 《水经 · 济水注》。
4 《水经 · 渠注》。
5 《水经 · 渠注》。
6 《水经 · 河水注》，又《渠注》。
7 《汉书》卷二八《地理志》。
8 《水经 · 济水注》。
9 《史记》卷二九《河渠书》。
10 《水经 · 渠注》。
11 《水经 · 汝水注》。

溢出别为小水之名[1]。根据这样的说法，则溃水也是一条自然水道，是由汝水溢出，东流而入于颍水的。这条称为大濦水的溃水，还有一个名称，称为别汝。这是说溃水是由汝水分流出来的，所以又有别汝这样的名称。别汝东流时，另有一支渎，称为死汝[2]，可见它与汝水的关系。为什么它又称为濦水？这是由于溃濦二字声音相近的缘故[3]。也许有人要以这条溃水为人工开凿的河道，那就太穿凿附会了。西周时的诗"遵彼汝坟"[4]，是说汝旁之水为溃，则汝旁之土亦为坟。坟为突起的土壤，较为肥美[5]。这就可以看出，远在西周时，即已有溃水。而那时的人可能还没有开凿运河这种想法。正是有了这条溃水，鸿沟系统的运河通过颍水可以和汝水相会合。

这里再回过头来说睢水。睢水由狼汤渠分出后，流经今河南的杞县、睢县、商丘、夏邑和安徽的宿县、灵璧诸县，而东至江苏的宿迁县入于泗水[6]。那时的泗水是由今江苏沛县、徐州市、宿迁县南流入于淮水的，所以获水和睢水都可以流入泗水。鲁沟水由狼汤渠分出后经过今杞县而至太康县西入涡水[7]。

在这几条水道中，涡水的源流要比较复杂些。涡水本是由狼汤渠分出来的。不过追溯渊源，还应该提到阴沟水。阴沟水是单独由黄河分流出来的。分流的地方是在今河南旧原武县。阴沟水由黄河分流出来后，东南流穿过济水，到今开封市附近和狼汤渠合流。由狼汤渠再分出来的才称为涡水。不过从旧原武到开封一段，后来并不见于记载，大概是早已湮没了。涡水从狼汤渠分出后，流经今河南的太康、鹿邑和安徽的亳县、涡阳、蒙城诸县至怀远县入淮[8]。现在只有涡水的下游还可以看见。另外有一条睢水，

1 《尔雅 · 释水》。
2 《水经 · 颍水注》。
3 《水经 · 汝水注》。
4 《诗 · 国风 · 周南 · 汝坟》。
5 赵一清《水经注释》（由王先谦《合校本水经注》转引）。
6 《水经 · 睢水注》。
7 《汉书》卷二八《地理志》，《水经 · 渠注》。
8 《水经 · 阴沟水注》。

不过绝大部分已经不是鸿沟系统中的睢水。其他各水则都已湮没了。（附图四　鸿沟系统诸运河图）

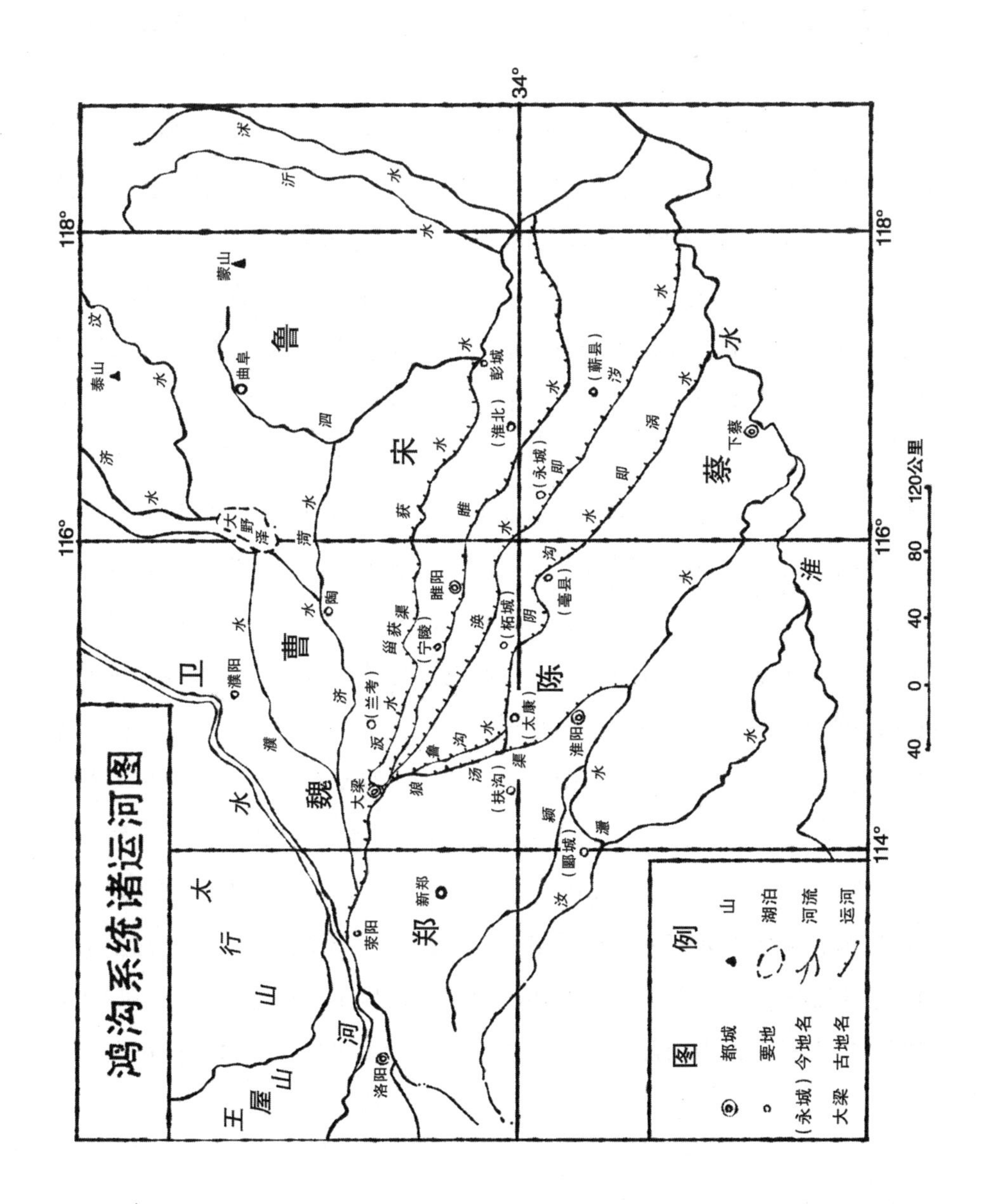

附图四

## 鸿沟开凿的时期

鸿沟的范围这样广泛，渠道又是这样的复杂，究竟是什么时期开凿的？关于这个问题，以前的学者说的已经不少。这里略事征引以作说明。郦道元认为是大禹所开凿的[1]。阎若璩反对此说，他根据《史记·河渠书》所说的“禹功施乎三代。自是之后，荥阳下引河，东南为鸿沟”，指出这是禹后代人所开凿的。阎若璩对于鸿沟的开凿提出几点推猜说：“苏秦说魏襄王曰：‘大王之地，南有鸿沟’，则战国前有之。晋楚之战，楚军于邲，邲即汳水，则春秋前有之。《尔雅》自河出为灉，灉本汳水，则《尔雅》有之。”[2]阎氏说鸿沟不是禹时开凿的，很为中肯。不过由他所举出的三点，并不能证明鸿沟开凿的时期是在春秋以前。《尔雅》这本书中所载的地理，确实代表哪一个时期，一直到现在还没有肯定，或者就是战国时期的作品。至于晋楚作战地的邲，乃在荥阳附近敖山侧畔，邲若为汳水，也应是当地的一条自然水道。这段鸿沟虽是总名，因为还没有分支流水，不会在这里称为汳水的。魏襄王离春秋时期已远，更不能说是魏襄王时已有鸿沟，就说是战国以前开凿的。全祖望根据《水经·济水注》中引有刘成国《徐州地理志》一段话，说是“徐偃王治国，仁义著闻，欲舟行上国，乃通沟陈蔡之间”。因而说“以水道按之，正在沙水之间”，并由此指出鸿沟的开凿是在徐偃王时[3]。按旧日的说法，徐偃王远在吴王夫差以前。其时陈蔡之间已是楚国的辖境，徐偃王如何能到楚国境内开沟凿渠？如果徐偃王已经开凿了鸿沟，通于淮济，为什么吴王夫差还不惮烦劳，另于商鲁之间再开凿一条运河呢？近人钱穆以为徐偃王就是宋王偃。这大致可信。不过他也根据《徐

1 《水经·河水注》。

2 《禹贡锥指》引。

3 《鲒埼亭集·经史答问》卷八。

州地理志》的记载，说宋王偃通沟于陈蔡之间[1]。宋王偃时，宋国已经局蹐于彭城一隅，也就是以现在徐州市为都。当时很受各国的侵凌，尤其是魏国更是他的当前大敌，他如何会有魄力再去开一条上通于魏国的运河呢？更何况要到楚国的陈蔡之间开沟凿渠，还要经过魏国的土地？再说魏襄王时已经有了鸿沟，而宋王偃恰迟于魏襄王几年，所以宋王偃开渠一事，还不能作为定论。

郦道元虽然说鸿沟是大禹所开凿的，可是在《水经·渠注》中却征引了两条出自《竹书纪年》的记载。其一是"梁惠成王十年（公元前360年）[2]，入河水于甫田，又为大沟而引甫水"。在征引这条记载之后，接着就说："又有一渎，自酸枣受河，导自濮渎，历酸枣迳阳武县南，世谓之十字沟，而属于渠，或谓是渎为梁惠之年所开，而不能详也。"另外一条是"梁惠成王三十一年（公元前339年），为大沟于北郛，以行圃田之水"。大沟应就是鸿沟，而惠成王就是惠王。《战国策·楚策》也说："邯郸之难，楚使景舍起兵救赵，邯郸拔，楚取睢涉之间。"睢就是鸿沟系统中的睢水，涉水则是涣水。这睢涉之间在今商丘、宁陵、睢县一带，魏国的东南境，楚国的东北境[3]。所谓邯郸之难，即魏降邯郸事，在梁惠王十八年（公元前352年）。由《战国策》这段话中可以看出，睢水和涉水的水道已经开凿成功。睢水正是鸿沟的一个支流，涉水又是睢水的一个支流。楚取睢涉之间地，其时上距惠王始开大沟仅有八年。在这八年之中，鸿沟系统谅已大部分建立了。因为水流必须上流有来源，而下流也有归宿。若不是惠王已经凿好大沟，睢涉二水由何处流来，岂不成了无源之水？若不是下游各支流已经凿好，那么，大沟中的水将归宿到什么地方？何况所引的又是黄河之水，稍一不慎，一定会形成泛滥的灾患。所以梁惠王不将全盘计划拟好，如何能去冒昧行事？根据这个理由，把鸿沟的开凿时期拟定为梁惠王十年至十八

1　钱穆《战国时宋都彭城考》（刊《禹贡半月刊》第三卷第三期）。

2　关于梁惠王的年代，《史记·六国表》所载有讹误处，此从陈梦家《六国纪年》说。下同。

3　程恩泽《国策地名考》。

年之间。可能后面还不断施过工，如上述的梁惠王三十一年的工程。

梁惠王在早年是一位野心勃勃的君主。梁国的都城本来在安邑（今山西夏县西北），到惠王时迁都到大梁（今河南开封市）。梁国本称魏国，这时也就称为梁国。关于惠王迁都的年代有不同的记载，有的说在他在位的六年（公元前364年）[1]，有的说在九年（公元前361年）[2]。这两种不同的说法都见于《竹书纪年》。《竹书纪年》久已残缺，各家征引，或有讹误。然这两年都在其开凿鸿沟以前。这里就不必细究其迁都时在六年或九年。惠王迁都以后，伐赵伐韩，兵车数出，皆取得一定成果。据说，惠王曾为逢泽之会，乘夏车，称夏王[3]，其踌躇满志的情况，可见一斑。他当时不仅拥地千里，而且能号令十二诸侯[4]。惠王时，七雄并立的局势虽早已形成，仍有若干小国参差其间，惠王因得以鞭策驱使。这十二诸侯，如卫鞅见惠王时所说的"非宋、卫也，则邹、鲁、陈、蔡"[5]。宋、卫、陈、蔡四国，前面已经提到过。鲁国都于曲阜，今山东曲阜县，邹国故地则在今山东邹县，皆为泗水流域的诸侯。卫鞅所说虽仅六国，未尽十二诸侯的全貌，已占了其中的一半。就以这六国而论，就都在鸿沟系统各运河及其所能沟通的济、汝、淮、泗各水的范围之内。惠王在政治上和军事上能够取得这样的成就，不能说和鸿沟系统诸运河的开凿没有关系。

## 经济都会的兴起

梁惠王开凿鸿沟，虽然是有他的军事上和政治上的目的，并已取得一

1 《水经·渠注》引《竹书纪年》，《汉书》卷一《高帝纪·注》臣瓒引《汲郡（冢）古文》。

2 《史记》卷四四《魏世家·集解》引《竹书纪年》，《孟子正义》亦引《竹书纪年》。

3 《战国策·秦策四》。

4 《战国策·秦策五》。

5 《战国策·齐策五》。

定的成就，但影响最大的还是在经济方面。魏国的都城是在大梁（今河南开封市），第一个受着鸿沟的影响而繁荣的当然是大梁了。大梁在那时究竟繁荣到什么程度，这在旧史上没有详细记载，已经不能知道。不过由一些间接的推测，大梁在当时的确是十分繁荣的。魏公子信陵君有一次曾和魏王谈及魏国的情形，说是魏国的河外、河内，大县数百，名都数十[1]，这可见魏国的富庶。所谓河外、河内，正是大梁附近黄河南北的地方[2]。这些地方所以如此富庶，自然脱离不了和鸿沟的关系。魏国的别都尚且是这样，国都的大梁一定更要繁荣了。大梁的毁灭，是因为秦灭魏的时候引河沟灌城[3]，昔日的繁荣立刻消失净尽。这次的毁灭实在太厉害了，以后很久都没有恢复过来，直到汉武帝时，司马迁东游归来，路过其地，所见还是一片荒凉[4]。大梁城虽然毁灭了，鸿沟的交通却未就此中断。像大梁这样的城池，必须有个代替的地方。继大梁而起的，上游是荥阳（今河南荥阳县），下游是睢阳（今河南商丘县）。荥阳和睢阳正是承继了大梁的遗绪而繁荣起来的。荥阳是鸿沟由黄河分出来的总口，当魏国还未灭亡时，它离大梁太近了，所以无法繁荣。等到大梁毁灭之后，秦国因为漕运的便利起见，就在荥阳附近鸿沟由黄河分出的地方，建起一座敖仓，储藏由山东各地运来的漕粮。荥阳的地势本来是绾毂水道交通的要道，经过这样经营，于是就乘着大梁的毁灭而步步繁荣起来。至于睢阳，也和荥阳一样分去了大梁的一部分繁荣，不过睢阳比起荥阳来已经是稍逊一筹了。它没有人为地培植，只是靠自然发展。它不像以前的大梁和同时的荥阳占据鸿沟的总口，可是城南的睢水和城北不远的获水，仍然运来了江淮间的货物。睢阳在春秋战国之世本来是宋国的都城，为什么在汉代不称宋而称梁呢？这正是他承继了大梁的固有地位的缘故。

---

1 《战国策·魏策三》。《策》文信陵君作朱已，朱已即无忌之讹。

2 战国时黄河在今河南浚县、濮阳一带东北流至渤海入海，所以太行山东南黄河以北的地方称为河内，黄河以南，相对的就称为河外。

3 《史记》卷四四《魏世家》。

4 《史记》卷四四《魏世家》。

鸿沟下游因为分支很多，所以受其影响而崛起的都会也很多。这里先提到相当于今日淮阳县的陈。陈是近于鸿沟的一条分支狼汤渠和颍水会流的地方。它不仅是淮南各地的货物运到大梁去的一个过路码头，并且颍水上游各地所需要的货物，也都由这里运去。如前所说，颍水和汝水之间有一条溃水相通，汝水流域的经济也因此而得到发展。陈的人民多习商作贾，正是受着地理环境的熏陶[1]。战国末年，楚国的都城由郢都迁到陈来[2]，固然是想躲避秦国的侵略，实际上何尝不是为了陈的经济繁荣的优越地位。

楚国在那时候一再迁都，外患固然是其中的一个原因，经济原因的确也更为重要。后来在陈立足不住了，又迁到寿春（今安徽寿县）去。这个寿春也是鸿沟系统中的一个都会。寿春位于颍水流入淮水的地方。在寿春的南边还有一个合肥。上文已经提到合肥附近有一条肥水，另外还有一条施水，二水上源相距很近。这两条水道是邗沟以外江淮之间的另一通路，寿春恰居于肥水入淮的地方。正因为这个关系，寿春和合肥向来就形成辅车之势，在淮南的交通上占着最重要的位置。等到鸿沟开凿成功，寿春与合肥更是锦上添花，居然和中原各地打成一片，而成为当时有名的都会。

鸿沟的下游还有一个经济都会值得提起，这就是相当于今日徐州市的彭城。彭城之北，是获水入泗的地方。彭城以南不远，睢水也在那里入泗。彭城不仅居于获、睢之间，同是又是获、睢二水和泗水会流的地方。只要承认睢阳继大梁之后而发达的原因是在它正处于获、睢之间，那么，也没有理由可以否认彭城确有繁荣的条件。何况彭城又是濒于泗水沿岸，而泗水的上游正是接着菏水，菏水岸上还有一个居天下之中的陶呢！不管由陶通往江淮，或是由大梁、睢阳通往江淮，彭城都是必经之路，所以彭城的繁荣而成为一个经济都会，并不是偶然的事情。楚霸王项羽灭秦之后，他苦苦地要离开所谓天府之国的关中，而建都于彭城，其中就有迁就于经济方

1 《史记》卷一二九《货殖列传》。
2 《史记》卷四〇《楚世家》。

面的理由。有人骂他是沐猴而冠[1]，岂能理解他的心愿！

在战国时期，菏水和鸿沟是两个重要的水道通路。这两个系统在下游共同成就了一个彭城，在上游又和其他自然水道衔接，而成就了另外几个经济都会。这几个经济都会中，第一个就是临淄。临淄是齐国的都城，顾名思义，居于淄水的沿岸。前面已经约略提到过，当苏秦东游到齐国的时候，临淄已经发展成为有七万户居民的大城市[2]。苏秦的足迹当时是遍于各国的，他不称赞别国都城的富庶，而单单提到齐国的临淄，这当然是临淄比别的国都更在上了。就在今日来说，这七万户居民的都会，也不算是一个太小的都会了。提起临淄，使人便联想到齐国的富庶。齐国是一个天然的适于农桑的地方，肥沃的土地，更使农桑各业趋于发达。齐国的丝织品一向闻名于各国，而它所产的粮食之多，直到秦汉两代，还是很为人们所称道。这种自然环境使临淄日渐繁荣起来[3]。大概是战国初年吧，齐国也开发了一条运河，沟通了淄水和济水。这在前面已经论述过了。临淄的货物可以借着淄水运入济水，更由济水运到其他各地。若以陶为中心向东发展，临淄正是这个水道交通的终点。这里可以陇海铁路的修筑过程作一个譬喻，因为一条铁路的终点，常常比其沿线各地更为发达。陇海铁路的修筑是经过若干曲折的。它最初本是汴洛铁路，西端仅到洛阳。后来，西展工作断断续续，时修时止，遂使其一时的终点，如河南的观音堂、陕县，皆曾有过繁荣。陇海铁路终点向西移去，这些地方又重复回到原来的萧条状态。后来铁路又修到陕西宝鸡，宝鸡又一时实际上成为西北的一个经济重心。从这些事例来看古代的临淄，这个古代东方水道交通的终点，其繁荣并不是偶然的。

和临淄正相对称的，却是西方水道交通终点的洛阳。不管由菏水西上，或是由鸿沟西上，只要是往西行的货物，都要以洛阳为集散地。这话是怎

1 《史记》卷七《项羽本纪》。

2 《战国策 · 齐策一》。

3 《史记》卷一二九《货殖列传》。

么说的呢？因为在古代黄河中能顺利通航的只有河南的南河一段[1]。再往上游或者再往下游，都不容易了。所以由陶及大梁运来的货物入河之后，还要入洛，溯洛水而上，运到洛阳。战国时期洛阳的人民之所以都喜欢经营商业[2]，这种经济上的原因，自然是最重要的了。战国初年，由洛阳到秦国，中间还要经过韩国的国土，货物的运输必须转借韩国人之手！因为这个原因，又在洛阳之外，促成了一个小都会。这个小都会就是洛阳西边不远的宜阳（今宜阳县西韩城镇东北古城）。宜阳本来是一个小县，但是受了这种刺激，人口日渐增多，实际上已经和一个郡相仿佛了[3]。由洛阳西行，有南北两道。一道经渑池，至以西的陕县。春秋时，秦国遣孟明视等率师袭郑，经过崤山的南陵和北陵之间[4]，就是走的渑池一路。渑池在涧水上游，是当时即循涧水西行。战国时，由洛阳西行，改由宜阳一道，故秦武王欲窥周室，甘茂即为之攻宜阳[5]。其后秦昭王曾到宜阳，还曾和魏王会于宜阳[6]，可见宜阳一道当时已为通道。宜阳距鸿沟甚远，可是它能够繁荣，仅次于洛阳，还是受到鸿沟的一定影响的。

战国时期的人士常以陶、卫并称[7]，这是说陶、卫在经济方面有互相仿佛的地位。陶在当时被称为在"天下之中"。所谓"天下之中"，固然是因为陶是经济上的重心，同时也是因为陶的地位是四通八达的中心。前面已经说过，由陶顺菏水而下，可以一直通到江淮之间；沿济水而东，可以达到临淄；再溯济水而上，由济入河，由河入洛，又可以远至洛阳。这是东、西、南三面的交通。但是北面能达到什么地方？由陶向北行，正可到与陶并称的卫。卫即濮阳，因为濮阳乃是卫国的都城。所以称为濮阳，就是因为在濮水之北。这条濮水是由济水分出，自今河南封丘县流过濮阳县，至

---

1　南河之名始见于《禹贡》，其意是指河东河内两地以南的黄河。

2　《史记》卷一二九《货殖列传》。

3　《战国策·秦策二》。

4　《左传》僖公三十二年。

5　《战国策·秦策二》。

6　《史记》卷五《秦本纪》。

7　《战国策》及《韩非子》皆常有陶、卫并称的语句。

定陶县复入济水[1]，好像是济水分出了一个支津。就是这么短短的一条濮水，即维持了陶和卫的交通。卫所以见重于世人，固然是它能借濮水和陶交通，同时还有别的原因。黄河至中原折向东北以后，这一段的河水在交通上差不多没有一点价值。河北的燕、赵等国和中原方面的交通，不是取道于黄河，而是走太行山东的陆路，大致就是今日的京广铁路一线。这些地方如果迁就陶的经济中心，就非取道于卫不可。在这种情形之下，卫自然也就繁荣起来，寖假而和陶并称了。到了战国末年，卫国已经弱不堪言了，不过它依然以濮阳为国都。卫国狭小的土地，秦国是看不到眼中的，但是濮阳这个经济上的重地，却不愿卫继续独占下去，所以在秦始皇帝的第六年（公元前241年），就命卫君把社稷迁到野王去（今河南沁阳县），将濮阳县收归秦国了[2]。

以陶和大梁为中心的菏水和鸿沟两个人工水道系统，再加上几条有关的自然水道，便联络了函谷关以东当时的大半个中国。这大半个中国各处的经济是息息相通的。这个经济网络没有把秦国计算在内，这一点从陶被称为“天下之中”的话中就可以显明地看出来。后来秦国极力向东侵略，无非是也想参加到这个经济网络之中来。（附图五　鸿沟附近经济都会图）

## 运河对于文化的沟通

这几条运河的开凿，在经济上固然有莫大的意义，就是在文化的沟通上，也有极其深远的影响。按说春秋战国时期国内自然水道系统是河、济、江、淮四渎，各自入海，其中只有济水和黄河的下游距离远一点。大体上说来，这四渎差不多是以平行的方式并流入海的。各水有各自的

1 《水经 · 济水注》。
2 《史记》卷一五《六国表》，又卷三七《卫康叔世家》。

附图五

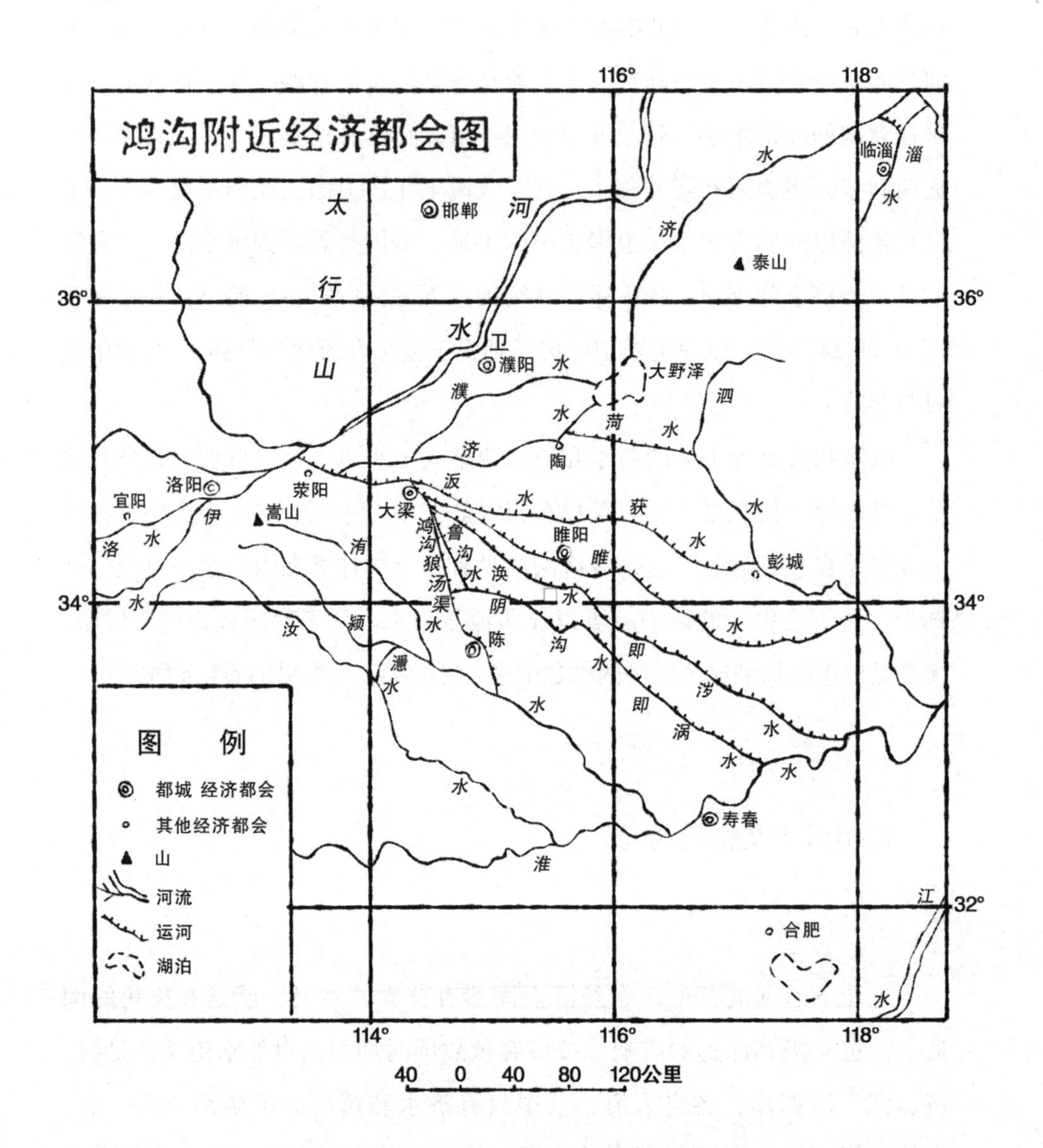

鸿沟附近经济都会图
116°
118°
36°
34°
32°
114°
太
行
山
邯郸
河
水
卫
濮阳
大野泽
临淄
淄
水
济
泰山
泗
濮
荷
陶
济
汳
洛阳
荥阳
宜阳
伊
嵩山
大梁
鸿
沟
狼
汤
渠
鲁
沟
涣
睢阳
睢
获
彭城
洛
水
洧
颍
汝
阴
陈
沟
即
泼
涡
漯
淮
寿春
江
合肥
图 例
都城 经济都会
其他经济都会
山
河流
运河
湖泊
40 0 40 80 120公里

支流，所以各自成为一个系统。济水和黄河在下游的距离是远一点，而在济水上游却是连在一起，因为济水是由黄河中分流出来的。这些不同的情形在文化上显得极为分明。济水和河水因为相近的关系，而且彼此相通，所以河、济流域的文化是一样的。春秋时期，这里分为许多诸侯封国。封国固多，彼此之间文化却是一致的。这些封国自称诸夏或华夏，这就证明他们之间的文化是相同的。诸夏之外所谓戎狄，当然也各有其习俗和文化，华、戎之间是格格不相入的。管仲佐齐桓公定霸业，提出尊王攘夷的号召，取得一定的成就。这一点很得到孔子的推崇。孔子就曾经说过："微管仲，吾其披发左衽矣。"[1]披发左衽为游牧民族的文化，与江淮流域无关。然当时的人对于居于大江中游的楚国，也视同蛮夷，所谓"南蛮与北狄交，中国不绝如线"[2]，正是一个绝好的说明。其实楚国也不讳言而自认为是蛮夷[3]。也因为彼此隔阂，在文化上表现出绝大的分别，饮食起居以至于立国制度，彼此都不相同。楚国和吴国，一个是在大江中游，一个是在下游。按理应该一样，但是因为云梦、九江等处的江水浩瀚渺茫，竟使交通上无由加以利用，所以楚国和吴国虽分处大江的中游和下游，而文化却也彼此不同。吴国早年亦尝以荆蛮相称，而文身断发的习俗[4]，在楚国却是少见的。这样不同的文化，因彼此交往日益频繁，而逐渐融合会通。这样的交往频繁，水上的交通自是有相当的助力。运河畅通之后，其间差异也就日趋减少或泯灭。

1 《论语 · 宪问》。

2 《春秋公羊传》僖公四年。

3 《史记》卷四〇《楚世家》。

4 《史记》卷三一《吴太伯世家》。

## 统一的形成

先秦时期运河不断的开凿，把以前不在一个系统中的水道彼此联系起来。由于交通的方便，各处人民相互间的交往自然比较容易，各处文化也能够逐渐沟通，商业兴盛，经济发达，为改变当时诸侯封国并立的局面和促进统一奠定基础。前面论述《禹贡》的作者所计划的交通系统，就已经显示出当时对统一的要求。《禹贡》作者的时候，鸿沟尚未完全开凿，就已经有了这样的设想；鸿沟开凿以后，水上交通愈为便利，当然更会促成对于统一的要求。孟子倡导仁政，“关讥而不征”，就是实施仁政的一个条款[1]。这样的说法，还只限于一个诸侯封国之内。当时著名的经济都会已遍于各诸侯国。各诸侯封国都在设关征税，因而对经济发展增多了若干阻力。荀子就更进而主张“四海之内若一家”[2]，这就更显示出对于统一的要求。这种统一的思想和要求，对于结束诸侯封国并立的局面是有一定的促进力量的，也给统一局面的实现提供了相当重要的条件。后来秦国削平诸国，其中的原因固然很多，但所得来的统一，却是当时的人们所梦寐以求的。

1 《孟子 · 公孙丑上》。

2 《荀子 · 王制》。

# 第三章　秦汉时期对于漕运网的整理

## 政治中心地和经济中心地

秦统一全国之后，开始感觉到当时的政治中心地和经济中心地是隔离得太远了。当时的政治中心地是在咸阳，而经济中心地却是在陶。如何能把这样辽远的两个中心地联络起来，的确是一宗麻烦的事情。要知道当时一定要把这两个中心地联络起来的缘故，必须先知道当时的政治中心地对于经济中心地的依赖性。咸阳是在关中，而关中在古代被称为“陆海”和“天府之国”[1]，这是形容关中富庶。不过关中平原狭小一点，仅占着泾、渭二水的下游。按照比例说起来，关中平原的物产富庶，可以当着“陆海”和“天府之国”的称誉而无愧色。究竟因为这个平原太狭小了，所能容纳的人口到底有限，超过了它的饱和点，就要发生粮食不足的恐慌。这种恐慌的情形，远在秦国还没有统一天下以前即已显露出来。当时秦国解决这个问

1 《战国策·秦策一》，《史记》卷九九《刘敬传》，《文选》卷一班固《西都赋》。

题的办法，唯一的是依赖巴、蜀的接济。巴、蜀所产的粮食固然是用之不竭，但是要由巴、蜀把粮食运到关中来，却不是容易的事情。因为巴、蜀和关中之间横着秦岭和巴山两座大山。今日的秦巴交通情形，无论如何是比秦汉时期要方便得多了，但要徒步翻越这两座大山，还是感到吃力。试想在秦汉时期要由这条路上转运粮秣，那是如何艰辛的事情。战国末年，秦国在关中开凿一条郑国渠，从中山西瓠口引泾水，循着北山东注于洛，长三百余里，可以灌溉盐碱地四万余顷，每亩收获量有一锺之多[1]。这对于尚未统一天下时候的秦国确实是解决了粮食不足的问题。可是统一之后，咸阳正式作了全国的首都，这方面依然感觉困难。

## 秦时的都城

既然如此，那么秦在统一天下之后，何不索性把国都迁到经济中心地或者其附近的地方，岂不是一劳永逸？秦国所以没有出此一策，正是秦国的伟大处。它不贪图现实的小利，而忘记了国家的大患。秦国在这时所顾虑的，是国内的不安和西北塞外匈奴的威胁。咸阳是秦国的旧都，具有四塞的险要，尤其是东面的函谷关（在今河南灵宝县北王垛村），可以阻挡住由东而来的武力进攻。战国后期，秦国在对付北边的匈奴，取得了多次的成功，北地郡（治所在今甘肃庆阳县附近）的设置，就是其中的一端。匈奴虽连续败绩，势力依然存在，仍是秦国最大的忧患。咸阳作为都城，在对付匈奴的侵略中，正是一个最适于指挥的地方。何况咸阳还是自孝公以来秦国的旧都，是轻易不能移动的。它宁肯在经济方面多受一点困难，也不愿在国策上输了这一着。所以它不迁就经济的中心地，而把国都轻易移动。

1 《史记》卷二九《河渠书》。

## 漕运的需要

好在这时的经济的中心地和政治的中心地正是东西遥遥相对。咸阳在渭水岸上，陶在济水岸上，由济水上溯可入黄河；再由黄河上溯可入渭水。这三条水道上下相通，正给秦人以不少方便。秦人由东方运到关中的粮食，大体上是水运。这些粮食的一部分来自菏水流域和江淮之间，一部分是来自鸿沟流域和淮南地方。秦人在荥阳附近建立了一个规模宏大的敖仓。这个敖仓的所在正是鸿沟和济水由黄河中分流出来的地方。敖仓所以要建立在这个水口，大概不出两个原因：一个是因为由济水和鸿沟运来的粮食在这里作一个总的会合；另一个或者因为济水和鸿沟中所行船舶不适宜行于黄河之中，而必须改换船只。这敖仓正是改换船只时候储存粮食的地方。

秦人每年由东方运到关中的粮食究竟有多少？这个数目旧史上没有记载，无从得知。不过一定是一个很大的数目。东方出产粮食的地方，一个是临淄附近，一个是济、泗之间，一个是鸿沟流域，另外还有江、淮二水下游的地方。这些产粮之地当然都在征取之列。在此以外，它还一直征发到东海之滨。现在的山东半岛东端，当时的黄、腄、琅邪负海之郡都在征发粮食地区的范围之内[1]。黄在今山东黄县，腄在今山东文登县。琅邪为当时的郡名。这个郡的辖地，大部分就在今山东半岛，就是所谓负海之郡。山东半岛的东端在当时也是富庶之区。特别是琅邪郡治所的琅邪县（今山东省胶南县琅邪台西北），曾经作过越王勾践的都城[2]，秦始皇也很喜欢这个地方。秦始皇在巡游途中，曾在当地稽留过三个月[3]。虽然这些地方是富庶的地区，运输上却是极不方便的。可能是那几个接近运河的产粮之地所产的粮食不够征发，才征发到这样遥远的海滨。由此可见，当时由东方各地运到

1 《汉书》卷六四上《主父偃传》。

2 《汉书》卷二八《地理志》。

3 《史记》卷六《秦始皇帝本纪》。

关中的粮食，一定不是一个小的数目。

这几条运河的运输力量有多大？这也是不容易解答的问题。所可能推测出来的，它要比黄河的南河一段的运输力量要大得很多。这几条运河中的水流都是由黄河中分流出来的[1]，当然比黄河要小些。但是把它们的运输力量合起来，却是超过了黄河。这一点，也可以拿敖仓来证明。敖仓所在的地方本是这几条运河入黄河的水口，若是这几条运河的运输力量合起来小于黄河，或者和黄河相同，那么，由运河运来的粮食很可以随到随运，用不着再在敖仓储存。实际上敖仓所储存的粮食是非常丰富的，黄河的运输力量反而有限，没有把这些储存的粮食早日运输完毕。一直到秦亡之后，敖仓内的粮食还有大量的剩余，后来刘邦和项羽争夺天下时，郦食其就劝刘邦急速进兵，收取荥阳，为的是能够据有敖仓的粟米，军糈可以无忧。郦食其还批评项羽，说是他在拔荥阳之后，不坚守敖仓，反分兵去守成皋，这就必然会遭到失败。刘邦接受了郦食其的建议，利用敖仓，扭转了战局[2]。可见敖仓中所储存的粮食，必然很丰富，不然也不值得刘邦固守其地。

## 经济中心地的诱惑力

秦亡之后，项羽和刘邦在选择国都的时候，都曾注意到鸿沟系统和菏水等运河区域。项羽建都的彭城，正是泗水和获水合流的地方。刘邦虽然建都于长安，但他即位的地方却在汜水之阳[3]。汜水就在陶的附近，说不定刘

1 这几条运河中，菏水虽和黄河没有什么直接关系，但菏水所承受的济水却是由黄河分出的，所以菏水也可以看作黄河的一条支流。

2 《史记》卷九七《郦食其传》。

3 《史记》卷八《汉高祖本纪》。

邦最初的意思是想建都在陶的。究竟刘邦的意志坚强一点，他没有贪恋陶的繁华而忘记了立国的大计，最后还是在关中建都。

## 汉初的漕运

汉初承大乱之后，政府提倡黄老之治，与人民休养生息，一切的设施只求将就过得去，不特别的铺张，所以政府里的机构十分简单。这时关中的居民也因为大乱的关系，往往流离死亡，户口自然有所减少。这种种原因，使关中在粮食方面并不过分依赖山东各地[1]。据史书上记载，这时每年由山东各地运来的漕粮，只有几十万石[2]。这和秦时比较起来，那真是差得太多了。这种休养生息的政策，一直由高祖推行到景帝。这六七十年之间，是汉朝的太平郅治的时期。文帝十二年（公元前 168 年），更下了一道诏书，免蠲天下田租之半。第二年，干脆连那剩余的一半也豁免了。这真是旷古未闻的盛事。这种盛事前后继续了十几年，到景帝即位，才又令人民缴纳田租；其实也只是恢复到文帝十二年的情形，依然是只出一半[3]。政府所需要的漕粮是那样少，人民所出的田租又是长时期免蠲，所以，自汉初以来，专供漕运的运河，这时简直不能发挥若何的作用。

---

1 秦汉时人所说的山东，乃指崤山而言。崤山以东都称为山东，与今山东省不同。函谷关就在崤山上，故关东与山东为同义语。

2 《史记》卷三〇《平准书》。

3 《史记》卷一〇《孝文帝本纪》，又卷一一《孝景帝本纪》。及《汉书》卷四《文帝纪》，又卷五《景帝纪》。

## 鸿沟运输的萧条

的确，鸿沟这个名字自战国时期以迄秦汉之间是如何的受人注意，但在汉初以后，渐渐不见再有人提起，史书上的记载也几乎是看不见了。其中的原因和上面所说的汉初对于漕粮需要的减少，以及对人民所缴田租的免蠲，大有关系。还有一点也是鸿沟的运输渐趋于萧条的一个原因，这就不能不和当时的诸侯王国有关，需要作较多的说明。汉朝初年，诸侯王的国土遍布于关东各地，在鸿沟流域的，较上一段是梁国，较下一段是淮阳和楚国。梁国的都城为睢阳，就在睢水的中游，为今河南商丘县。淮阳国的都城为陈县，乃在狼汤渠的下游，为今河南淮阳县。楚国的都城为彭城，位于获水和泗水相会的地方。再往南去为淮南和吴国。淮南国的都城在寿春，位于淮水的南岸，为今安徽寿县。吴国的都城在吴县，濒于太湖的东岸，为今江苏苏州市。淮南和吴国虽在江淮流域，距鸿沟流域较远，和都城长安的交通，仍不能不经过鸿沟流域。这些诸侯王国在财政方面差不多是独立的。从西汉开国时起，就规定“租税之入，自天子以至封君，汤沐邑皆各为私奉焉，不领于天子之经费”[1]。这就是说，诸侯王国的租税不一定输送到京师去。当时吴国更显得突出。吴国有鄣郡（治所在故鄣县，今浙江安吉县西北）铜山，可以冶铜铸钱；又濒于东海，就煮海水为盐，因而不向国内征索赋税[2]。汉朝在孝文时候所推行的免蠲田租的政策，汉初吴王已经行之于吴国了。不仅如此，吴国确实是相当富庶的。据说汉朝从各地征发粟米，西向运输，陆行不绝，水行满河，还不如吴国的海陵之仓（海陵

1 《史记》卷三〇《平准书》。
2 《史记》卷一〇六《吴王濞传》。

今江苏泰州市)[1]。睢水流域的梁国也相仿佛。梁国居天下膏腴之地，其府库中所藏的金钱都以百钜万计数[2]。这几个诸侯王国和汉朝的关系各不相同。梁国和淮阳累世和汉朝是至亲，而淮南和吴国又俨然与汉朝处于敌对的地位。这时汉朝固然不大需要关东的漕粮，这几个王国也不见得就时时往京师上贡去。因为这些缘故，鸿沟的运输更加萧条，但这不是说漕舟不大通行，鸿沟就此湮塞，而人民往来的贸易却不见得就此停止。

## 运河初次的厄运

毕竟好景不长。汉武帝元光三年(公元前132年)，黄河忽然在濮阳附近决口，向东南流去，一直流到大野泽中；又由大野泽溢出，顺着菏水又流入泗水，更下而流到淮水[3]。不仅菏水和淮、泗受了它的灌注，就是鸿沟的一部分也受到厄难。这几条运河因为是人工开凿的，河身本来就不太深，所以最怕湮塞。这几条运河的水源固然是由黄河流出来的，实际上还要经过一段济水。济水由黄河流出后，流到荥泽(在今河南荥阳县东)中。荥泽水流缓慢，可以沉沙，所以济水的水流和黄河不大一样，济水比较黄河为清。这几条运河经过这样的间接关系，自开凿成功以后，就没有听见湮塞过。

1 《汉书》卷五一《枚乘传》。按:《宋史》卷九六《河渠志》载徽宗宣和四年的诏书，其中曾追溯邗沟的渊源。据说:“江淮漕运尚矣。春秋时，吴穿邗沟，东北通射阳湖，西北至末口。汉吴王濞开邗沟，通运海陵。”春秋时的邗沟不通海陵。如果吴王濞当时确曾开过运河，当另是一条水道，仅袭用邗沟的名称而已。吴王濞都于广陵，为今江苏扬州市。海陵正在广陵之东。若是有这么一条水道，则其流向与春秋时的邗沟迥异。不过吴王濞开邗沟事，仅见于此诏，以前概无可考。或传闻之辞，知制诰者即引入诏书之中，亦未可知。

2 《史记》卷五八《梁孝王世家》。

3 《史记》卷二九《河渠书》。

这一次黄河决口，情形完全不同，决口的地方相当深广，几乎把全河的水都溢出来了。黄河本来泥沙很多，如果所泛滥的地方不是十分平衍，这些泥沙还可以利用水力把它冲走，可是这一块地方正是广漠的平原，水中的泥沙就慢慢地淤积起来。假若黄河的决口能早日堵塞成功，这黄水的灾害还不至于若何的严重。不料这个决口过了二十多年才告合龙。二十多年间，这几条运河就日趋于湮塞了。虽然还有几段因为离得远一点，没有受到怎样影响，可是由于彼此联络的功用没有以前好了，效力自然不如往昔了。

## 经济都会的萧条

运河湮塞了，几个著名的经济都会也随着萧条了。战国时期，一般人都把陶、卫并称，经过这次剧烈变动，濮阳再不受到人们的重视。虽然定陶（即陶，汉时称为定陶）还勉强维持一个都会的形势，但已经不是从前的赫赫一时为“天下之中”的样子了。若是由吴王夫差通沟于商、鲁之间的时候算起，到武帝元光中黄河在濮阳附近决口为止，其间大概也有三百五十年的光景。这三百五十年间，就是陶、卫最发达的时期。自此以后，陶、卫就再没有遇到像从前那样繁荣的时期了。和陶、卫命运相像的还有睢阳和彭城。这两个都会也受到黄河决口的影响，不过没有陶、卫那样的严重，但究竟都萧条了。所比较好的一点，睢阳和彭城以后都还复兴起来，不像陶、卫那样一蹶不振。这次黄河的决口虽堵塞住，而东方的情形却由此改变了。

## 漕运的增加

正是这几条运河趋于没落的时候，汉朝的政治也和以前不一样了。汉朝初年，朝野上下休养生息，不肯过分铺张。到了武帝时候，国家的基础已经稳固了。恰巧武帝又是一个大有作为而不甘寂寞的皇帝，他对内积极建设，对外又不停征讨，国家的支出比以前大得多了，所需要关东的漕粮也比以前增加了若干倍。汉初，一年由关东运来漕粮不过几十万石，其后增加到百余万石，后来又增加到六百余万石[1]。这样不断增加，不仅要超过这几条渐趋没落的运河的运输力量，也超过了黄河和渭水的运输力量。黄河在函谷关附近有砥柱之险，漕舟的挽上颇为不易，偶一不慎，就会有淹没之患。渭水下游水浅多沙，水道又是那样弯弯曲曲。这一河段全长竟有九百余里[2]，使漕舟的西行枉费了许多曲折。在汉初漕运不盛的时候，这些困难的地方原不成什么问题。到了武帝时候，所需要的漕粮增加，而漕道又是这样的困难。如何能解决这些问题，正是当时朝野上下所一致切望的事情。

## 渭水南侧漕渠的开凿

当时对于这些问题解决的方法，不出两点：一个是如何能把漕道整理好，使运输更加便利；另一个是根本减低对于关东漕粮的需求。关于这两点，当时的人士所提出的计划很多。当时国家的建设和征讨的事情越来越多，要减低漕粮的消费，那简直是不可能的。所以只能在关中地区增加粮

1 《史记》卷二九《河渠书》，又卷三〇《平准书》。
2 《汉书》卷二九《沟洫志》。

食的生产。要想使关中增加粮食的生产，兴修水利是唯一最能收效的方法。关中的土壤素称肥沃，若更能得到适当的灌溉，自然会收到良好的效果，从而减轻关东的漕运负担。当时最先兴修水利的倒不是关中，而是关中以东的河东。在河东穿渠引汾水，灌溉皮氏（今山西河津县）和汾阴（今山西万荣县）两县的农田，又引黄河水灌溉汾阴和蒲坂（今山西永济县）两县的农田。这两宗水利工程大致能灌溉农田五千顷。河东农田如果得到丰收，大致能得粮食两百万石以上。这些粮食可以由渭水西运，根本不需要再担心砥柱的困难。可惜这样的工程由于当地黄河向西摆动，水渠未能开凿成功[1]。接着又在洛水下游继续兴工。这里所说的洛水是指今陕西境内渭水以北的洛水，不是今河南境内和伊水、涧水合流的洛水。引用洛水的计划是由徵县（今陕西澄城县）开渠引水，灌溉重泉（今陕西蒲城县东）以东至临晋（今陕西大荔县）万余顷农田。这里的农田得到灌溉，每亩可收十石。不过这条渠道要通过商颜山，山高易崩，须开凿山洞，才能通过。这就是有名的龙首渠。后来渠凿通了，收效却并不是很大的[2]。

当时农田灌溉收效最好的应是引渭水和引泾水所开凿的诸渠。引渭水开凿的渠道有成国渠、蒙茏渠和灵轵渠。成国渠是由郿县（今陕西眉县）引渭水东流，至盩厔县（今陕西周至县）北面入蒙茏渠。灵轵渠也在盩厔，但未见水源所在，当是和蒙茏渠一样，也是成国渠的别名，非另有一条渠道[3]。当时还有一条沣渠。沣水本为渭水的支流，沣渠当是引沣水开凿的渠

1 《史记》卷二九《河渠书》。

2 《史记》卷二九《河渠书》。

3 《史记》卷二九《河渠书》："关中辅渠灵轵，引堵水。"《汉书》卷二九《沟洫志》作"关中灵轵、成国、沣渠，引诸川"。《汉书》卷二八《地理志》：右扶风，郿，"成国渠首受渭，东北至上林入蒙茏渠"。又，"盩厔，灵轵渠，武帝开也"。诸书所言诸渠脉络，少欠分明。《水经·渭水注》："（盩厔）县北有蒙茏渠，上承渭水于郿县，东迳武功县为成林（国）渠，东迳县北，亦曰灵轵渠。《河渠书》以为引堵水。徐广曰：一作诸川，是也。"所言虽系三渠，实际上当为一渠而分段显名，和现在的渭惠渠约略仿佛。

道[1]。秦未统一六国前，已在关中引泾水，凿成郑国渠。这时又在郑国渠旁开凿六条辅渠，即所谓六辅渠。这里还可以附带提到稍后引泾水开白渠的工程。白渠和郑国渠一样，由谷口引泾，东南流至栎阳（今陕西临潼县北）注渭，长二百里，溉田四千五百余顷[2]，和郑国渠齐名。

开凿这些渠水，有的成功，有的失败，大体说来，对于增加粮食的生产是相当有益的。关中的粮食生产虽有增加，但是只能减少关东漕粮的一部分，其余仍要照样运输。因此，水道的改良就有相当必要了。黄河中的砥柱是险峻地方，当时的工程技术对此毫无办法，必须从其他的地方设想。那时的大司农郑当时看到这一点，就主张由整理渭水的水道入手。他认为渭水的水道弯曲，又是那样的水浅而多泥沙，对于漕运阻碍实在很大，不如在渭水旁边另外开凿一条漕渠。既然是用人工开凿，渠身就可以比较直一点，窄一点。这样，渠水加深了，泥沙不至于阻碍漕舟。如果这条漕渠能够凿成，渭水的主流就可以不必再去管它。武帝听从了他的话，发卒开凿，由长安引渭水入渠，循着南山山麓，一直通到黄、渭汇合处的近旁才复归入黄河。这条漕渠开凿了三年，果然成功。漕舟逆水而上，较原来由渭水上来特别便利。在漕罢的时候，还可以引渠水灌田。这种一举两得的设施，在当时的确有了不少功效[3]。

漕渠以引用渭水为水源，这本是无疑义的。它也曾引用过昆明池水。昆明池在汉长安城的西南，也就是现在的西安市西南斗门镇附近。郦道元就曾经说过："（霸水故渠）又东迳新丰县，右合漕渠，汉大司农郑当时所开也。以渭难漕，命齐水工徐伯表发卒穿渠引渭，其渠自昆明池，南傍山

1 《汉书》卷二九《沟洫志》："关中灵轵、成国、沣渠。"如淳注说："沣水出韦谷。"宋敏求《长安志》卷一八《盩厔》："韦谷渠在县南三十五里，自南山流下至青化店。"又说："《太平寰宇记》，沣水在县东北五里，疑是此。"今按：沣水在渭水北，即雍水下游。所谓沣渠，当是引沣水作渠，非由南山的韦谷。韦谷水即令可以灌溉，然范围狭小，不足以和成国、灵轵相比拟。

2 《汉书》卷二九《沟洫志》。

3 《汉书》卷二九《沟洫志》。

原，东至于河。"[1]他指出流经汉长安城南和青门外的昆明故渠为漕渠[2]。漕渠开凿于汉武帝元光六年（公元前129年）[3]。昆明池开凿于武帝元狩三年（公元前120年）[4]。不应水源的开凿反在漕渠通流之后，当是用昆明池水以补漕渠中水量的不足。

漕渠引用渭水是从什么地方开始的？说者亦有不同。唐中叶后韩辽复开漕渠时，曾说过："旧漕在咸阳西十八里……自秦汉以来疏凿，其后堙废。"[5]韩辽复开的漕渠即所谓兴成堰，而兴成堰乃是根据隋永通渠的旧迹开凿的。秦时未闻开渠事。汉渠当指漕渠而言，是隋唐两代皆因前人旧规。所谓咸阳西十八里的渠口，当在今咸阳县钓鱼台附近。当地渭水河道相当狭窄，不似汉长安城附近广阔，筑堰引水比较容易。当时漕渠流经滈池北[6]，磁石门南[7]。滈池和磁石门皆在昆明池西北，亦在秦咸阳故城西南[8]。可知昆明池水并不是漕渠主要的水源。或谓漕渠引用渭水处当在今西安市西北，这不仅与文献记载不合，按之当地地形方位也是不可能的。

现在西安市东北灞水以东，由新筑附近起往东的万胜堡、陶家、田家、新合、椿树庄、唐家村、周家湾等处，有一道较为低下的地区，低于其两侧约一米上下，容易积水，其中一些片段地方还是只能种植芦苇，当地居民即称为漕渠。由新筑西越灞水，稍偏西南，即可直达汉长安故城。这道较为低下的被称为漕渠的地区，当是汉代漕渠的遗迹。

---

1 《水经·渭水注》。新丰县，今陕西临潼县新丰镇。

2 《水经·渭水注》。青门为汉长安城东出北头第三门。

3 《汉书》卷六《武帝纪》。

4 《汉书》卷六《武帝纪》。

5 《旧唐书》卷一七二《李石传》。

6 《史记》卷六《秦始皇帝本纪·正义》引《括地志》："滈水源出雍州长安县西北滈池。郦元注《水经》云：'滈水承滈池，北流入渭。'今按：滈池水流入永通渠，盖郦元误矣。"永通渠水源与漕渠相同，自随汉渠故道东流，其所流经的地方当亦与汉渠相同。

7 宋敏求《长安志》卷一二《长安》："《水经注》云：滈水西迳磁石门，注于渭。《括地志》曰：'今按：滈池水又北流入永通渠，不至磁石门，亦不复入渭矣。'"

8 杨守敬《水经注图》。

漕渠由这里再往东流，傍着南山之下，东入于黄河。其入河处，当在今陕西潼关老城西吊桥附近。或谓漕渠应在今华阴县东入于渭水。这种说法与当地地形不合。今华阴县西北地势隆起，并由西向东，逐渐倾斜，直至吊桥附近，始行降低。这不仅可以目验，就在最近新测定的五万分之一的地图上，也已明确标出。当地亦未见有漕渠旧迹，是漕渠不能由此高地入渭。此高地在吊桥附近降低，漕渠也只能由此北流，与黄河相会合。这个地区当黄河和渭、洛两水交会之处，黄河河道不时有所摆动，摆动的幅度相当巨大，曾经多次摆动至吊桥之西的三河口。洛水本来是在三河口附近入渭的，由于黄河河道摆动，有时就不南入渭水，而东注于黄河。当漕渠开凿时，河东守番係正在引黄河水灌溉汾阴（今山西万荣县）、蒲坂（今山西永济县）河畔的低地，由于河水移徙，渠中无水引用[1]。显然黄河当时正在向西摆动中，所以漕渠乃是入于黄河，而不是入于渭水。（附图六　秦汉时期关中及河东水利图）

## 褒斜道的试凿和失败

在郑当时开凿漕渠以后，忽然有一个人给武帝上书，主张开凿褒斜道。所谓褒斜道，就是褒水和斜水间的通道。原来褒水和斜水都是发源于秦岭，褒水南流入沔水（今汉水），斜水北流入渭水。两条水源虽不连接，但相离只有一百多里。假若能把这两条水道加以整理，使它可以行舟，再把两条水源间一段路程修通，那么山东各地的漕舟不必再经过黄河中的砥柱之险，由南阳附近运到沔水，溯沔水而上，一直运到褒水，再由褒水的源头用车辆盘过秦岭的山顶，顺斜水而下，由渭水可以运到长安。这条路是有点迂

1 《史记》卷二九《河渠书》。

附图六

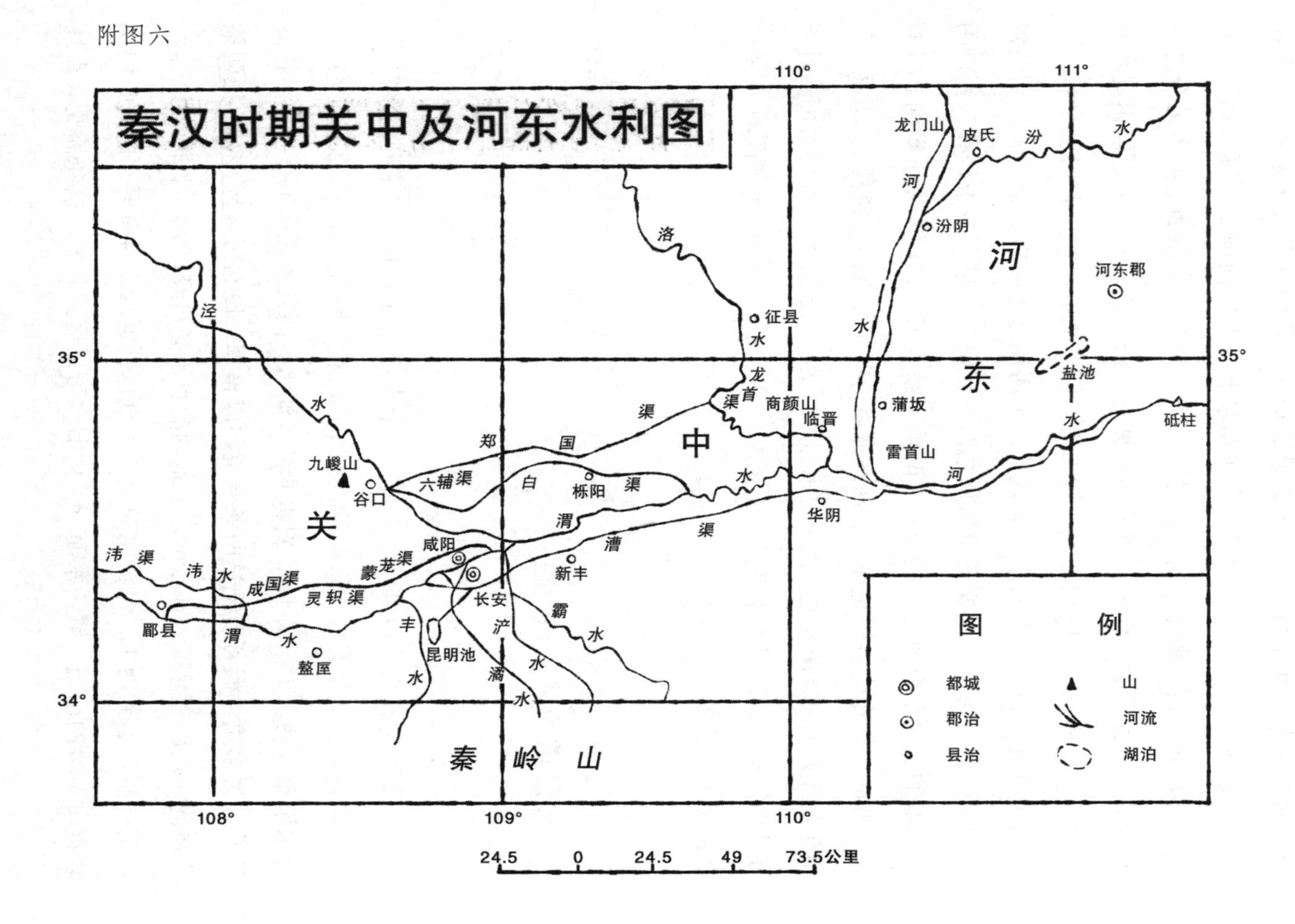
秦汉时期关中及河东水利图
110°
111°
35°
34°
108°
109°
龙门山
皮氏
汾
水
河
汾阴
河
河东郡
洛
征县
水
泾
龙
首
渠
商颜山
临晋
蒲坂
东
盐池
水
砥柱
郑
国
渠
中
雷首山
河
九嵕山
谷口
六辅渠
白
栎阳
渠
水
华阴
关
渭
漕
渠
咸阳
沣
渠
沣
水
成国渠
蒙
茏
渠
新丰
灵积渠
长安
霸
水
郿县
渭
水
丰
浐
盩厔
昆明池
水
滈
水
水
水
秦
岭
山
图
例
都城
郡治
县治
山
河流
湖泊
24.5
0
24.5
49
73.5公里

远，却避免了砥柱之险。武帝听了这个建议，半信半疑，就着御史大夫张汤研究。这位张御史也是好事的人。他研究过一番之后，就对武帝说，这条道路如果开通，不仅对于山东的漕运有便利的地方，就以褒水和斜水附近来说，那里所出产的材木竹箭更可大批地利用；况且从巴、蜀到长安，以前是绕道褒水和斜水以西的故道（今陕西凤县），那一段道路既不方便，又太远，还是以开褒斜道比较好一点。武帝听见张汤的报告，立刻派张汤的儿子张卬去主持这事。一方面整理水道，一方面开凿道路。道路是开凿成功了，水道却整理不好，水流还是太急，水中又多石块，根本不能行舟。好在这一番气力并不算白费，从巴蜀来的人到底少走若干路程[1]。

## 南阳附近的运河

原来那个上书给武帝的人，所以要主张把山东的漕粮由南阳运到沔水近旁，再由斜水上溯，是有他的理由的。骤然看去，漕粮运过南阳是要借车辆装载。其实，这个上书的人所主张的乃是完全靠水运，毫不借重于陆运。现在南阳的东边，有一个唐河县。唐河县的附近，有一条唐河。古时这条唐河称为沘水。沘水的上源和更东的舞水、沣水相离不远，那时候似乎是彼此互相贯通的。舞水和瀙水的下游都是流入汝水，而汝水又流入淮水，另外借着瀙水还可和颍水相通。颍水、淮水原来都是和鸿沟系统相通的。既是这样，山东的漕粮就可借鸿沟、淮水、汝水、舞水（或瀙水）、沘水这几条水道，一直运到南阳。沘水的下游流入淯水（今白河），而淯水又流入沔水。所以漕粮又可由南阳附近沿沘水而下，运到沔水。这条路程看起来是相当迂远，但因为水道的互相贯通，漕舟可以随流上下，倒也没有

1 《史记》卷二九《河渠书》。

什么困难。

话又说回来了，沘水和舞水、潕水是怎样沟通的，又是什么时候沟通的？清人全祖望说，这段水道本来是彼此不通，大概是春秋时期楚国人开凿的。全祖望这个论点是由《水经注》潕水（潕水即舞水）、沘水诸注中悟出来的。《瀙水注》说潕水合沘水，《潕水注》说潕水亦合沘水，《沘水注》更说沘水合潕水以入淮。这几条水都是淮水的支流。可是《沘水注》又说，沘水合堵水、瀙水、潕水入于淯水。堵水和淯水却是汉水的支流。南阳本是淮、汉二水并行的地区，它们的支流在新野（今河南新野县）、义阳（今河南信阳县）一带，已经互相有出入分合的。这就说明，江、淮未会时，淮、汉已经通流。当时吴国的力量尚达不到这里，如果不是楚人从事沟通，那还有什么人呢！[1] 全祖望的话是相当可信的。春秋战国时期，楚人北上的路程，是由今襄樊经南阳，出方城、叶县，而到中原。这一条路比较平坦，来往容易，沘水和舞水（即潕水）、瀙水正是流经这条路的附近。楚国人民对于治水操舟向来是很擅长的，既然这条大路附近有这么几条水道，就没有不加以利用之理。这几条水道的上源，又是那样的接近，楚国人是有把它开凿沟通的可能。即使楚国人没有把这段水道沟通，至少在汉武帝以前应当有人开凿过，不然，给武帝上书的那个人怎会贸然草就这一套计划？武帝听见他的话以后，只怀疑褒斜道有没有开辟的可能，而毫不怀疑山东的漕粮如何会由南阳运到沔水的附近。武帝是非常精明强干的皇帝，假若当时没有这条水道，怎能轻易地就把上书的那个人放过？不过，这条水道在当时的功用如何，现在无从知道。当时对于这条水道没有许多记载，而褒斜道的水道又没有整理好，所以由山东运漕粮南行的计划根本没有实现。这条水道就这样昙花一现，以后再没有人提起。（附图七　褒斜道及南阳附近运河图）

1　全祖望《鲒埼亭集·经史问答》卷八。

附图七

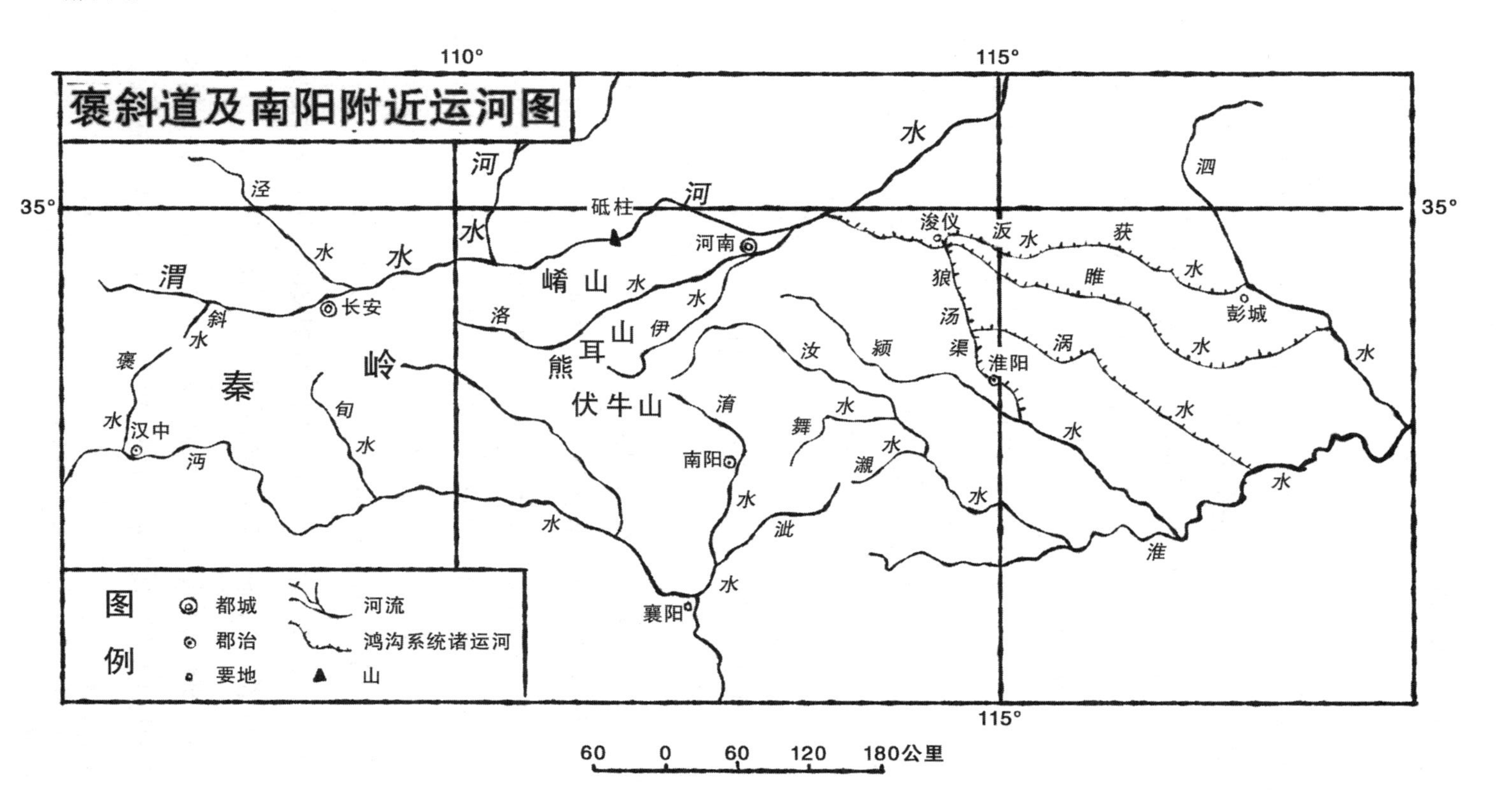
褒斜道及南阳附近运河图
110°
115°
35°
泾
水
渭
水
斜
水
褒
水
长安
汉中
沔
秦
岭
旬
水
河
水
砥柱
河
河南
崤山
水
洛
熊
耳
山
伊
水
伏牛山
淯
南阳
水
沘
水
襄阳
水
水
浚仪
汳
水
获
睢
水
彭城
泗
狼
汤
渠
淮阳
汝
颍
涡
水
舞
水
溵
水
水
水
水
淮
水
图
例
都城
郡治
要地
河流
鸿沟系统诸运河
山
60
0
60
120
180公里

## 鸿沟的破坏和整理

自武帝堵塞濮阳附近的黄河决口以后，黄河仍不时泛滥，对鸿沟常有影响。最厉害的一次要算是平帝时候的泛滥。这次泛滥，黄河冲入鸿沟，顺鸿沟而下，东南流入淮水；另外有一支，冲入济水，由东北入海[1]。黄河冲入鸿沟，就整个地破坏了鸿沟。平帝时已是西汉的末叶，朝廷已没有工夫对于这个灾患的破坏去进行整修。王莽篡汉以后，黄河又在魏郡（治所在今河北临漳县西南）决口。王莽和他的臣下虽然不断地嚷着要彻底把黄河治好，但说来说去，只是一些空话，并没有实际行动[2]。到了东汉光武帝平定国内之后，想要设法把这决口堵塞住。到底因为大乱之后，民力凋敝，一时无从下手。直到明帝的时候，前后六十多年间，黄河决口越冲越深，不仅鸿沟完全不能利用，就是鸿沟附近的豫州（今河南省东南部）、兖州（今山东省西南部）的民田，也没有恢复耕种的希望。这时，不仅漕粮不能按时运到，人民也都发出怨言，说是朝廷只管旁的事情，根本不替人民着想，竟眼看着这样大的灾患一天一天地蔓延下去。

明帝时，社会已经逐渐乂安，有可能兴建大的工程。这时有一个治水大家，是乐浪郡（今朝鲜北部）的王景。他主张：黄河的决口固然应该修理，同时鸿沟的故道也应该恢复。这时的黄河，除流入鸿沟的一支以外，另外还有一支，差不多都已成了固定的水道。就是流入鸿沟的这一支，也只是借用鸿沟系统中的汳水和获水的故道。至于鸿沟系统中的其他支流，都已湮塞了。王景看清了这一点，知道要把黄河归到西汉时的故道，已是不可能的事情；只有把黄河和鸿沟分开，让黄河由另外的一道流去，不再扰害鸿沟，才是可行的办法。他的计划得到了明帝的支持，便放手做去。他先把鸿沟原来由黄河分水处的水门整理了一下，使黄河流入鸿沟中的水

1 《禹贡锥指》卷一三下《附论（黄河）历代徙流》。

2 《汉书》卷二九《沟洫志》。

量有了限定，不再像以前那样任意泛滥。经他这样一次整理，居然成功了[1]。

王景把黄河的灾害治好以后，河水纳入正轨，使六十多年来因泛滥而受灾的地区得到恢复，可是也有许多和以前不一样了。菏水再度被湮塞，定陶附近的小水泽都变成了陆地。明帝永平十三年（公元 70 年）的诏书中所说的“河汴分流，复其旧迹；陶丘之北，渐就壤坟”[2]，就是指此而言。不仅如此，当时鸿沟系统的诸运河，也一齐改变了面貌。黄河原来冲入汳水这一支内，等到黄河归入正轨，汳水就单独分流，成为这次水灾过后鸿沟系统剩下的唯一的遗迹。鸿沟这个名称本来是中原一带人工水道的总名，自此以后，这个名称就隐晦起来。这仅存的一条支流，就被称为汴渠。其实汴就是汳，汴渠也就是汳水，前后的水道原没有什么差异。

## 东汉的汴渠

东汉建都洛阳，当然是迁就于东方的产粮之区，所以对于汴渠的兴废特别注意。它不能令河水再冲入汴渠，也不能令汴渠受他水的侵入，或者汴渠本身溢出。顺帝阳嘉（公元 132 年—135 年）中，索性大举动工，由汴口一直至淮口，沿岸积石为堤，从事彻底预防。灵帝建宁（公元 168 年—171 年）中，又在汴口增修石门，限制河水大量流入[3]。由这些设备看来，东汉一代对于这条汴渠是时时刻刻加意培护，不使稍有一点疏忽。

1 《后汉书》卷二《明帝纪》，又卷七六《循吏 · 王景传》。

2 《后汉书》卷二《明帝纪》。

3 《水经 · 河水注》。

## 阳　渠

汴渠的水口仅通到荥阳附近，由汴口往上，就要进入黄河。东汉的首都是洛阳，洛阳在洛水的北岸，所以漕舟由汴入河之后，还须上溯洛水。这条洛水的自然水道不经过一番整理，也是不容易通行船只的。这正和西汉建都长安时为了漕运必须整理渭水的水道一样。最初对于这条水道致力的是光武帝时的王梁。王梁在建武五年（公元 29 年）时为河南尹，洛水正在他所管辖的区域之内。他看见洛水水道不易行舟，便想在洛阳城下开一条水渠，引谷水注洛。不料渠道开凿成功之后，水却流不进来。他失败了，只好引咎辞职[1]。过了二十年，到了光武帝建武二十四年（公元48年），张纯为大司空，他又旧话重提，整理洛水的水道。他改变了办法，另由洛阳城西南开了一道阳渠，引洛水入渠，东至偃师县，再归到洛水里面。漕舟由这道新渠上溯，自然便利多了[2]。后来洛阳屡为建都的地方，所以洛水水道屡经整理，但总越不出张纯的范围。（附图八　东汉阳渠图）

## 灵　渠

鸿沟开凿以后，直到东汉，国内陆陆续续又开凿了几条运河。这几条运河不在一个系统之中，各有各的功用。这里，第一个应该先提到的是灵渠。这条灵渠在湘水和漓水之间，秦始皇伐南越时才开始开凿的，名称大概是后人加上去的。秦始皇开凿这条渠道时，似乎还是笼统地称为渠，并无灵渠这样的名称。关于灵渠开凿的经过，记载疏略。大概在汉武帝时，

1 《后汉书》卷二二《王梁传》。按《传》，梁为河南尹为光武帝建武五年事。

2 《后汉书》卷三五《张纯传》。

附图八

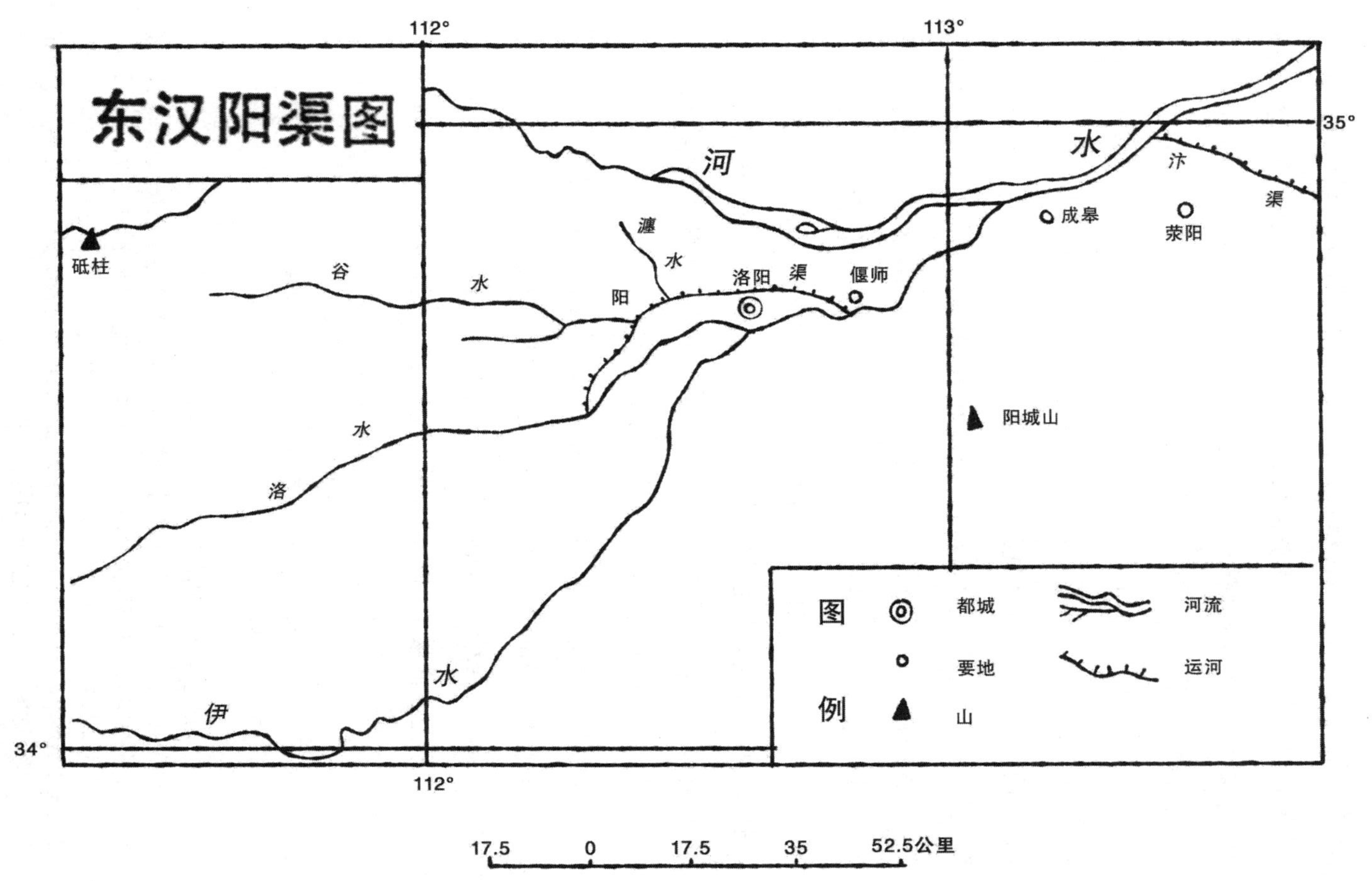
东汉阳渠图
112°
113°
35°
34°
112°
河
水
汴
渠
成皋
荥阳
砥柱
谷
水
瀍
水
阳
洛阳
渠
偃师
阳城山
水
洛
水
伊
图例
都城
要地
山
河流
运河
17.5
0
17.5
35
52.5公里

主父偃、严助和严安都曾说过秦始皇使尉佗屠睢将楼船之士，南攻百越，使监禄凿渠运粮[1]。历来的注释家对于严安诸人的话都没有较详细的解释，只有韦昭说过一句："监，御史，名禄。"仍不能使人有明确的概念。在此稍前些时候，刘安撰《淮南子》，也记载此事，和严安诸人所说的相仿佛。高诱为《淮南子》作注，说监禄所凿的乃是湘水和漓水之间的渠道[2]。他根据的是什么材料，也不知道了。不过这种说法是可以凭信的。五岭两边的水道只有湘水和漓水的源头最为接近。据说，湘水和漓水本来是同出一山，分源各流的。湘、漓之间的陆地，其宽处只有一百多步，这就是始安峤，也就是越城峤[3]。这样接近的水道，施工当然容易。秦始皇时要开渠通道，绝对不会舍易就难的。后来的书中，记载这条渠道的很多，说得也比较详细。如《临桂图经》就说，秦使御史监史禄自零陵凿渠，出零陵，下漓水[4]。这大概是根据高诱的说法而推衍出来的。零陵在今湖南零陵县，距漓水已远，如何能在那里凿渠引水南流？《桂海虞衡志》说："灵渠在桂之兴安县。秦始皇戍岭时，史禄凿此以运之遗迹。"[5]宋兴安县为唐时的全义县[6]，也是现在的兴安县。这样把灵渠的名称和地点都确切地指出了。

秦始皇开凿这条渠道，原不过为了一时转运粮秣的方便，后来却成了中原和岭南间交通的唯一捷径。岭南之地之所以称为岭南，是因为它在五岭之南。五岭东西绵亘，阻隔着岭南和北方的交通。由中原到岭南去，若是不愿意攀登这高峻的山路，就须绕道海上。山路诚然不容易攀登，海道又常有风波之险，往来十分不易。自从秦始皇时开凿了这条灵渠以后，湘

1 《史记》卷一一二《主父偃传》，《汉书》卷六四《严助传、严安传》。

2 《淮南子》卷一八《人间训》。

3 《水经·漓水注》。

4 《太平御览》卷六五《地部》引。

5 《资治通鉴》卷二五〇《唐纪六六》：懿宗咸通四年，胡《注》引范成大《桂海虞衡志》。《新唐书》卷四三上《地理志》："桂州理定，本兴安。……至德二载更名。西十里有灵渠，引漓水，故秦史禄所凿。"理定县虽由兴安县改名，此兴安县并非后世的兴安县。《地理志》以灵渠系于此县之下，当是误文。《地理志》又说："全义，本临源，武德四年析始安置，大历三年更名。"这里所说的全义和临源，才是今兴安县在唐时的本称。

6 《宋史》卷九〇《地理志六》。

水就和漓水沟通，沿湘而下，可入大江，沿漓而下，可入西江。灵渠距离虽短，正因为地当津要，所以一直受人重视。

这样一条灵渠是如何开通的？宋代范成大曾有过论述。他说："其作渠之法，于湘流砂磕中垒石作铧嘴，锐其前，逆分湘流为两，激之六十里行渠中，以入融江与俱南。渠绕兴安界，深不数尺，广丈余。六十里间，置斗门三十六，土人但谓之斗。舟入一斗，则复闸斗，伺水积渐进，故能循崖而上，建瓴而下，千斛之舟，亦可往来。"正因为这样，范成大就特为称道，以为"治水巧妙，无如灵渠者"[1]。周去非并认为这就是史禄开凿灵渠的方法，因而还说"禄亦人述矣"[2]。可是欧阳修却说："唐敬宗宝历初年（公元825年），观察使李渤于灵渠上建置十八座斗门，以通漕运。"只是这些斗门未能持久保存下去。过了四十多年，到了唐懿宗咸通九年（公元868年），桂州刺史鱼孟威用石头筑成长四十里的铧堤，并植大木作成斗门，才能通行巨大的舟船[3]。这里所提到的鱼孟威，他在修渠后，曾作了一篇《灵渠记》。《记》中说："宝历初，给事中李公渤廉车至此，备知宿弊，重为疏引，仍增旧灏，以利舟行。遂铧其堤以扼旁流，陡其门以级直注，且使泝沿，不复稽涩。李公真谓有新规也。"李渤去后，渠道复坏。懿宗咸通九年，鱼孟威来到桂州，就重加修复。所以他在《记》中接着说："其铧堤悉用巨石堆积，延亘四十里，切禁其杂束篠也。其陡门悉用坚木排竖，增至十八重，切禁其间散材也。浚决碛砾，控引汪洋，防阨既定，渠遂汹涌，虽百斛去舸，一夫可涉。"[4]根据这篇《灵渠记》，则铧堤和斗门都不是创自鱼孟威。鱼孟威不过修理过灵渠，并增添了斗门的数目。欧阳修所说的显然有讹误。据鱼孟威所记，铧堤的创设与李渤有关。这样一条大渠，既然要分开水流，

1 《资治通鉴》卷二五〇《唐纪六六》，唐懿宗咸通四年，胡《注》引范成大《桂海虞衡志》。范成大在这里提到融江。周去非《岭外代答》卷一《地理》说："融江实自傜峒来。汉武帝平南越，发零陵，下漓水，盖溯湘而上，沿支渠而下，入融江而南也。漓水自桂历昭而至苍梧。"

2 《岭外代答》卷一《地理》。

3 《新唐书》卷四三上《地理志》。

4 嘉靖《广西通志》卷一六《沟洫志》，又乾隆《兴安县志》卷九《艺文志》。

锌堤之设是不可少的，并不是到李渤时才有此创建。据说，东汉光武帝建武十七年（公元 41 年），马援征讨徵侧时，就利用史禄的旧渠，开湘水六十里以通馈饷[1]。此事亦见鱼孟威《灵渠记》，当非虚枉。可知在东汉时已有这样的基础，或当仍如范成大和周去非之说，其创始实应在史禄开渠的时候。

由于灵渠关系到五岭南北的交通，后来都不断有人疏浚整治。北宋仁宗嘉祐三年（公元 1058 年），李师中提点广西刑狱，当时灵渠中的石头窒滞行舟，师中就焚石凿通，舟楫又得畅行无阻[2]。后来到明太祖洪武二十八年（公元 1395 年），由于渠道堙坏，还特别派遣御史严震直前往修浚，浚渠五千余丈，筑堤一百五十余丈，建陡闸三十有六，凿去滩石之碍舟者，漕运才又畅通[3]。这些整治灵渠水道的记载，都是比较重要的。其他零星的修浚，还不计其数。由此可见，灵渠对于五岭南北的交通是何等重要，而历代对于这条渠道又是何等重视。（附图九　灵渠图）

## 太行山东的大白渠水

在南方，五岭阻隔着南北；在北方，太行山却阻隔着东西。所不同的一点，就是太行山西的水，有几条是穿过太行山流到了山东平原。这几条水道在中间的是滹沱水，较南的是漳水，较北的是桑乾水。太行山的山势相当陡峻，山中的河流急湍，毫无运输功效。其中以滹沱水的上游最远，所以人们曾经企图设法利用滹沱水开凿运河。大概是在西汉时期，就在这条水道附近开凿了运河。这条运河名为大白渠水。大白渠水始见于《汉

1 《读史方舆纪要》卷一〇六《广西一》。
2 《宋史》卷三三二《李师中传》，嘉靖《广西通志》卷一六《沟洫志》引李师中《重修灵渠记》。
3 《明史》卷一五一《严震直传》，嘉靖《广西通志》卷一六《沟洫志》引明陈琏《重修灵渠记》。

附图九

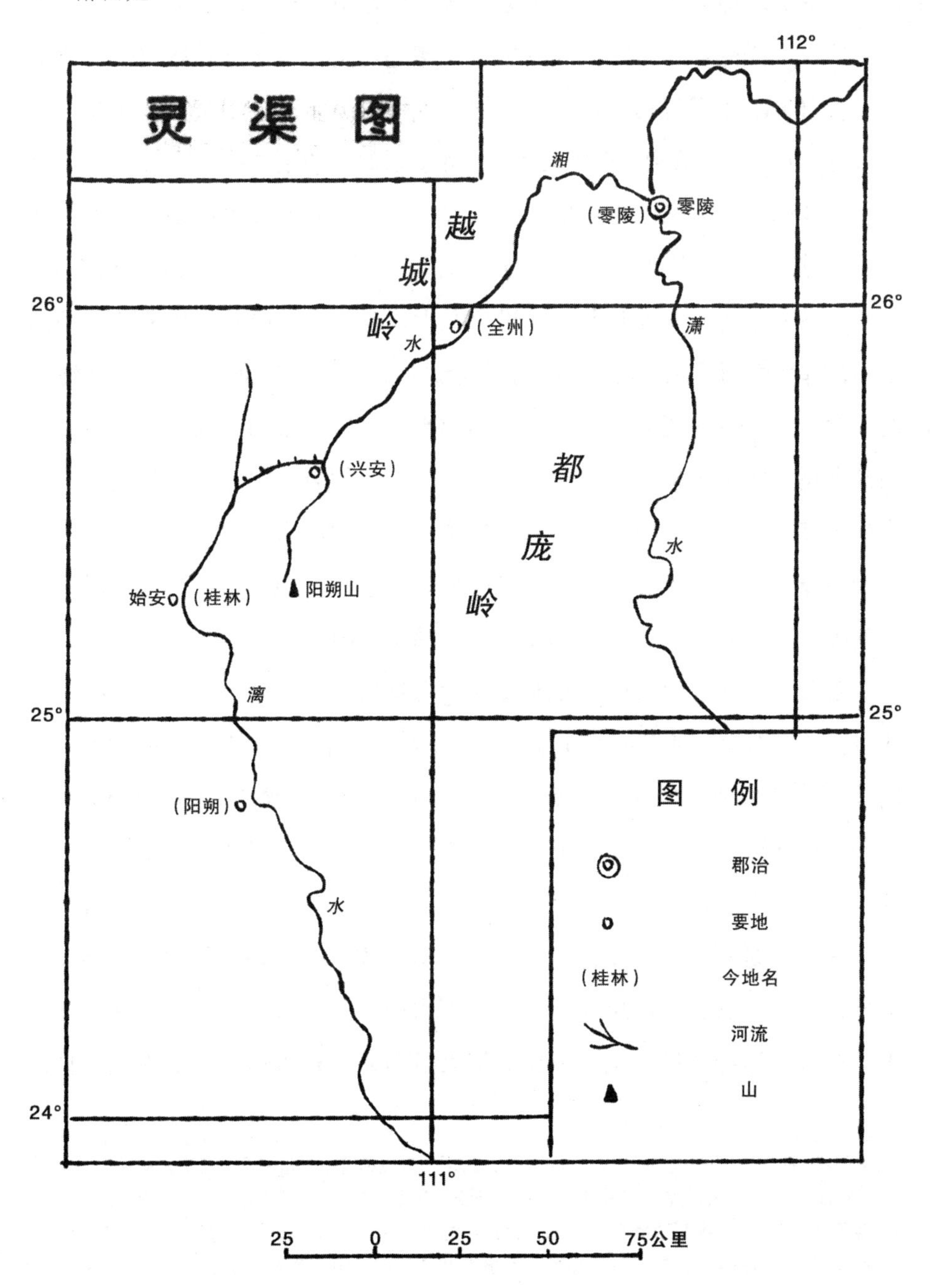

灵渠图
112°
湘
(零陵)
零陵
越
城
岭
26°
26°
水
(全州)
潇
都
(兴安)
庞
水
始安
(桂林)
阳朔山
岭
漓
25°
25°
图 例
(阳朔)
郡治
水
要地
(桂林)
今地名
河流
山
24°
111°
25
0
25
50
75公里

书·地理志》，所以开渠的时候不能早于西汉。开凿这条大白渠水，正确地说，乃是引用绵曼水。绵曼水今为冶水，也是由太行山西流下，至今河北平山县入于滹沱水。开渠的地方也就在滹沱水附近，还是和滹沱水有关系的。大白渠水在当时的蒲吾县，由绵曼水引出。蒲吾县故城在今河北平山县东南。大白渠水流到下曲阳县入斯洨水。汉时下曲阳县在今河北晋县[1]。斯洨水从什么地方流来的？这里也应追究一下。其实斯洨水也是一条人工开凿的渠道，并非自然水流。因为斯洨水是在绵曼县由大白渠水分流出来的。汉绵曼县在今河北获鹿县北，那里上距大白渠水由绵曼水引出地的蒲吾县已非甚远。大白渠水下游和斯洨水会合之后，流入故漳河中[2]。这条运河开凿的意义，分明是用来联络滹沱水和漳水的。滹沱水和漳水是太行山东的两条大川。两条大川下游固然合在一块，上游却离得很远，这条运河正好沟通于其间。为什么说这条运河联络了滹沱水和漳水？因为大白渠水上源承受绵曼水，而绵曼水正是滹沱水的支流。这样，大白渠水沟通了绵曼水，也就等于沟通了滹沱水了。（附图十　大白渠水图）

东汉时，这条大白渠水和斯洨水没有见诸记载，可是这里却另有一条蒲吾渠。蒲吾渠是明帝永平十年（公元 67 年）治理的，在当时的常山国境内[3]。这条渠以蒲吾为名，而蒲吾为常山国的属县，也就是原来的大白渠水由绵曼水引水的所在。显然可见，东汉的蒲吾渠就是西汉的大白渠水。名称改了，实际上并没有什么变化，可能是多了一番疏浚的工夫。西汉所开凿的大白渠水是不是想把太行山东的粮食由这条水道运到太行山下，再设法运到山西去？这在古籍里没有记载，不得而知。不过，东汉所整理的蒲吾渠，则确有这种意思。东汉不仅要把太行山东的粮食运到山西去，而且还

---

1 《汉书》卷二八《地理志》："常山郡蒲吾，大白渠水首受绵曼水，东南至下曲阳入斯洨。"

2 《汉书》卷二八《地理志》："真定国绵曼，斯洨水首受大白渠，东至鄡入河。"这里所说的入河，实际是入于漳河，即所谓衡漳。《水经·浊漳水注》："衡漳又东北迳桃县故城北……合斯洨故渎。斯洨水首受大白渠，大白渠首受绵曼水。"正可见大白渠水和斯洨水本是互有关系的。桃县在今河北衡水县，其北为汉鄡县。

3 《续汉书·郡国志·刘昭注》引《古今注》。

附图十

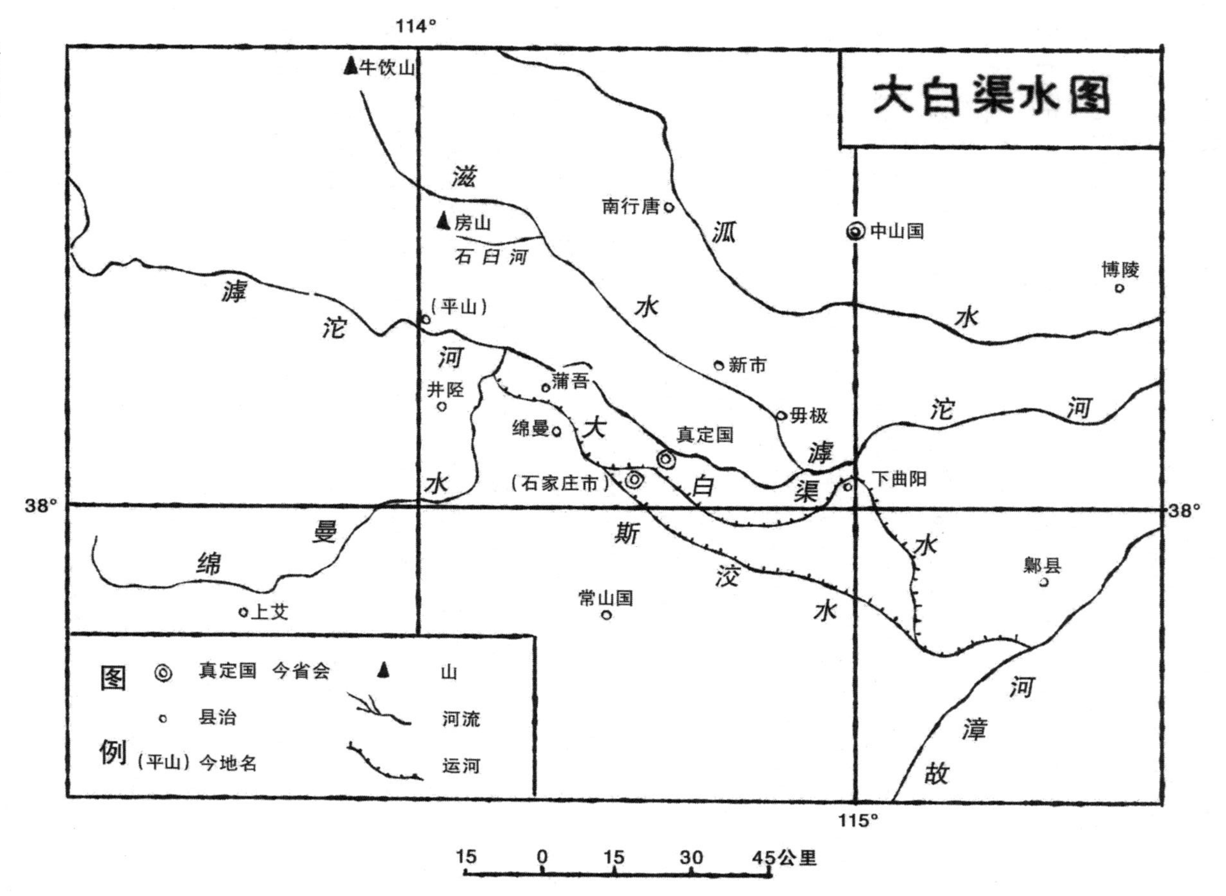

大白渠水图
114°
115°
38°
38°
牛饮山
滋
房山
石臼河
南行唐
泒
水
中山国
博陵
滹
沱
(平山)
河
井陉
蒲吾
新市
毋极
沱
河
绵曼
大
真定国
滹
(石家庄市)
白
渠
下曲阳
水
曼
绵
斯
洨
水
鄡县
上艾
常山国
河
漳
故
图例
真定国 今省会
山
县治
河流
(平山) 今地名
运河
15 0 15 30 45公里

要由水道运到山西去[1]。为此，永平十年（公元67年），还整理过一次滹沱水的河道。当时整理的还有石臼河。经过这次整理，打算利用漕运，从都虑运粮至羊肠仓[2]。都虑或作都卢[3]，其地无考。羊肠仓则在当时的汾阳故县[4]，也就是现在山西静乐县。石臼河，或说是在唐代定州唐县东北[5]。唐县，今仍称唐县。其地过远，与滹沱河无涉。唐县当为唐昌县之误。唐昌县东北正有一条以石臼河为名的河道[6]。唐昌县在今河北省无极县东北。石臼河本名涉水，亦谓为鹿水。出宋平山县西北五十里，经行唐县入博陵，谓之木刀沟，又南流入于滹沱河[7]。宋平山县和行唐县，今皆仍旧名。宋时无博陵县，然唐新乐县东南和义丰县南皆为木刀沟经过的地方[8]。唐新乐县为今新乐县，义丰县为今安国县；则所谓博陵，当指东汉时的博陵县而言[9]。东汉博陵县在今蠡县南，石臼河在这里入于滹沱河。石臼河和滋水在这里有了牵连。滋水始见于汉时记载，出于南行唐县牛饮山，至新市入于滹沱河[10]。汉南行唐县在今行唐县北，新市县则在今无极县西北。今滋水则由无极向东北流，与沙河相会合。这样说来，滋水源头远在石臼河西北，而其下游又在石臼河之南，成互相交叉形状，疑是后来的演变，并非汉世就已如此。如果汉时已有这样一条石臼河，当是滋水一条支流。后来由滋水溢出，向东南流去，遂形成所谓木刀沟一段，这是与汉世无关的。汉时的滋水流经的地方，不出今行唐、无极两县境。就是这样很不长的河流，还几乎是和滹沱河相平行的。而石臼河又是入于滋水，不与滹沱河相接，其间还应有一段距离。胡三省注《资治通鉴》说："余考《水经注》云：'案司马彪《郡国志》，常山南

1 《续汉书·郡国志·刘昭注》引《古今注》。
2 《后汉书》卷一六《邓训传》。
3 袁宏《后汉纪》。
4 《水经·汾水注》。
5 《后汉书》卷三《章帝纪·李贤注》。
6 《通典》卷一七八《州郡八》。
7 《太平寰宇记》卷六一《镇州》。
8 《元和郡县图志》卷一八《定州》。
9 《水经·滱水注》。
10 《汉书》卷二八《地理志》。

行唐有石臼谷。盖欲乘滹沱之水，转山东之漕，自都虑至羊肠仓，以漕太原。’”[1]石臼谷当即石臼河流经的地方。既是南行唐县的辖境，就距滹沱河较远。这样的支流小水如何能胜任漕舟？如果当时是在这里疏凿运河，那是没有什么意义的。按《古今注》说：“永平十年，作常山滹沱河蒲吾渠通漕船”[2]，是所通者仅滹沱河和蒲吾渠，并非石臼河。大概是蒲吾渠和石臼河相距不远，因而致误。

关于这条河道的作用，胡三省还有一段议论。他说：“又考班固《地理志》太原郡上艾县注曰：‘绵曼水东至蒲吾入呼沱水。’又蒲吾县注曰：‘大白渠水首受绵曼水，东南至下曲阳入斯洨。’则知此漕自大白渠入绵曼水，自绵曼水转入汾水，以达羊肠仓也。”[3]按诸实际，这段议论不能说是中肯的。当时治理这里的河道，是为了通漕太原[4]。太原郡的治所在今太原市西南，北去羊肠仓甚远。如果漕船由蒲吾溯绵曼水上运，就可直至太原，无容再绕道羊肠仓。当时漕船必然是上溯滹沱河，再陆运至羊肠仓，再循汾河至于太原。据说当时漕船转运所经，凡三百八十九隘[5]。绵曼水流程不远，也不会有这么繁多的阻隘，这当是滹沱河的问题。正是由于有这么繁多的阻隘，前后溺没，死者不可胜数，后来到章帝建初三年（公元78年），就改成陆运[6]。

1 《资治通鉴》卷四六《汉纪三八》。
2 《续汉书·郡国志·刘昭注》引。
3 《资治通鉴》卷四六《汉纪三八》。
4 袁宏《后汉纪》。
5 《后汉书》卷一六《邓训传》。
6 《后汉书》卷一六《邓训传》。

## 邗沟的初次改道

东汉中叶，还整理过一次邗沟故道。吴王夫差所开凿的邗沟，于邗城下引水北流，东向折入博芝湖和射阳湖。射阳湖是一个大湖，利用湖水行船，自可省些开沟的辛劳。当时运道是于进入射阳湖后，再在湖的北端向西北开沟，至末口入于淮水。这样的运道固然省去若干开凿的功力，却绕行了很多的路程，而且射阳湖由于相当广大，湖面多风，也使船只容易遇险。东汉顺帝永和（公元136年—141年）中，陈敏就由樊梁湖北开凿一段水道通入津湖，更由津湖凿入白马湖中，然后再至夹邪，与由射阳湖北出的运道会合[1]。后来魏文帝南征北归，就路经津湖；因湖水稍尽，船行不易，本拟弃舟烧船，赖蒋济多方设法，才得安全入淮[2]。所以蒋济在所撰的《三州论》中，就特别称道陈敏的功绩，还提到他开凿过白马湖，说是“更凿马濑，百里渡湖”。因为出了白马湖，就到了射阳县故城，而射阳县故城即东晋时的山阳郡治所的山阳县，也就是现在江苏淮安县。陈敏这样的改道，所采取的乃是一条直道，由扬州一直向北就可达到淮口，较之吴王夫差的故绩便利得多了。（附图十一　东汉邗沟图）

秦汉社会，较多安谧的时期，对于漕运网的整理是不遗余力的。但对于鸿沟系统之外，致力不多。这原因自然是因为鸿沟运输力量所能达到的差不多都是富饶的地方。这些富饶的地方所出产的粮食，大概已能满足当时的需要，再利用若干自然水道，来辅助运输，补助不足，也就够了。汉代的长治久安，是与这些交通网的密切联络有不少的关系。后来这些交通网破坏了，这长治久安的局面也同时无法维持下去了。

1 《水经 · 淮水注》。

2 《三国志》卷一四《魏书 · 蒋济传》。传中津湖作精湖。

附图十一

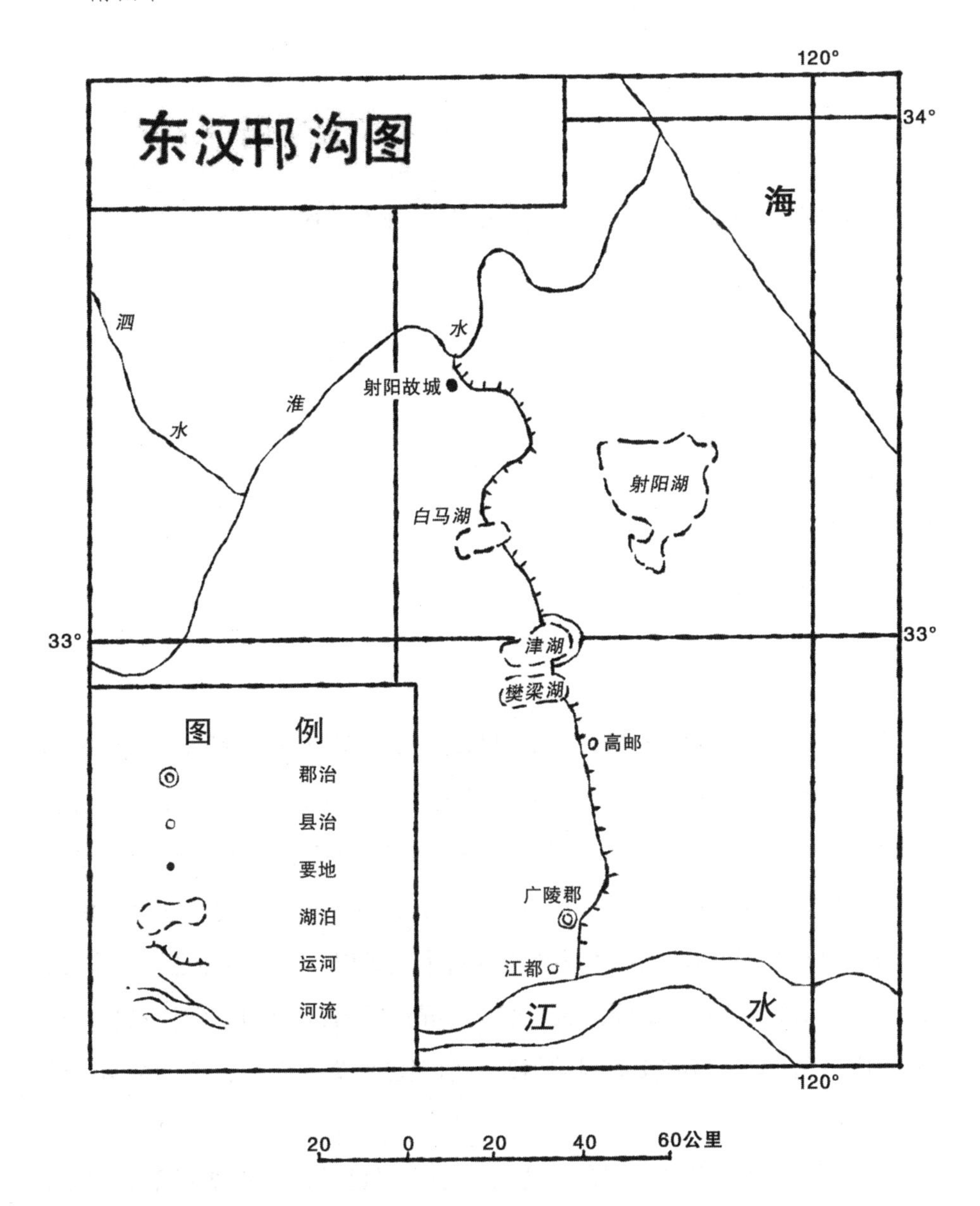
东汉邗沟图
120°
34°
海
泗
水
淮
水
射阳故城
射阳湖
白马湖
33°
津湖
樊梁湖
33°
高邮
图例
郡治
县治
要地
湖泊
运河
河流
广陵郡
江都
江
水
120°
20 0 20 40 60公里

# 第四章　东汉以后漕运网的破坏与补缀

## 东汉末叶的大乱

人工开凿的运河需要不时地整理与培护，方可不至于堙塞。东汉末年的大乱，使汴渠失去了整理和培护的时机。这时的朝廷播迁不定，由洛阳而长安，又由长安而洛阳，终乃迁于许县（今河南许昌市）。这样仓皇奔走，朝廷本身都几乎无法保持，还说什么其他的庶事。同时，汴渠的沿岸又先后为群雄所割据。这些称兵据土的所谓英雄们，彼此争斗还没有余暇，哪里顾得到这条已经失了效力的汴渠？何况汴渠的整个流域还是分属各方，没有统一。汴渠是当时交通网的枢纽，枢纽已经失了效力，整个机构也就自然解体。

当汉献帝由长安再回到洛阳之时，洛阳早已被乱兵们烧得不成样子，一百多年以来的繁荣，一时俱尽。朝廷回到这断垣残壁的故都，不仅没有宫室足以安置，就是百官人民日用所需的粮食也都发生了问题。洛阳周围所出产的粮食当然不足，而汴渠上的漕舟也早无踪影了。在这种情况之下，想求一日的安居也不可能了。那时曹操应召入都，对于这种残破的局面也是感到无法维持。当时唯一的策略，是离开这已经残破的故都，而迁到许县。论形势，许县也并不是一个适于建都的地方，不过在这丧乱之际，它还没有受到如何骚扰，为暂救目前之急，未尝不可以将就一下。好在许县距离颍水不远，土地还是相当肥沃，经过大乱，人民大都流离死亡，利用这些空地来屯田，是迁都到许县后解决粮食恐慌的最好方法。

## 汴渠故道的整理

曹操的东征西讨，使中原一带的地方重归一统，社会上也渐渐平静了，于是又旧事重提，设法来整理汴渠的故道。在汉献帝建安七年（公元202年），曹操即着手疏浚汴渠的上游。这次施工的部分，仅仅达到现今的商丘县。商丘县在那时称为睢阳县，所以这已经整理了的一段就改称为睢阳渠了[1]。

这条睢阳渠的功效如何？当时没有记载，似乎是不大重要。汴渠要发挥最大的功效，必须全流贯通，若是邗沟那一段能够顺利通行，更可使汴渠生色。可是这时候的江南为孙吴所据，邗沟虽通，也等于无用；而徐州经过若干次大战，地方上实在残破不堪，汴渠固然是不通了，就是全流贯通，也不会像以前那样的船舶往来不绝了。这时建都于许县，许县离睢阳渠还很远，睢阳渠上的漕粮能够接济到许县的恐怕不会很多。既然如此，曹操在这民力凋敝的时候，来整理这段睢阳渠，意义在什么地方呢？我想这条渠道的整理不是为了接济许县，而是准备经营河北。曹操和袁绍官渡

1 《三国志》卷一《魏书·武帝纪》。

之战，曹操虽占了上风，但是袁绍的大部分实力还是得以保全。卧榻之侧，有人鼾睡，这在曹操看来如何能放心得下！曹操经营河北，这时已如箭在弦上，不得不发了。官渡之战，曹操因为军粮不足，几乎先溃[1]。若要继续进兵，军粮的准备一定要格外充足。这条睢阳渠的开凿，不先不后，正在官渡之战以后和继续经营河北以前，这当然是为了供给军粮的缘故了。

## 曹操开白沟

在曹操整理睢阳渠后的第三年，即汉献帝建安九年（公元 204 年），开始经营河北。那时，袁氏的根据地是邺县（今河北临漳县西南），曹操的进兵最初就以这个地方为目的。这次进兵，附带也开凿了一条运河，由现在河南浚县的黄河水滨，遏淇水入白沟，经过内黄而通邺县附近的洹水。这段白沟本是淇水的故道。淇水发源于今山西壶关县东南太行山上，经今河南淇县东南，折向东北流去，其转折处离当时的黄河不远。

大致是在春秋后期，黄河向北倒岸，冲及淇水河道，淇水遂南入黄河。由于河床积有很多白蚌壳，其下游干涸后，遂称为白沟[2]。这条久湮的故道，这时才又得到恢复[3]。（附图十二　白沟和利漕渠图）

或谓这条白沟的得名与沟中多白蚌壳无关，其理由有二：其一，据沈括《梦溪笔谈》，今太行山东麓一带山崖，螺蚌壳成带的现象并非稀见，未必为淇水所独有。其二，谓史载以白沟命名的河流，除曹操所开的白沟外，还有唐时在汴州引汴水以通曹、兖的白沟，宋时以睢水为白沟，睢水的一条支流亦名白沟，以及出于督亢陂注于巨马河的白沟等四条。这些名

1 《三国志》卷一《魏书 · 武帝纪》，又卷六《魏书 · 袁绍传》。

2 拙著《河南浚县大伾山西部古河道考》（刊《历史研究》1984 年第 2 期）。

3 《三国志》卷一《魏书 · 武帝纪》。

附图十二

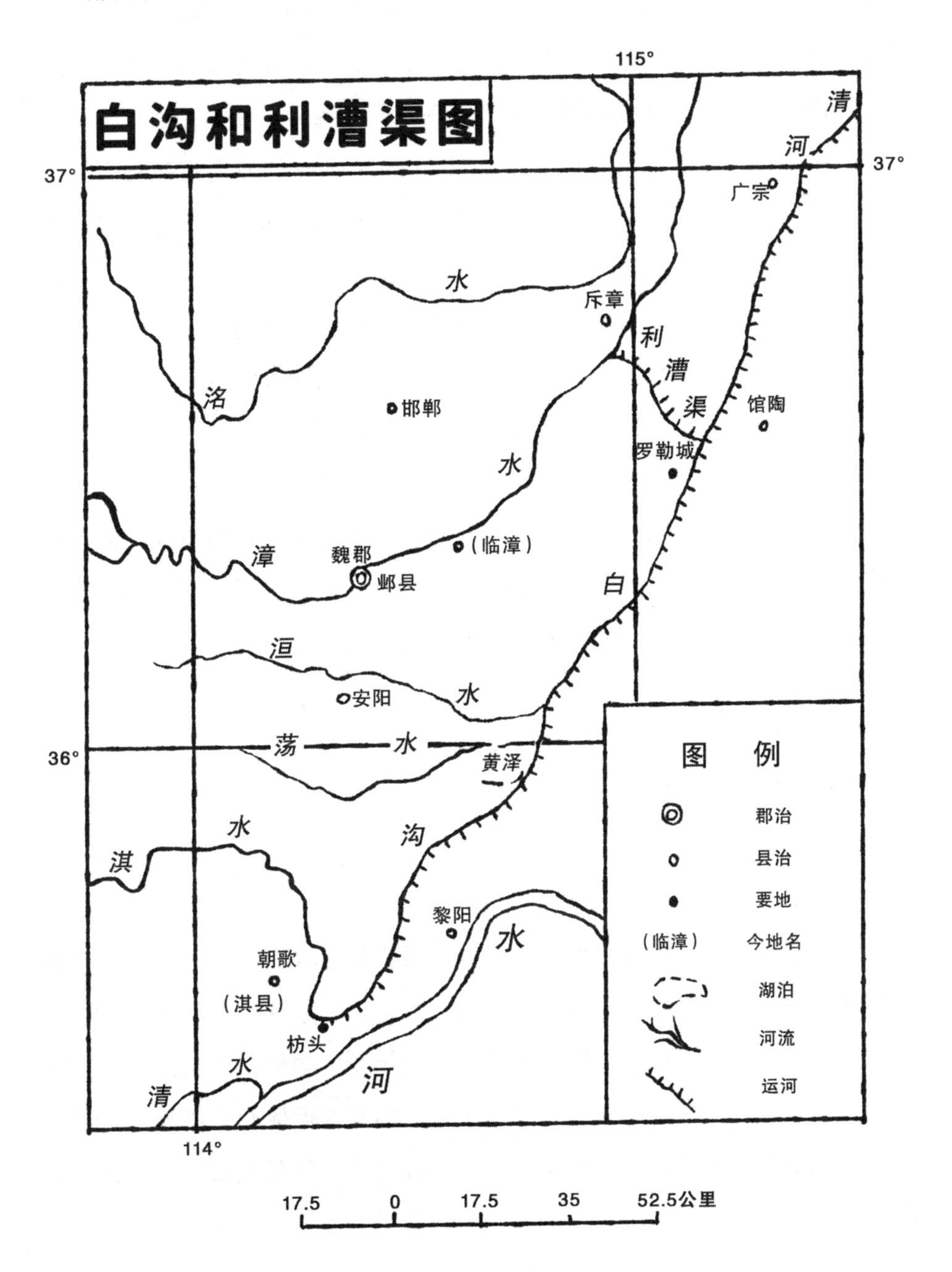

白沟和利漕渠图
115°
37°
37°
36°
114°
清
河
广宗
水
斥章
利
漕
渠
洛
邯郸
馆陶
罗勒城
水
漳
魏郡
（临漳）
邺县
白
洹
水
安阳
荡
水
黄泽
水
淇
沟
黎阳
水
朝歌
（淇县）
枋头
清
水
河
图 例
郡治
县治
要地
（临漳）
今地名
湖泊
河流
运河
17.5
0
17.5
35
52.5公里

为白沟的河流有一个共同点，即上源都有一个储水湖陂。湖陂具有沉沙作用，经此而出的河水，水流清湛、净洁，故均冠以白字。曹操之名白沟，疑亦由此，故非河床中有白蚌壳之故[1]。这两点理由，都难于说得下去，因为太行山东麓山崖上即令螺蚌壳成带的现象并非稀见，就如沈括在《梦溪笔谈》中所说的，可是由太行山麓流下的河流中却不是都含有螺蚌壳。如淇水之北为洹水，淇水之南为清水，都是由太行山东麓流下，洹水和清水之中就没有螺蚌壳。史籍所记载的白沟虽有数条，其中可能有某些共同处，但并不能排除其所具有的特点。如谓所有的以白沟为名的河流，其上源都有一个储水湖陂，淇水上源的储水湖陂究竟在什么地方？淇水自上源起都是清澈见底，并无泥沙，何需储水湖陂的沉沙作用？从淇水上游的地质构造看来，当地无形成储水湖陂的可能，就是在文献上也未看到过当地有储水湖陂的记载。看来这两条理由都欠充足。假若持此说者能够亲自到当地考察，就可发现这些说法与实际情况相差是如何悬远。未能从事实地考察，仅从文献考证是不一定能够充分说明问题的。

## 平虏渠和泉州渠

曹操北征之后，袁氏根据地的邺城，很快就被攻下。袁绍的儿子袁熙和袁尚立足不住，于是北投乌桓。这乌桓本是东北边外一个部落，此时已经强大起来，其中辽西单于蹋顿的势力更为雄厚。蹋顿在早先曾经受过袁绍的恩惠，这时袁熙、袁尚兄弟远来投奔，蹋顿就把他们收留下来。这个消息传到曹操耳朵里，如何肯就此罢休，所以又筹备绝域远征，设法把袁氏的孑遗一网打尽。

1　非鱼《曹操所开白沟得名问题辨疑》（刊 1983 年《历史地理》第三辑）。

这次北征，又开出两条运河来：一条是平虏渠，一条是泉州渠。平虏渠是引呼沲水（即滹沱水）入泒水。泉州渠是由泃河口凿入潞水，并以通海[1]。这两条运河差不多纵贯了现今河北省的南北。

这里先从平虏渠说起。曹操北征乌桓时，邺为冀州的重镇，军事调拨和粮秣转输，都是从邺开始。邺县城北不远的地方就是漳水，现今的漳水直东流到卫河。那时候漳水却从今临漳附近，向东北流去，经过今冀县、衡水，继续流向东北，和清河相会合，由现在的运河水道入海。那时的滹沱水由太行山流出来以后，就东南流到今饶阳、武强等县，在武强县东北和漳水合流，又由漳水分出，更东北入海。至于泒水，则是现在的沙河。今沙河下游是猪龙河。当时的泒水则较猪龙河偏南偏东，它流经饶阳县北、河间县西，在文安县西北折而东流，入于渤海。曹操所通的平虏渠是引滹沱水入泒水，也是因为滹沱水和漳水沟通，当时的舟船可由漳水入滹沱水，再通过平虏渠入于泒水。这条平虏渠开凿在什么地方？历来有不同的说法。有人说，在宋时沧州清池县南二百步。平虏渠凿成时，还在渠左修筑了一座城池[2]。宋清池县在今河北沧州市东南，即东汉时的浮阳县。汉时的漳水远在浮阳县北，并不在其南，况且平虏渠仅是沟通滹沱水和泒水，与漳水无若何关系。如果以为所开的新河在此，似与当时的文献记载不相符合。还有人说，平虏渠在唐时的鲁城县内[3]。唐鲁城县在今沧州市东北，青县正东，西距青县不下五六十里。这里正是汉时滹沱水流经的地方。那时的泒水流经今静海县之北。今静海县南距青县以东的鲁城故县并不很远，平虏渠开凿在这里乃是很有可能的。或谓这里所说的平虏渠就是今青县至独流镇间一段南运河的前身。南运河距离鲁城故县还有一定距离，不应混而为一。

1 《三国志》卷一《魏书 · 武帝纪》，又卷一四《魏书 · 董昭传》。按《后汉书 · 郡国志》上党郡潞县条下刘注引《上党记》说："建安十一年从泃（泃）河口凿入潞河，名泉州梁（渠），以通于海。"这一条注文是错误的。泉州渠所利用的潞水流经现今的通县，通县在汉时也称潞县，因为县名相同，所以就张冠李戴起来。若是泉州渠由上党引出，那如何可以通到海里去？

2 《太平寰宇记》卷六五《沧州》。

3 《元和郡县图志》卷一八《沧州》。

或者有人会援引《水经注》之说，谓今青县至独流镇一段南运河本为漳水、清河的故道，以之为平虏渠原是无不可的。如果这条故道这时还有流水，那就用不着再开平虏渠了。既然开了一条平虏渠，至少可以说那条故道是不太适宜于运输的。

平虏渠的所在地还有一说，即认为在唐时饶阳县北。以前的滹沱河本在饶阳县南，曹操因饶河故渎，决令北注新沟水，所以改在饶阳县北[1]。唐饶阳县西南至深州（治所在今河北深县）三十里[2]。唐饶阳县又在宋饶阳县之南[3]。宋饶阳县就是现在河北饶阳县。因此，这里所说的平虏渠仍当在今饶阳县之北。新沟水未知所在。曹操所开的这条平虏渠既是沟通滹沱水和泒水，当时的泒水就是由今饶阳县西北流过的，则新沟水也不能远离今饶阳县西。宋乐史《太平寰宇记》有这么一条记载："深州饶阳县枯白马渠，在县南，一名黄河，今名白马沟。上承滹沱河，东流入下博县。李公绪《赵记》云：此白马渠，魏白马王彪所凿。"[4]所谓魏白马王彪，即曹操子曹彪。曹彪于平虏渠修成后十年始封寿春侯，其封白马王已在魏朝建立之后[5]。若曹彪早年曾在饶阳县开渠，当是参预曹操开凿平虏渠，不可能独自在此兴工。后来以之封王的白马县，当时属兖州东郡，在今河南滑县东，距饶阳县甚远；且曹魏限制藩王极严，曹彪岂能越境远至饶阳县治理河渠？据乐史所说，这条枯白马渠在饶阳县南一里。宋初未见饶阳县迁治记载，当仍唐时之旧。唐时在饶阳县南的正是滹沱河，而非白马渠。当时这条渠道一名黄河，滹沱河来自太行山西，水中所含泥沙必多，称之为黄河也不是没有道理的。这里还应该再说明一条有关的河渠。《元和郡县图志》曾经有过这样一条记载："深州饶阳县州理城，晋鲁口城也。公孙泉叛，司马宣王征之，凿滹沱

1 《后汉书》卷一上《光武纪上》注。
2 《元和郡县图志》卷一七《深州》。
3 《元丰九域志》卷二《河北路》：深州饶阳县，州北九十里。
4 《太平寰宇记》卷六三《深州》。
5 《三国志》卷二〇《魏书 · 武文世王公传》。

入泒水以运粮，因筑此城。盖滹沱有鲁沱之名，因号鲁口。”[1] 这里所说的司马懿所开的渠，和曹操所开平虏渠并非就在一处。可能是司马懿开渠之后，因有鲁口城之名，遂讹为平虏渠的故迹。（附图十三　平虏渠图）

另外的一条泉州渠，是由泃河口凿入潞河的。渠旁有泉州县，所以渠道也就称为泉州渠。泉州县在今天津市武清县南，天津市区的西北。平虏渠会泒河处在今天津市。泉州渠就由平虏渠会合泒河处的附近向北开凿，通到鲍丘水。泃河口是泃河会入鲍丘水的地方，其地在今天津市宝坻县东南。泉州渠和鲍丘水会合的地方就在泃河口附近，所以说到泉州渠就会涉及泃河口。鲍丘水由于流经潞县西，也就有了潞河的名称[2]。所谓泉州渠凿入潞河就是因为这样的缘故。

这条泉州渠西距当时的雍奴县有一百二十里。雍奴县在今北京市通县东南，当时正在潞河的岸旁。其实雍奴县的潞河，在那时应称为笥沟，而潞河也就是鲍丘水，在雍奴县北即已向东流去[3]。雍奴县城旁的这条水道，不论其称为潞水，还是称为笥沟，河流总是存在的。其实也就是后来的北运河。既然有这么一条水道，为什么曹操当时还要再开一条泉州渠？何况曹操本来的意思是想由现今的古北口一道出塞。由这条道路正好利用雍奴县城旁的河流来运输粮秣。曹操不利用这条水道应该有一定原因的。

后来明清时期的北运河，由于有几处水势急湍，经常出险。曹操当时不利用这条水道，也许是出于同样的原因。前面说过，平虏渠水流经青县至独流镇一段以东，而没有利用漳水的故道，也是有一定的道理。不然，何其不惮烦地在行军的紧要关头另外开凿新的河道。（附图十四　泉州渠和新河图）

1 《元和郡县图志》卷一七《深州》。按深州治所不在饶阳县，这里所说的“州理城”，应为“县理城”之误。“公孙泉”应为“公孙渊”，唐人讳“渊”，故改“渊”为“泉”。

2 《水经·鲍丘水注》。

3 《水经·鲍丘水注》。

附图十三

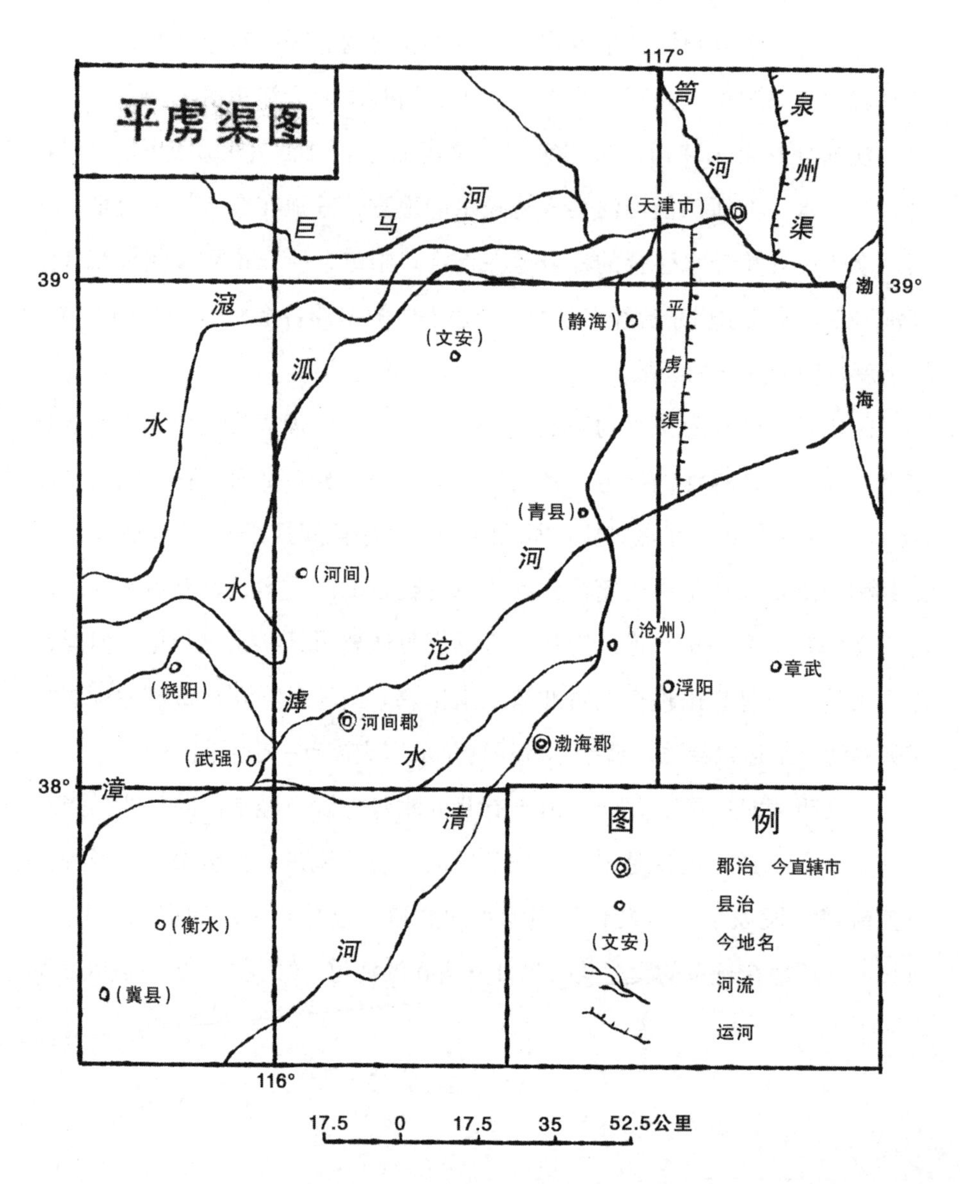
平虏渠图
117°
笥
河
泉
州
渠
河
巨
马
（天津市）
39°
渤
39°
滹
沤
水
（静海）
（文安）
平
虏
渠
海
（青县）
河
（河间）
水
沱
（沧州）
章武
（饶阳）
浮阳
滹
河间郡
渤海郡
水
（武强）
38°
漳
清
图
例
郡治 今直辖市
县治
（衡水）
（文安） 今地名
河
河流
（冀县）
运河
116°
17.5 0 17.5 35 52.5公里

附图十四

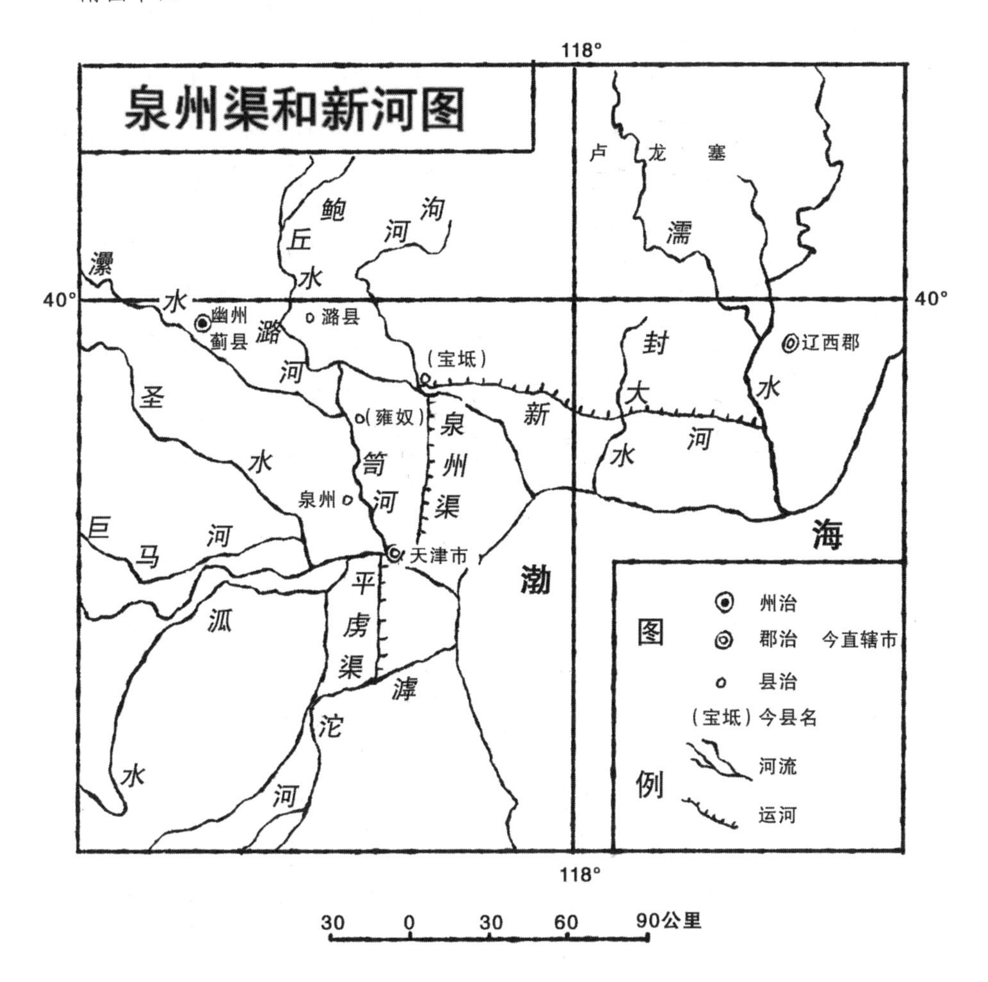

泉州渠和新河图
118°
40°
卢
龙
塞
濡
鲍
丘
水
沟
河
灅
水
幽州
蓟县
潞县
潞
河
(宝坻)
辽西郡
封
大
水
新
河
圣
水
(雍奴)
泉
州
渠
笥
河
泉州
巨
马
河
天津市
海
渤
平
虏
渠
泒
滹
沱
河
水
图
例
州治
郡治 今直辖市
县治
(宝坻) 今县名
河流
运河
30 0 30 60 90公里

## 潞水濡水间的运河

曹操到了塞上之后，乌桓守着要塞的地方，使曹操的军队再不能向前进行。这样，曹操就改变了原来的计划，由现今卢龙、迁安一带出塞[1]。这些地方沿着海边，自古就是一片沮洳之地，夏秋之际，更是一片水洼，只是深浅不等，既不便于行车，又不便于行船。曹操进军的时候，又顺便在这里开了一条运河。这条运河是由雍奴县承鲍丘水东出，一直流到今滦县之南合于濡水[2]。濡水就是现在的滦河。这条运河当时横绝庚水、封大水、缓虚水、素河、清水，再东会于濡水。庚水大体就是现在的蓟运河，封大水今为陡河，素河今仍称素河，清水今为青河[3]。这条运河横绝了这几条水道，其施工应较平虏渠和泉州渠困难。这条运河当时没有名称，仅以新河为号。或者因为它的功效不大，来往的船舶不多，就被人忽略了。

## 利漕渠

曹操所开凿的白沟，沟通了黄河和洹水；所开凿的平虏渠，沟通了泒水和滹沱水。滹沱水的下游和漳水合流，所以平虏渠也可以说是沟通了泒水和漳水。只有洹水和漳水之间没有沟通。洹水和漳水相距并不甚远，而且都是平原地带，为什么曹操单单剩下这一小段而不加以开凿呢？这是一个不容易解答的问题。一直到平虏渠开凿成功后七年，汉献帝建安十八年（公元 213 年），才开始兴功，上距白沟的开凿已经九年了。这就是所谓的

1 《三国志》卷一一《魏书 · 田畴传》。
2 《水经 · 濡水注》。
3 杨守敬《水经注图》。

利漕渠[1]。利漕渠是沟通洹水和漳水的。所谓洹水实际上是洹水和白沟会通以后的一段。两水相合，可以互得通称，所以这一段白沟也可以称为洹水。洹水东北流，经罗勒城东就到了利漕口。利漕口就是利漕渠由洹水分流出来的地方[2]。罗勒城在今河北广平县东南和大名县西北[3]。利漕渠的另一端是在汉斥漳县南和漳水会合的[4]。汉斥漳县在今河北曲周县东南。利漕渠的开凿分明是为了便利邺县的交通和运输，可是开凿这条渠道并不是就近在邺县的正东，而是远在邺县的东北。这可能是由于罗勒城和斥漳县之间为洹水和漳水较为接近的地方，易于兴功的缘故。这样就使由南来的漕舟或其他的船只不能不多绕行一段道路。

## 邺县的繁荣

利漕渠开凿成功以后，现今的河北省境内在当时已经可以借着水道而南北相通了。由于交通情形的变迁，经济都会的盛衰也和以前不同了。秦汉以来，这个区域之内的经济都会是蓟县（今北京市）、涿县和邯郸县。这三个地方之所以繁荣，是因为正在太行山东的南北交通干线上。但这个交通干线是陆道而不是水道，所以在利漕渠开凿成功，南北水道贯通以后，这几个地方因离开水道太远，就慢慢地不如以前繁荣了。代之而兴的，乃是更在南边的邺县。邺县在今河北临漳县西南，靠近漳水。这里的田地经过漳水灌溉，以肥沃著名[5]。所谓“陆莳稷黍，黝黝桑柘，油油麻纻，均田

1 《三国志》卷一《魏书 · 武帝纪》。
2 《水经 · 淇水注》。
3 杨守敬《水经注图》。
4 《水经 · 浊漳水注》。
5 《史记》卷二九《河渠书》。

画畴，蕃庐错列，姜芋充茂，桃李荫翳”[1]，正是农业兴盛的具体描绘。曹操所开凿的利漕渠正绕过邺县的东边。邺县既有肥沃的土地以作经济的基础，又因为利漕渠的开凿成功，就繁荣起来。许多地方名贵的物产都集到邺县的街市上。举其著名者，如真定（今河北正定县东南）的梨，故安（今河北易县东南）的栗，中山（国治所在今河北定县）的醇酒，淇洹（淇水流经今河南淇县，洹水流经今河南安阳市）的竹笋，信都（今河北冀县）的枣，雍丘（今河南杞县）的粱，清流的稻，襄邑（今河南睢县）的锦绣，朝歌（今河南淇县）的罗绮，房子（今河北高邑县西南）的绵纩，清河（郡治在今山东临清县东北）的缣总[2]。这样多的特产和货物，当更增加邺的富庶。于是邺县城中就“百隧毂击，连轸万贯，凭轼捶马，袖幕纷半，壹八方而混同，极风采之异观，质剂平而交易，刀布贸而无算”[3]，熙熙攘攘，为一时各地所少有。这样的繁荣程度就远在蓟县、涿县和邯郸之上。东汉末年，名义上的首都是许县，实际上的首都则是邺县。以许县和邺县相较，那许县是差得太多了。

## 贾侯渠、讨虏渠、广漕渠

后来曹丕篡汉，又迁都洛阳，而许昌（魏时改许县为许昌县）和邺县也同时建为陪都。三国本是魏、蜀、吴鼎足之局，魏、蜀二国除过在陇上、秦岭各地作战以外，襄阳附近也是一个战场。至于魏、吴二国，更常争夺淮南。这许昌却是指挥两方面军事的一个适中地点，所以许昌虽在经济上

1 《文选》卷六左思《魏都赋》。

2 《文选》卷六左思《魏都赋》：“清流之稻。”注：“清流，邺西出御稻。”又谓：“淇洹之洹或为园。”淇园产竹，早见于《诗 · 卫风》，则当地竹笋早就有名了。

3 《文选》卷六左思《魏都赋》。

没有什么价值，当时的人士仍不能不予以重视。由许昌到淮水，以前是鸿沟支流经过的地方。鸿沟湮塞以后，附近的颍水、洧水还继续通流。东汉末年，国都移到许昌，大举屯田，利用这些水道灌溉，下流无水，几乎都干涸了。等到社会稍微安定，粮食慢慢充足，许昌屯田就没有多大意义。曹魏和吴国间战争断续不休，颍水和洧水的水道又有利用作漕运的必要。曹魏先后在这里开凿过贾侯渠、讨虏渠和广漕渠，都是为了这种目的。贾侯渠乃是贾逵为豫州刺史时所开凿的，开凿时当在汉献帝延康元年（公元220年）[1]。这条渠道上承庞官陂，长二百里余[2]。庞官陂在今河南西华县东北[3]，正在狼汤渠故道的西侧，当是引用庞官陂的水，修复狼汤渠的故道，和顾水会合的。

讨虏渠为魏文帝于黄初六年（公元225年）行幸召陵（今河南郾城县东）时所开凿的[4]。这条渠就在今郾城县东十五里处[5]。召陵为汝水流经之地。这条渠道的开凿，可能就是引用汝水的。或谓这条渠道就是㶏水。这样说法是可信的。因为这条渠道以讨虏为名，当然是要通漕淮南，有事于吴国的。整理㶏水的河道，引汝水入颍水，是更容易通行舟楫的。

广漕渠乃是邓艾所开，其事在魏齐王芳正始二年（公元241年）。邓艾曾经主张："昔破黄巾，因为屯田，积谷于许都，以制四方。今三隅已定，事在淮南，每大军征举，运兵过半，功费巨亿，以为大役。陈蔡之间，土下田良，可省许昌左右诸稻田，并水东下。"正是由于广漕渠的开通，魏国每次兴兵攻伐吴国，泛舟东下，达于江淮，军糈得以有所储备，而这样修

1 《三国志》卷一五《魏书 · 贾逵传》说："文帝即王位……大军出征，复为丞相主簿祭酒……从至黎阳津，渡者乱行，逵斩之，乃整。至谯，以逵为豫州刺史。"《三国志》卷二《魏书 · 文帝纪》，曹丕以魏王南征，在汉献帝延康元年，其明年为黄初元年。《贾逵传》记载的贾侯渠的开凿乃在黄初之前，是此二百里长的长渠，毕功仅在一岁之中。

2 《水经 · 渠注》。

3 杨守敬《水经注图》。

4 《三国志》卷二《魏书 · 文帝纪》。

5 《读史方舆纪要》卷四七《许州》。

渠治河，也可以减少当地的水患[1]。广漕渠通过陈蔡之间，当然是利用颍水，而且也应修在颍水附近。据说，这条渠道上承庞官陂，自是重整贾侯渠的故迹[2]，也是利用狼汤渠的旧道，一直通到陈郡之下，合于颍水。不过到南北朝时，这条渠道已经是“川渠迳复，交错畛陌，无以辨之”了[3]。（附图十五 贾侯渠计虏渠广漕渠图）

附图十五

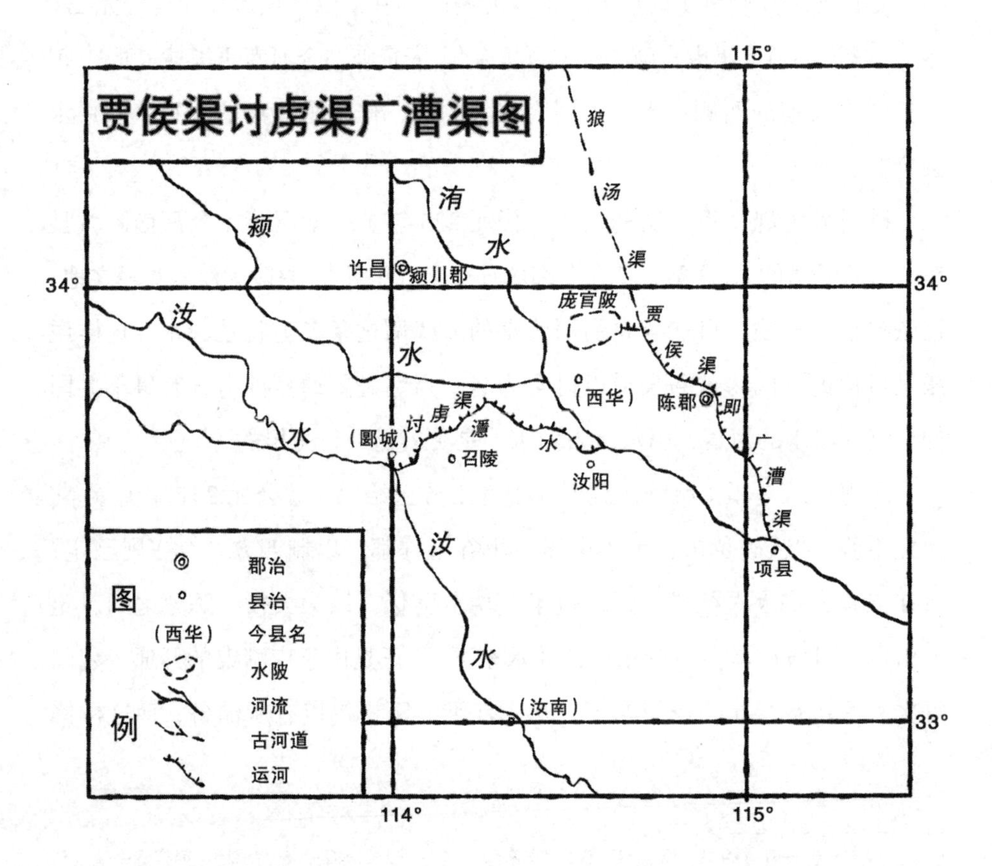


1 《三国志》卷二八《魏书·邓艾传》。

2 《水经·渠注》。

3 《水经·渠注》。

## 汴渠的复通

开凿广漕渠的同时，又整理了一次汴渠。前面说过，曹操曾经疏浚过汴渠，那只是疏浚了一段，自上游疏浚到现今的商丘县就停止了。这时因为邓艾的建议，开凿了广漕渠，又重复整理了汴渠。这次整理汴渠是整体的，自上游至下游都可以通行舟楫[1]。

汴渠的整理诚然重要，但汴渠要发挥更大的作用，还有赖于淮河以南邗沟的畅通。经过汉末大乱和魏、吴两国间不断的战争，邗沟却幸都没有湮塞。魏文帝黄初六年（公元225年），魏、吴两国重起战端，文帝亲自率军南征，舟师自谯（今安徽亳县）循涡水入淮。文帝行幸广陵故城，临江观兵。所统率的戎卒有十余万，旌旗逶迤数百里。由于这一年天气过分寒冷，水道结冰，船只不能入江，只好退军[2]。魏时有广陵郡，治淮阴县，也就是现在的江苏清江市，是濒于淮水南岸的大城[3]。文帝所观兵的广陵故城，既是临江，当是指在今江苏扬州市的广陵故城而言。文帝所率领的是舟师，水道结冰，船只不能前进，皆可说明当时舟师南下，正是循着邗沟这条水道。这里还应该附带说明：文帝的舟师由谯循涡南行，涡水本是鸿沟的一条分支，那时也还可以通舟。当时既由涡水南下，可见汴渠还未得到整理。

西晋初年，王濬由益州（治成都，今四川成都市）顺江而下，东伐吴国，杜预劝他于灭吴之后，率着他原来的舟师，自江入淮，自淮入泗，再由汴渠入于黄河，溯河而回到当时国都的洛阳。若是这样一来，那真是旷古的奇事[4]。杜预所以这样劝王濬，就是因为当时邗沟未堙，汴渠经过邓艾的疏浚而复通了。

---

1 《三国志》卷二八《魏书 · 邓艾传》，又《晋书》卷一《宣帝纪》。

2 《三国志》卷二《魏书 · 文帝纪》。

3 《晋书》卷一五《地理志下》。

4 《晋书》卷三四《杜预传》。

## 杜预凿扬口

杜预劝王濬由汴渠北归，正是他镇守荆州（治江陵，今湖北江陵县）的时候，不久，他在荆州也从事过运河的开凿。荆州所治的江陵，就是春秋战国时期楚国的郢都。孙叔敖、楚灵王以及伍子胥先后在这里开凿过运河，大概这些运河后来都已堙失了。到杜预镇荆州的时候。当地的旧水道仅有沔、汉，除此而外，千数百里间别无通路。江陵之南，遥控巴丘湖。巴丘湖就是现在的洞庭湖。这里是沅湘之会，表里山川，实为险固，交通的联系更为重要。由于这个缘故，杜预就"开扬口，起夏水，达巴陵（今湖南岳阳县），千有余里，内泻长江之险，外通零桂之漕"[1]。扬口为扬水入沔的地方，在今湖北潜江县西北。扬水发源于江陵城西北，即由城北东流，经竟陵县（今潜江县西北），至扬口入沔。这个扬口，一称中夏口，也称夏口。据说，曹操当年追刘备于当阳，张飞按矛于长坂，刘备遂与数骑斜趋汉津，所济的夏口，就在这里[2]。为什么这里也称夏口？以前文献似未见有所说明。可能当时有夏水之称，故杜预开扬口，就起自夏水，成为运河。（附图十六　扬口运河图）

扬水由江陵西北发源，东流直入沔水。这应是一条可以通航的自然水道。既然是这样的水道，为什么楚灵王和伍子胥都曾在这里开凿运河，直到数百年后，还劳杜预再次施工？这可能与扬水水道险阻有关，就是水源多少也有关系。当时水道是否有险阻的地方，已无由考核，可是水源却难免有问题。江陵城东有路白湖、中湖和昏官湖，三湖南北并列，合为一水。刘宋文帝元嘉（公元424年— 453年）中，曾通路白湖，下注扬水，以广漕运[3]，这显然是为了增加扬水的水源。

---

1 《晋书》卷三四《杜预传》。

2 《水经 · 沔水注》。

3 《水经 · 沔水注》。

附图十六

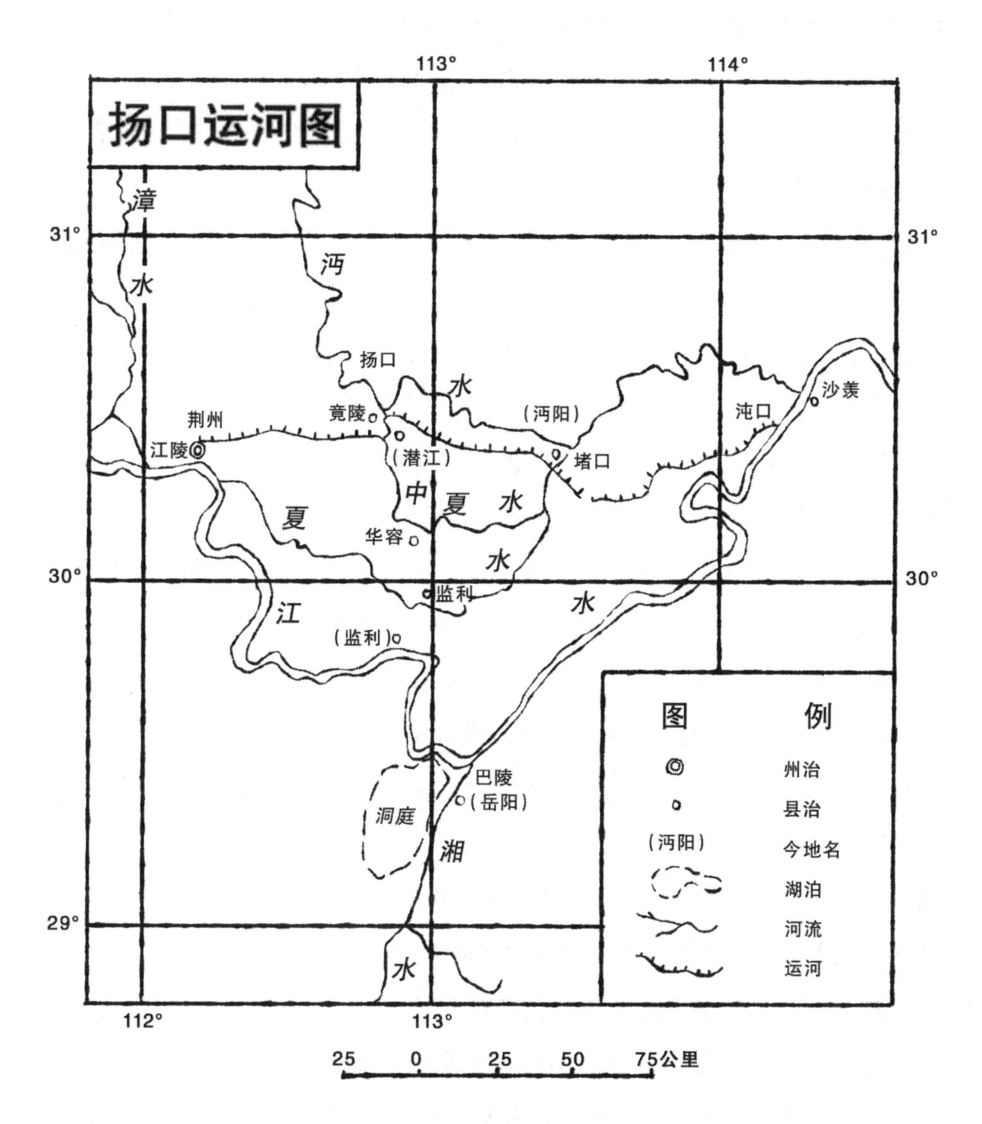
扬口运河图
113°
114°
31°
31°
30°
30°
29°
112°
113°
漳
水
沔
扬口
水
(沔阳)
沙羡
荆州
竟陵
沌口
江陵
(潜江)
堵口
中
夏
水
夏
华容
水
监利
水
江
(监利)
巴陵
(岳阳)
洞庭
湘
水
图例
州治
县治
(沔阳)
今地名
湖泊
河流
运河
25 0 25 50 75公里

杜预当时开凿运河是为了“内泻长江之险，外通零桂之漕”。长江之险如何内泻，却是值得斟酌的问题。上面所提到的为扬水开辟水源事，已远在杜预之后。如果扬水的水源较少，应是杜预开凿运河时会遇到的问题。如何解决这个问题？当时似曾作过处理。上面提到的路白湖、中湖、昏官湖，三湖相连，合为一水，每当春夏水盛时，则南通大江；否则仅南迄于江堤，而北储于三湖[1]。这里应是扬水和大江之间的一条人工水道，中间还有堤岸相隔，颇疑杜预开凿运河时，就已在这里引江水入于扬水。引入江水，固然需要开辟一条新的水道，却也是为了补充扬水的水源。后来这条水道阻塞了，扬水的水源又感到不足。刘宋元嘉中，虽然通路白湖，注扬水，补充水源，却没有恢复通往大江的水道。因为引江水入小河，自是一宗大事，非悉心筹措，难免不泛滥成灾。所谓“内泻长江之险”，当指此而言。

这里还可略事涉及夏水。上面说，扬水可能有夏水之称，乃是据扬口亦名夏口立论的。其实江汉之间原有一条夏水，《水经注》还为它立了专篇。《水经》说：“夏水出江津于江陵县东南。”《注》说“江津豫章口，东有中夏口，是夏水之首”。其地当在今湖北沙市南。夏水由此东过华容县南、监利县南，至云杜县入于沔。华容县故城在今湖北监利县西北，监利县故城在今监利县北，云杜县故城在今湖北沔阳县西南。其入沔处就在云杜县的堵口。堵口和中夏口大致是东西相向的。这也是说，夏水由江分出后，向南绕了半个大圈，又东北流才入于沔水。这一条自然水道，未经人工的开凿。它不仅过于弯曲，增加了航行河段的里程，而且距离江陵城又较远，和扬口也无联系，当与杜预所开凿的运河无关。

夏水由江水分出后，在华容县和监利县之间和由江水池出的一支水道相会合。这支江水是由子夏口池出，东北流与夏水相会合的。子夏口与故华容县旧治所隔江斜对，也在今监利县之西[2]。是否杜预的外通零桂之漕是由江陵南出大江之上，由中夏口入夏水，再由夏水入这支由江池出的水道，

1 《水经 · 沔水注》。

2 《水经 · 江水注》。

而重返于大江之中？由当地具体情况推测，这也是不可能的。因为由江陵而下这段大江的航运，自来就有相当基础。由江陵南下，在中夏口之下，侧岸有油口，还有景口和沧口。沧口之下有大城，相承所云仓储城，也就是邸阁[1]。而巴陵故城又为吴国的巴丘邸阁[2]。邸阁为汉魏之间行军运储粮米的地方[3]。江岸有邸阁，可见当时江上运输的频繁。吴蜀对垒及吴人防晋，也多在这一段长江水道。杜预继承旧绩，自无须另开新道。所谓“内泻长江之险”，也并无另开新道的含义。

可是问题到此并不是就可以完全解决。不仅未能解决，而且还有歧义。南宋时王象之撰《舆地纪胜》，曾说：漕河在江陵县北四里，并引《(高宗)绍兴元年省札》说：“江陵府城下旧有漕河。若略加开沟，则江陵城下纲运，顺流从江汉直达襄岘。契勘本府漕河乃晋元帝建武初（公元317年）所凿，自罗堰口出大漕河，由里社穴、沌口、沔水口，直通襄汉三江。”[4]他在这里还引《旧经》说：“王处仲为荆州刺史，凿漕河，通江汉南北埭。”[5]王处仲为王敦。王敦于元帝大兴元年（公元318年）为荆州刺史[6]。建武元年的次年即为大兴元年。则此两条记载所说的当为一事。罗堰口虽未知其确地，但罗堰口以下为大漕渠，罗堰口以上直至江陵城北四里处应为晋元帝时王敦所新凿的渠道。所谓大漕渠及其所在，王象之又引《皇朝郡县志》作了说明。他说：“建阳河自荆州西南花溪流入江陵界，经俞潭市，又经吴家市，自破江入大漏，通监利、沌口等处，今谓之大漕河。”[7]《绍兴元年省札》仅指出晋元帝时已经有了大漕河。而未说明这条大漕河开凿的时代。嘉庆《大清一统志》则以为大漕渠就是杜预所凿的扬口漕河，而且还说就在江陵

1 《水经·江水注》。
2 《三国志》卷三三《蜀书·后主传》。
3 《水经·湘水注》。
4 《舆地纪胜》卷六四《江陵府上》。绍兴元年为公元1131年。
5 《舆地纪胜》卷六四《江陵府上》。
6 《资治通鉴》卷九〇《晋纪一二》。
7 《舆地纪胜》卷六四《江陵府上》。

县北[1]。这是说，晋元帝时王敦所开凿的，只是恢复杜预旧迹的西端罗堰口以西一部分而已。

这里姑且置罗堰口以西一段不论，而略一说明大漕河流经的地区。大漕河上承的建阳河，乃是由今荆门县东南流。这条河又称扬水[2]，今仍名建水。王象之所说“建阳河自荆州西南花溪流入江陵界”，显系错误的。这条建阳河，下游必合于扬水，而扬水就是杜预开扬口时所利用的水道。如仅至此而止，倒不会再有什么问题。可是据《绍兴元年省札》和《皇朝郡县志》所说，这条大漕渠所流经的地方却是经过俞潭市、吴家市、破江、大漋、监利、里社穴、沌口、沔水口诸地，而入于汉水。俞潭市在今江陵县东，监利在今监利县北，沌口在今武汉市汉阳西南，沔水口当即汉水入江之口。其他诸地虽尚不知确实所在，仅由俞潭市、监利、沌口、沔水口诸地已可略知这条大漕渠的轮廓。又清代沔阳州西南一里有漕河[3]。清沔阳州在今沔阳县西南，北濒沔阳湖，是这条漕河亦当与大漕河有关。这条大漕河在两晋南北朝时，其上游大致略同于夏扬水，其行将入江的一段，大致略同于沌水。不过在两晋南北朝时，夏扬水和沌水不仅不相接，而且还有相当的距离[4]。这条大漕河仅嘉庆《大清一统志》谓为杜预所凿，其他文献殆未见涉及它的开凿时代。扬口在今潜江县，沔水口在今武汉市，两处之间的沔水虽有较远的里程，较之大漕河全段却显得短促。若这条大漕河为杜预所凿，他的开凿目的当不是北通襄岘，而是南通零桂。南通零桂，由扬口循沔水而下，至沔水口入大江，显得更为捷近。这样说来，开凿这条大漕河似乎没有多大的意义。如前所说，杜预的开扬口，起夏水，达巴陵，是要“内泻长江之险，外通零桂之漕”。这条大漕河固然可以由沔水口出大江，再溯江而上，达到巴陵，还可再往南去，通到零桂。可是“内泻长江

1 嘉庆《大清一统志》卷三四四《荆州府一》。
2 《读史方舆纪要》卷七七《荆门州》。
3 《读史方舆纪要》卷七七《沔阳州》。
4 《水经·夏水注》，又《江水注》。

之险”却难得作出解释。扬口的开凿是引扬水东入于沔水。大漕河上承建阳河，而建阳河本来就是入于扬水，向东流去。作为大漕河的主要水源，也应随大漕河向东南流去。大漕河在此以下，可能还容纳一些其他水流，却都是更向东南流入大江。这就不能说是“内泻长江之险”了。所以，以大漕河作为杜预所开的运河，殊属勉强。不过，在晋元帝以前，除过杜预外，再未见有关此地开河的记载。因而这个问题还需要再作斟酌。

由于杜预开凿运河的成功，遂使江陵城在交通方面顿改旧观。以前江陵的地位固已相当重要，溯江而上，可以达到巴蜀，沿江而下，又可达到武昌（今湖北鄂城县）、建业（今南京市），南经洞庭湖，溯湘沿漓，可以达到番禺。但是要往北去，却必须经过一段陆路，才可以利用汉水的水道。这是美中不足的缺点，直到西晋初年，才让杜预替它补缀起来。

## 纵贯南北运河的完成

目前我国最长的南北交通干线，自然是京广铁路。可是远在杜预开凿扬口之时，我国古代的南北水道交通干线，就已建设成功。现在由北而南细数这一条南北水道交通干线的来龙去脉，倒也是十分有趣的事情。由现在离北京不远的通县数起，由这里顺潞水经曹操所开的泉州渠，进入泒河，由泒河经过曹操所开的平虏渠，而到滹沱水和漳水；又由漳水经过曹操所开的利漕渠和白沟，而到黄河；又由黄河进入汴渠的上游，沿狼汤渠而下，由颍水入汝水；再由汝水的支流舞水，经过远在春秋时期楚国所开的舞水和沘水间的渠道，而入沘水；由沘水入淯水，由淯水入汉水，由汉水经过杜预所开凿的扬口渠道而入江；由江入洞庭湖，由洞庭湖入湘水，由湘水经过秦时史禄所开凿的灵渠而入漓水，由漓水入西江，再下去就可以到番禺城下。这一串串的水道名称，听起来固然觉得麻烦，但在铁路没有发明以前，古代人能曲曲折折想出了这一条南北水道交通的干线，的确不是一件容易的事情。只要看一看这条南北水道交通干线最初开凿的时候是远在春秋之世，而告厥成功，却一直到西晋初年，这样悠长的岁月中才断断续续得以联络起来，就可知道是如何的艰难了。

## 破冈渎和京口运道的开凿

三国时，东吴亦曾开凿过运河，就是所谓破冈渎。《三国志》说：吴赤乌八年（公元245年），遣校尉陈勋将屯田及作士三万人凿句容中道，自小其至云阳西城，通会市，作邸阁[1]。此事又见张勃《吴录》的记载。据说："句容县，大皇时，使陈勋凿开水道，立十二埭，以通吴会诸郡，故舡行不复由京口。"[2]唐许嵩说得更为详尽。他说："（吴）使陈勋作屯田，发屯兵三万，凿句容中道，至云阳西城，以通吴会船舰，号破冈渎，上下一十四埭，通会市，作邸阁。……其渎在句容县东南二十五里，上七埭入延陵界，下七埭入江宁界，于是东郡船舰不复行京江矣。"[3]句容为今江苏句容县。云阳西城在今江苏丹阳县西南延陵镇西。京口即今江苏镇江市。延陵即今丹阳县延陵镇。小其无考。破冈渎在今镇江市西南，句容县东南二十五里[4]。这里近大茅山，破冈渎当在十茅山北较平坦处。凿开这里的高昂处，则东来的船舰就可由云阳（今丹阳县）西行，再循秦淮河而达于江宁。江宁即三国时的建业，正是吴国的都城。

开凿这条破冈渎，自是由于路途捷近，也是为了避开京江风涛的艰

1 《三国志》卷四七《吴书 · 吴主传二》。

2 《太平御览》卷七三《地部》引。

3 《建康实录》卷二。

4 《读史方舆纪要》卷二一《江宁府》，又卷二五《镇江府》。

险。张勃《吴录》就特别提到后面这一点。他着重地说："故舡行不复由京口。"如果按照后来的情形来说，京口自是吴郡会稽北通大江的重要水道枢纽，可是通到京口的水道什么时候才开通成功的，却成了问题。自吴王夫差身死国灭之后，这里的交通记载较为疏略，不易详为考证。秦始皇曾远狩江左，他的巡狩路线是由云梦浮江而下，过丹阳，至钱塘，临浙江，上会稽，还过吴，从江乘渡[1]。丹阳在今安徽当涂县东北小丹阳镇，江乘在今江苏句容县北。始皇这次南巡，过江之后是由太湖之西直抵钱塘，北归之时所过的吴，就是今苏州市，可是他再渡大江，却是在江乘县，而不是在丹徒（当时的丹徒就是后来的京口）。这可以说明两个问题：其一，始皇这次南巡至太湖附近时，并非走的水路。江乘附近就是在后世也未闻有能够可以通行船舰的水道。其二，丹徒当时尚未能形成重要的渡口，始皇以万乘之尊，是不会贸然去受风涛的惊恐的。由京口向南的水道，直至孙吴时始见开凿的记载。孙吴末年，曾"凿丹徒至云阳"。也就是说开凿现在镇江市和丹阳县间的水道。可是由于"杜野、小辛间皆斩绝陵袭，功力艰辛"[2]，终于未能取得显著效果。这段水道既未畅通，西去建业的吴郡会稽的船舰如何能够通过京口，就成了问题。其实这个问题在上面征引的许嵩《建康实录》中已有过说明。《建康实录》说："于是东郡船舰不复行京江矣。"流经京口的大江就是京江[3]，则经行京口的船舰就不一定非要在京口进入大江。京口以下通到大江的水道早就有过，前面说的吴古故水道就是一条，并非仅靠着这一条丹徒至云阳的水道。西晋时陈敏固曾遏马林溪筑成练湖，东晋初年，张闿也曾创立新丰湖。这两个湖都在丹阳县北，近在这条水道侧畔。但修立这些湖泊，其初只是为了灌溉，并非调济这条水道的水量[4]。在这条水道行船仍会感到一定的困难，因此尚未能形成一条交通要道。南朝时，建

1 《史记》卷六《秦始皇帝本纪》。
2 《太平御览》卷一七〇《州郡部》引《吴志》。
3 《读史方舆纪要》卷二五《镇江府》。
4 《元和郡县图志》卷二五《润州》。

康（即建业）以东发生重要军事行动，破冈渎就成了敌对两方的攻守要地，京口反而不被重视。刘宋文帝末年，刘劭弑文帝自立，会稽太守隋王诞等遣兵向建康，刘劭就决破冈、方山埭以阻东军[1]。后来到明帝时，孔觊等以会稽兵应晋安王子勋，明帝即命巴陵王休若屯延陵御之[2]。当时皆并未在京口设防，以阻东军进逼。而东军亦未尝企图乘建康的不备，分兵由云阳趋京口，再循江而上，以袭建康。可见京口云阳间的一段水道在当时并不为各方所重视。由刘宋以迄于梁陈，破冈渎始终为建康和吴郡会稽间交通要道。南朝崩溃后，建康不为首都，破冈渎渐次阻塞，直到隋炀帝才开凿了江南运河。

## 陕县决河注洛的运河

西晋时所开凿的运河很少，杜预凿扬口之外，只有武帝泰始十年（公元274年）凿通陕县南山决河注洛的一次[3]。陕县即今河南陕县，与三门峡市同治。西晋承曹魏之后，也建都于洛阳。关中和河东的漕粮是由黄河而下，再溯洛水而上。这条道路上有著名的砥柱之险，漕舟的上下非常不方便。陕县东南有一条橐水，由南山发源，西北流到陕县城西入河。橐水今名青龙涧河。其上源隔着南山就是洛水流域。洛水的最大支流为涧水。涧水发源于今陕县东稍偏南的观音堂。这里距橐水源头的直线距离为15公里。橐水源头距洛水另一支流永昌河的源头更近，只有8公里。永昌河于宜阳县西三乡镇旁入于洛水。有关的文献仅记载当时的决河注洛，而未备举和这一工程有关的具体地名是经过涧河注洛，还是经过永昌河注洛？这就得多费推求。永昌河的源头诚然距橐水稍近，然永昌河却远较涧水的流量为细

1 《资治通鉴》卷一二七《宋纪九》。《宋书》卷九九《二凶传》作破柏岗、方山埭。
2 《宋书》卷八四《孔觊传》。
3 《晋书》卷三《武帝纪》。

小，河谷也较为窄狭，颇疑当时所凿的是涧水和橐水之间的山地。迄至现在，这里尚未发现若何有关的遗迹堪作证明，因而这样的说法也只能是一种推测之辞，难得作为定论。其实这里的关键所在只是橐水和洛水流域之间的南山，若能把这座山凿通，两条水道就可以连接起来，漕舟就可以由新路而下，用不着再历砥柱之险了。按照文献记载，这条运道当已开凿成功。当时是如何开凿的？开凿之后又是如何使用的？它的功效究竟若何？史家都没有详细的记载，就无从知道了。这条水道究竟是饶有意义的，可惜以后的人都没有想到这一点。隋唐两代建都长安，为了漕运经过砥柱之险，费了多少工夫，牺牲了多少人命，不知当时何故没有恢复这条运河。隋唐两代也曾疏浚过橐水的水道，它的用意却不是为了便利交通，仅仅只是想供给陕县居民的饮水而已[1]。（附图十七　橐水和涧水上游图）

## 中原运河的湮塞

在晋武帝决河注洛以后，又过了三四十年，就发生了有名的永嘉大乱（永嘉，晋怀帝年号，公元 307 年—313 年）。这时杂居于北方各地的匈奴、鲜卑、氐、羯、羌诸族乘着晋室的衰微，一时俱起，整个的大河南北都成了战场，连续不断的战争使昔日富庶繁荣的城市都立刻残破不堪；昔日肥饶沃衍的土地，也都立刻荒芜起来。人民的流离死亡，更是惨绝人寰，书不胜书。这时晋室的孑遗退保江淮以南，所有中原的一切只好委弃不管，至于辛苦开凿的运河也只好任其湮塞。

1 《读史方舆纪要》卷四八："陕州（今陕县）利人渠，有南北二渠。北渠在州北。隋开皇六年苏成引橐水西北入城，民赖其利。南渠在州东南，自硖石界流入，与北渠同时疏导。唐贞观十一年，命邱行恭开南渠是也。又有广济渠，唐武德元年陕东道行台长孙操所开，引水入城，以代井汲。傅畅《晋书》云，武帝泰始五年凿陕南山，决河东注洛以通漕，此即利人等渠之创始矣。"

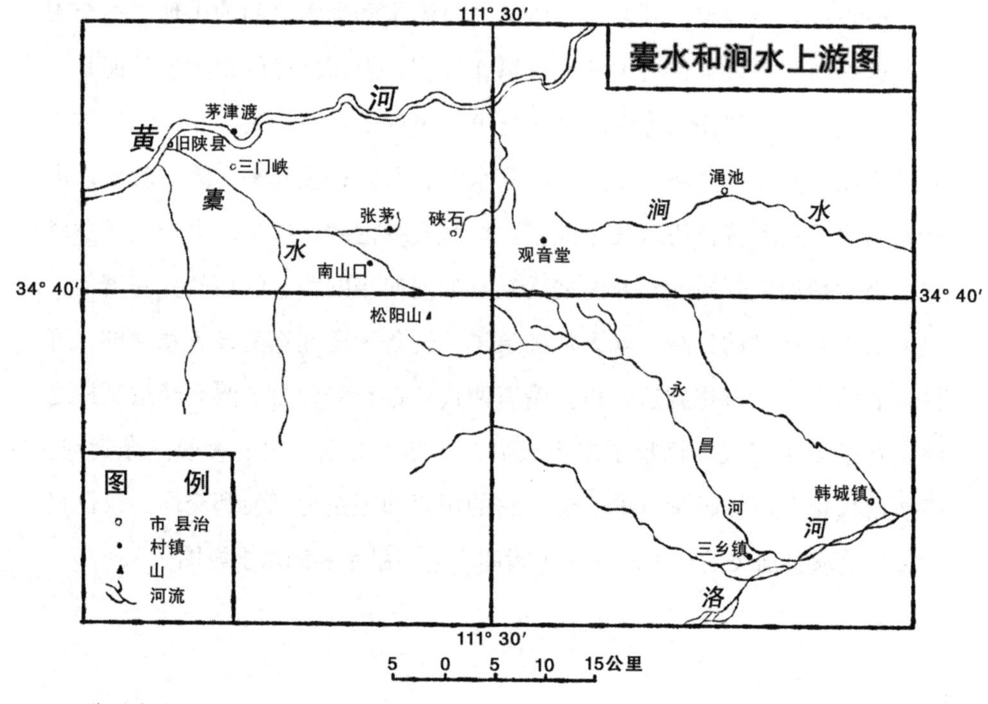


附图十七

## 桓温凿巨野泽东的水道

东晋偏安以后，倒也常常想起北伐，只是国力未充，不敢冒昧从事。一直过了五十多年，桓温当政，才率兵北上，打算收复故土。桓温北伐前后三次：第一次是由江陵通向关中，第二次由江陵北抵洛阳。这里所说的是第三次的进攻邺城。其时在晋废帝太和四年，亦即公元369年。桓温这一次北征，分出两路：一路由涡水北上，准备打通荥阳附近的石门，以通运道；一路是由淮入泗，再转入济水，北攻邺城。因为这时北方的强国是前燕，而前燕的国都就在邺城[1]。桓温使他的部将袁真由涡水一道前进，他自己是循淮、泗而行。为什么他不取汴渠一路？汴渠这时并没有完全堙塞，只是由于水流过浅，未能恃为运道[2]。必须凿开荥阳附近的石门，才能引水东注。桓温派遣袁真由涡水进军，这时涡水的水道也不能一直通到石门。桓温固然可以从容渡过淮水，进入泗水，泗水和济水之间的菏水故道也因黄河和巨野泽的泛滥而了无遗迹了[3]。袁真疏浚了涡水的上游，桓温只好在巨野泽东另开新河。这就是后世所称的桓公渎或桓公沟。这条新河全长约三百里。这三百里的新河可以分为南北两段，中间有一个薛训渚，在今巨野县的东北。渚中的水分流南北，其南一水与由巨野泽中流出的黄水相合，东南流经金乡县（今金乡县北）东入泗水。桓温的开河就从金乡县开始。薛训渚北流的一水，经阚乡城，会汶水，又北与济水相合。这一段长一百二十里，称为洪水[4]。这里所说的济水，实际上是巨野泽水和汶水的合流[5]。因为济水由黄河分出后至于巨野泽一段，早已堙塞无水。巨野泽东至海部分，这时只是沿用旧名而已。

那时济水和黄河在四渎口相距最近，并有水道可以互通[6]。四渎口在今山东临邑县东，郦道元谓“自河入济，自济入淮，自淮达江，水径周通，故有四渎之名”[7]。这四渎口当为其时南北交通的重要水道枢纽。由这里循河而上，距碻磝城很近。碻磝城在今山东茌平县西南，当时是在黄河岸上，为东晋南北朝时军事重镇。因为它可以控制四渎口这个南北交通的枢纽，桓

1 《晋书》卷九八《桓温传》。

2 《晋书》卷六七《郄鉴传附郄超传》。

3 《宋书》卷六四《何承天传》：“元嘉十九年，承天上安边论曰：巨野湖泽广大，南通洙、泗，北连青、齐，有旧县城正在泽内。”巨野泽就是大野泽。古时原没有这样大，这是后来黄河累次泛滥和菏水湮塞的结果所促成的。

4 《水经 · 济水注》，《资治通鉴》卷一〇二《晋纪二四》胡注。

5 《通典》卷一七二《州郡二》。《通典》在这里说：“清河实菏泽、汶水合流。”菏泽在巨野泽西南，菏泽水不能越过巨野泽与汶水合流，当作巨野泽。清河就是巨野泽以下的济水。

6 《水经 · 济水注》。

7 《水经 · 河水注》。

温北征之师，据说“自清水入河，舳舻数百里”[1]，所行的当是这条水道。（附图十八　桓公沟及引洸的运河图）

附图十八

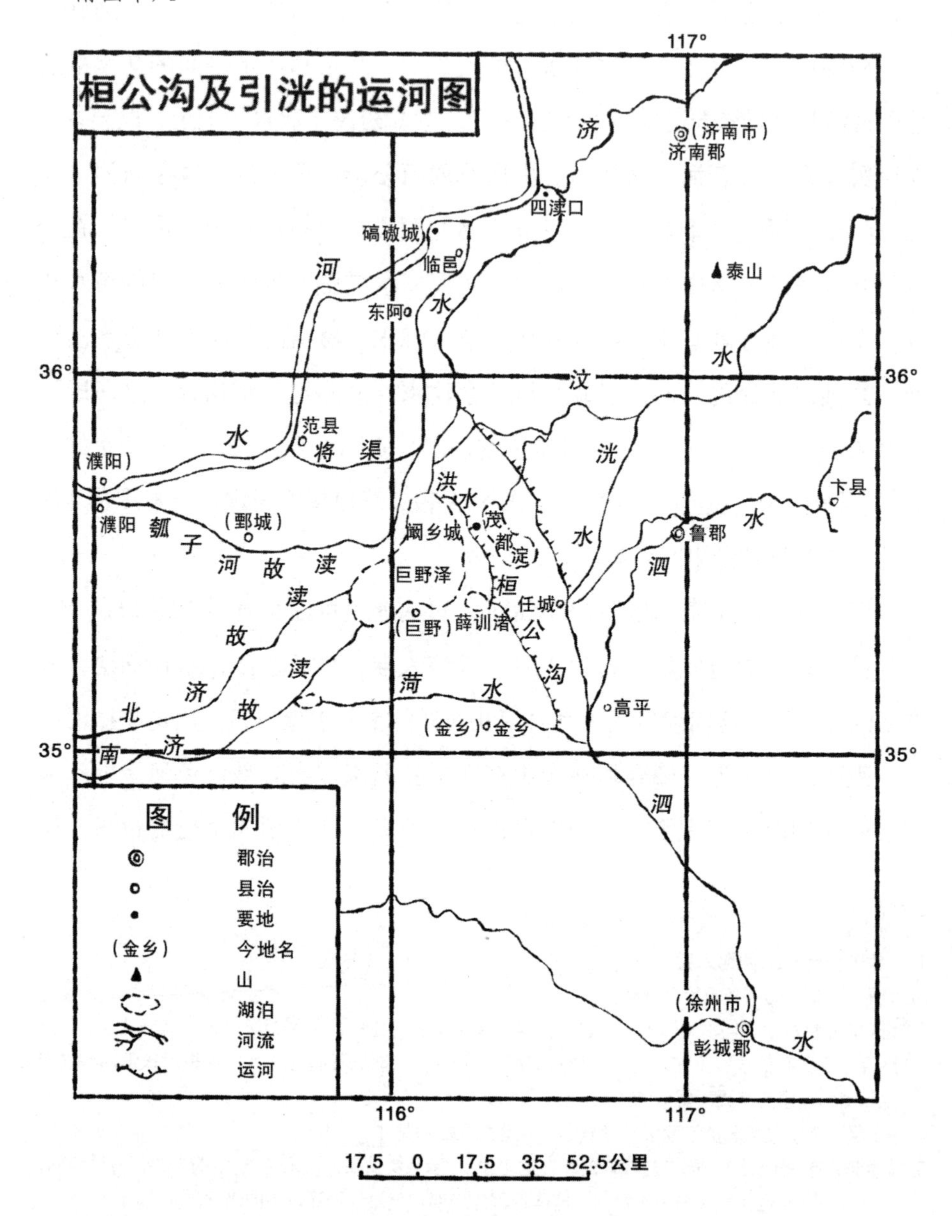


1　《资治通鉴》卷一〇二《晋纪二四》。

## 引洸水所开的运河

这里还应顺便提到桓公沟近旁的另外一条运河。远在桓温北伐以前，前燕慕容儁攻陷冀州，并攻段龛于青州（今山东淄博市东南），东晋穆帝使荀羡前往救援。其时，慕容儁将慕容兰以众数万屯汴城，甚为边害。羡自光水引汶通渠，至于东阿以征之[1]。此汴城不是指今河南开封市的仪封县，而为当时鲁郡的卞县[2]。卞县故城在今山东泗水县东。光水即洸水，在今山东宁阳县东，为汶水的支流。东阿则在今山东东阿县西南。荀羡北伐，慕容兰当由卞县退至东阿，故荀羡北征之军应至东阿。所开的渠道也应自汶水越济水而至于东阿附近。东阿附近有瓠子河故渎。瓠子河故渎下游与将渠合，瓠子河断流后，将渠继续畅通。将渠在当时的范县（今河南范县东），是由黄河分出的另一条水流。它与瓠子河合流后，经东阿县南，又东北于碻磝城东侧注入黄河[3]。荀羡所引汶水开的渠道，既已抵于东阿，当与将渠会合。此事虽未为郦道元所道及，如荀羡开渠事非误传，就可能有这一条渠道。这应是四渎口外另一条南北水道交通的枢纽。四渎口距碻磝城还有一段路程，这条渠道就在碻磝城的近旁，其重要性当不会在四渎口以下。正因为有这条渠道，更增加碻磝城形势的重要。这是说由南向北的进攻，其舟师可以由此直出河上，而北方的据守者也可恃此以控制南来的舟师。

桓温北伐的舟师既由清水入河，当是经过四渎口转入黄河，可能未经荀羡所开的渠道。不论其由四渎口或由碻磝城下进入黄河，都是多绕了路程；而且由于运河水力不大，运输就较为迟缓。前面说过，桓温的舟师自清水入河，舳舻数百里，这样艰难的运输就不免误事[4]。桓温溯黄而上，转到

1 《晋书》卷八《穆帝纪》，又卷七五《荀崧传附荀羡传》。

2 《资治通鉴》卷一〇〇《晋纪二二》胡注。按胡注作鲁国卞县。此当是按汉时旧制来说。西晋时，鲁国已改为鲁郡，见《晋书》卷一四《地理志上》。

3 《水经·河水注·瓠子河注》。

4 《晋书》卷六七《郄鉴传附郄超传》。

枋头[1]之后，袁真却没有打开石门，运粮不济，军中乏食，大军只好退却。回来的路上，走的是陆道，在襄邑（今河南睢县）附近，被燕兵追及，还吃了一个大败仗。

## 谢玄所修的青州泒

淝水之战是东晋国势的一个大转机。晋人战胜了盛极一时的前秦苻坚，信心倍增，想乘胜向北进攻，收复多年的失地。谢玄因率军北上，次于彭城，更进而取得前秦的兖州（治所在今山东鄄城县北）。在这次进军途中，谢玄感到水道险涩，粮运艰难，便采用督护闻人奭的建议，堰吕梁水，树栅，立七埭为泒，以利漕运。因为接着又要进伐青州（治所在今山东益都县西北），就称所堰的泒为“青州泒”[2]。所谓吕梁水，实际上就是流经吕梁的泗水。吕梁在今江苏徐州市东，由于当地泗水河床中的巨石罗列，所以水流“悬涛崩溃，实为泗险”。就在吕梁附近，由泗水中分出一条丁溪水，丁溪水又流入泗水。这里的泗水到冬春之际，不免浅涩，常须排沙通道，行旅就多改由丁溪水。谢玄所修的七埭，就设在这里[3]。有的人以为谢玄在这里开凿过运河，并称所开的运河为吕梁堰渠，还说是“江淮、淮黄之间的运道，至此而大备”[4]。其实这项工程只能说是整理河道。只限于整理过的河道，是不能称之为运河的，何况当时也没有这样的名称。即使当时有这么一条运河，也难于说得上“江淮、淮黄之间的运道，至此而大备”！

---

1　枋头在今河南浚县西南，就是淇水入白沟的水口。之所以称为枋头，是因为曹操引淇水入白沟时，在这里植大木阻水，因而得名。

2　《晋书》卷七九《谢安传附谢玄传》。

3　《水经·泗水注》。

4　扬州师范学院历史系大运河编写组《隋朝以前的南北运河》（刊《江海学刊》1961 年第 1 期）。

## 刘裕重开汴渠

桓温败归后，还有过几次经略中原的举动，规模都是很小的。到了刘裕执政，才又大举北征。刘裕的目的和桓温不同，桓温是征盘踞邺县的前燕，刘裕却是要伐称霸关中的后秦。刘裕的进军也是数路出发，其中两路是水军。沈林子和刘遵考所率领的水军出石门，自汴入河，其目的自是打通石门，使汴河能够发挥出运输的功效。另一路是以王仲德为前锋，开巨野入河。刘裕自己仍和桓温一样，率领舟师北上，自泗水入清河，将泝河而上[1]。因为进军的路线和桓温相同，也就必然要经过巨野泽东的桓公沟。王仲德以前锋先行，开巨野，就是要治理桓公沟[2]。刘裕经过桓公沟就折入济水，也是经过四渎口，直趋碻磝城的。当济水将至四渎口时，其东岸有一座洛当城。刘裕行军之际，令长安令垣苗镇此，这座城也就称垣苗城[3]。刘裕到达碻磝城后，又使向靖在当地留守[4]。当时首先攻入碻磝城的王玄谟也曾当留守之任[5]。这固然可以看到碻磝城的重要，也可以略见刘裕舟师行军的路线。自桓温北伐之后，东晋南朝的经营北方，皆使用舟师，舟师必须沿着水道。碻磝城恰是这条水道的枢纽。当时碻磝城的得失，常关系到全局的胜败。后来谢玄北伐[6]，刘牢之曾一度进据碻磝城，也是由这条水道前进的[7]。碻磝城既是重要的地方，也可以证明桓公沟的水道曾经维持了相当长久的时期。

刘裕破秦之后，黄河以南的地方尽都归入晋人的掌握。他由长安归来，

1 《资治通鉴》卷一一七《晋纪三九》。

2 《水经·济水注》。

3 《水经·济水注》。

4 《宋书》卷四五《向靖传》。

5 《宋书》卷七六《王玄谟传》，又《水经·河水注》。

6 《晋书》卷七九《谢安传附谢玄传》。

7 《晋书》卷八四《刘牢之传》。

不愿意再绕道碻磝城去，于是就重新疏浚汴渠[1]。桓温没有能够利用着汴渠，是由于未能取得汴渠上游的石门。刘裕这次伐秦获胜，了无其他顾虑，恢复汴渠也能够得到预期效果。不过论起具体地打开石门，还应该说到沈林子。因为刘裕北伐诸军，沈林子和刘遵考所率领的水军，就是出自石门这一路，从汴入河。如果石门未能打开，他们就无从进军；不然，刘裕归来之时，自洛阳到彭城（今江苏徐州市）仅用了一个多月的时间，无论如何也没有这样快的。刘裕这次所疏浚的汴渠，渠口略有改变，和以前不同。远在鸿沟系统诸水分河东注时，它就是和济水一块流出来的。东汉时，由于控制水流，在分水处建立石门，这就是荥口石门的来历。那时由黄河分出来的水流，是傍着南侧的广武山东流的，沈林子和刘遵考打开了石门，始有激流东注。由于山崩壅塞，水流受阻，因而于其北十里处更凿故渠通之，水流才归于正常[2]。汴渠既通，刘裕就由关中顺流而下，通过汴渠而归于彭城。不过在刘裕归来之后，北方新恢复的土地又相继沦陷，汴渠运输的利益却由北魏去享受了。

## 北魏对于运河的设施

永嘉丧乱以后，凿渠开河的事情都是东晋和南朝的人士所做的；在北方却不大容易看得见，这大概和北方几个新民族的习性有点关系。北方这几个新民族都是擅长弯弓骑马，对于水道和船舶自然不会大感兴趣，即偶尔实行水运，也多是利用自然的水道，而不是开凿新河。北魏迁都到洛阳以后，也曾注意到这方面。有一次，孝文帝来到徐州（今江苏徐州市），在返回洛阳时，就乘船由泗水北上。既改从水道，当是遵循桓温、刘裕所开

1 《宋书》卷二《武帝纪中》。
2 《水经·济水注》。

凿疏浚的桓公沟。这样由泗入清，由清入河，军次碻磝。其时成淹从行，恐怕黄河水流湍急，万一有倾覆的危险，乃上疏陈谏。孝文帝却说，他以为恒代（指旧都平城，今山西大同市）无运漕之路，所以旧都民贫；如今迁都伊洛，就想通运四方。黄河水流湍急，行人涉渡为难，他改为乘船，就是要人们知道这并不是难事[1]。后来他在洛阳还提到在洛水侧畔开渠，设想一旦南伐时，就可以就近入洛，从洛入河，从河入汴，从汴入清，以至于淮。这样就可以下船而战，仿佛开门斗争，便利无比。他估计在洛水侧畔开渠，用两万以下的人施工，六十天就可告成[2]。这里所说的清水，就是指泗水而言。这样的开渠计划，也就是实现东汉魏晋时的旧规，也说明刘裕打开石门以后，汴渠并未一直畅流下去。如果汴渠由那时起就已经再次畅通，孝文帝由徐州返洛阳时就不必绕道泗水和黄河，就是回到洛阳时也不必像这样的多事规划。其实当时不仅修复了汴渠，还修复了蔡河[3]。蔡河就是以前鸿沟系统中的狼汤渠。修复了汴渠和蔡河，这两河之间的睢水、涣水和涡水也就可以通流。由此可见，北魏迁都以后，对运河是何等的注意！不过这些设施，都是为了当时向南进军的军事目的，并非长久的计划。南北朝末期，运河的运输实在是大大地萧条了[4]。

1 《魏书》卷七九《成淹传》。

2 《魏书》卷五三《李冲传》。

3 《魏书》卷六六《崔亮传》。

4 《宋史》卷九五《河渠志五 · 河北诸水》中载有北魏正始二年元清通永丰渠事，为了方便起见，将在下章内叙述。

# 第五章　隋代运河的开凿及其影响

## 隋代开凿运河的努力

运河的开凿固然可以促进全国的统一，而统一之后更需要运河来构成交通的系统。隋代统一以后对于运河的开凿不遗余力，正是希望借此来构成一个新的交通网，使国家的基础更加稳固。

说起隋代的运河，都一定要联想到隋炀帝，这正如说起万里长城一定要联想到秦始皇。诚然，隋炀帝对于运河的开凿用力最多，竟使隋代社稷也因之灭亡，但隋代的开凿运河却是始于文帝，而不是始于炀帝。炀帝不过是绍述文帝的遗志，完成文帝未竟的功业而已。

## 广通渠

前面已经说过，关中的长安是适于建都的地方，只是关中平原太小，所产的食粮不能供给国都的消费。所以要建都长安，就必须同时解决漕运的问题。以前的秦汉时期是如此，后来的隋唐时期也是这样[1]。隋代建都之初，颇仿佛西汉，砥柱之险还是阻碍着漕舟的上下，渭水水道的曲折多沙，也同样使漕舟往来困难。文帝初即帝位，就深感受这个问题的严重，所以开皇四年（公元584年）就命宇文恺开凿渭渠[2]。当时为开凿这条渭渠所下的诏书说："渭川水力大小无常，流浅沙深，即成阻阂。计其途路，数百而已，动移气序，不能往复，操舟之役，人亦劳止。"[3]宇文恺所开凿的渠，是"引渭水，自大兴城东至潼关三百余里"[4]。大兴城就是后来唐代的万年县，与长安县东西并立。当时参加开渠的还有郭衍。郭衍所开的则是"引渭水，经大兴城北，东至于潼关，漕运四百余里"[5]。这两种记载不同，到底这条渠道是从什么地方开始，却是个疑问。据宋人记载，它是起于长安县西北渭水兴成堰[6]。唐代中叶后恢复漕渠，就是从兴成堰施工的。这里本来是汉代漕渠的起点，由汉至隋都在这一个地方。其地在唐咸阳县西十八里[7]。唐咸阳县故城在今咸阳市东，兴成堰当为今咸阳市的钓鱼台。这条渠道经大兴城北，东至潼关，入于黄河[8]。其入河之地当与汉代漕渠相同，亦在今潼关县吊桥附近。或谓隋漕渠乃在今华阴县附近入渭，这不仅与隋代记载不符，即华阴

---

1 在秦汉和隋唐之间，建都于长安的，尚有前秦、后秦、西魏和北周。在这种割据的局面之下，一切规模都是很狭小的，不能以之并论。

2 《隋书》卷二四《食货志》，又卷六八《宇文恺传》。

3 《隋书》卷二四《食货志》。

4 《隋书》卷二四《食货志》。

5 《隋书》卷六一《郭衍传》。

6 宋敏求《长安志》卷一二《长安》。

7 《旧唐书》卷一七二《李石传》。

8 《隋书》卷一《高祖纪上》，又卷六八《宇文恺传》。

县东北的一段较高地势也是难以越过的。这一点与汉代漕渠相同，在前面已经论述过了。

这条渠道于文帝开皇四年六月动工。当年九月，文帝即幸霸水，观漕渠[1]，应当是凿渠工程已经完成。渠道的起讫与汉代漕渠相同，开凿时期又是这样的短促，当是因汉代漕渠旧规而开凿的。隋渠和汉渠稍有差别的，是汉渠于引用渭水外，还引昆明池水作为辅助；隋渠仅引用渭水，不再借用其他水流。

这条渠道就是有名的广通渠。以广通渠为名，当是由于经过华州（治所在今陕西华县）广通仓下而得名。广通仓建于开皇三年，为关中水运的主要仓库，与卫州（治所在今河南淇县）的黎阳仓、洛州（治所在今河南洛阳市）的河阳仓、陕州（今河南三门峡市西）的常平仓同等重要[2]。到文帝仁寿四年（公元604年），渠名有所改变。其时文帝驾崩，炀帝已登基，因为避炀帝名讳，故又改名为永通渠。这条渠道的开通，解决了国都长安的粮食问题，就是渠旁的人民也得到相当的实惠，所以也称为富民渠[3]。（附图十九　隋广通渠图）

1 《隋书》卷一《高祖纪上》。

2 《隋书》卷二四《食货志》。

3 广通渠的名称，《隋书》卷六一《郭衍传》中有一段异辞：“徵为开漕渠大监，率水工凿渠引渭水，经大兴城北，东至于潼关，漕运四百余里，关内赖之，名之曰富民渠。”《传》中所载开渠的时候，正是开皇四年，所开的渠也在渭水之南，大兴（即长安）潼关之间，分明和宇文恺所开的是同一条渠道，也是同一个时期，当是有益于人民，故另外称之为富民渠。富民渠，《北史》卷七四《郭衍传》称为富人渠，这是因为唐时讳“民”，故改“民”为“人”。《长安志》卷一二《长安》永通渠条正是作富民渠。按《隋书》卷一《高祖纪上》，开皇二年开渠引杜阳水于三畤原。这是隋代开渠的第一声。开皇二年所开的渠，规模太小，大概是用来作灌溉的，与运道无关。

附图十九

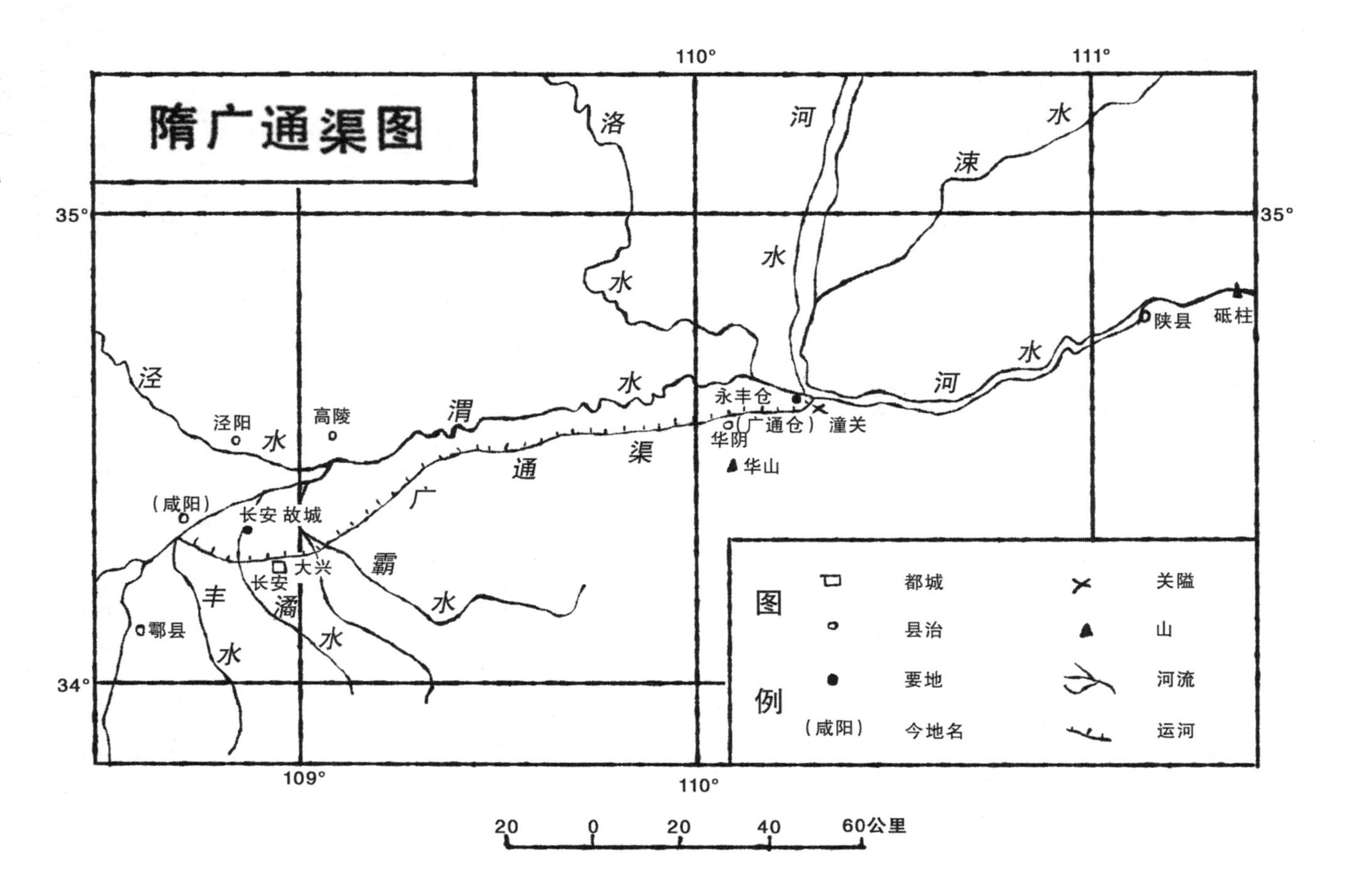

隋广通渠图
110°
111°
35°
34°
109°
洛水
河水
涑水
泾水
渭水
广通渠
霸水
浐水
丰水
泾阳
高陵
（咸阳）
长安故城
大兴
长安
鄠县
永丰仓
（广通仓）
华阴
华山
潼关
陕县
砥柱
图例
都城
县治
要地
（咸阳）今地名
关隘
山
河流
运河
20
0
20
40
60公里

## 山阳渎

隋文帝在开凿广通渠之外，还开凿过山阳渎。开凿山阳渎是为伐陈做的准备，所以开皇七年（公元587年）兴役，八年就大举出师[1]。山阳渎由今江苏淮安县东，向南直达长江，大体循着邗沟的故道。邗沟入淮本是在末口，大概末口在这时已经湮塞[2]，文帝不得不另外开一个水口。这次开凿的时期至为短促，实际的工程并不如预期的那样圆满。这本是因为伐陈而开凿的，可是伐陈之役并未能充分利用，南征的舟师一部分绕道东海，并非完全出于邗沟[3]。到后来，还是经炀帝另外开凿了一次。

## 隋炀帝所开的运河

炀帝自己所开的运河有四条，即通济渠、永济渠、邗沟和江南运河。邗沟虽是因吴王夫差的故绩，而施工之大，也和开一条新河差不多。这四条运河可以归入两个系统。通济渠下接邗沟，邗沟下接江南运河，这构成一个系统。永济渠则是单独通到涿郡（隋时涿郡治蓟县，今北京市），自成一个系统。前者是通到长江三角洲和太湖流域，后者则是纵贯太行山东的平原。

---

1 《隋书》卷一《高祖纪上》："开皇七年，于扬州开山阳渎，以通漕运。"按：《隋书》卷三一《地理志下》，扬州即江都郡，辖江都（今江苏扬州市）、山阳（今江苏淮安县）等县。山阳渎即在江都和山阳两县间。

2 东汉时陈敏在邗沟北端另凿新道，大概从那时起，末口就不大通行，而渐就淤塞。陈敏事见前。

3 《隋书》卷二《高祖纪下》载伐陈之役，东西八路并出，其中晋王广出六合，襄邑公贺若弼出吴州，落丛公燕荣出东海。这三路是靠东边的。吴州即扬州，贺若弼自然是由邗沟南下的。晋王广所出六合，为今江苏六合县，晋王广当是渡淮后由陆道进军的。至于燕荣一路，则是绕道海上了。

开凿这几条运河，有经济的目的，也有政治和军事的目的。东晋南朝虽偏安一方，长江流域的经济却逐渐得到发展，尤其是长江三角洲及太湖流域更显得富庶。所谓“地广野丰，民勤本业，一岁或稔，则数郡忘饥”[1]，正是确实的论证。而扬部（扬州，治建康，今江苏省南京）更有全吴之沃，当地的鱼盐杞梓之利，充仞八方，丝绵布帛之饶，覆衣天下[2]，尤为其他各地所不及。远在北魏时，就已于“南垂立至市，以致南货”[3]。所谓南货，长江三角洲和太湖流域应是其重要来源地。邗沟的南端就至于江都郡（治所在今江苏扬州市），而江南运河更环绕着太湖流域的大部分，所以开河的原因是相当明显的。北齐虽局蹐于黄河下游，太行山东却相当富饶。北齐于其所辖境内各州沿河津渡处皆置官仓，以储粮米，丰收的年代，一斛谷贱至九钱。而包括幽州（治所在今北京市）在内的沿海各郡，煮盐业更有长足的发展，所得收入可以周赡当时军国之用[4]。其经济虽不逮长江三角洲及太湖流域，然隋初漕粮的取给，太行山东实是一个重要地区[5]。永济渠的兴修就是为了适应这样的经济基础。太行山东本为高齐的旧土，长江三角洲及太湖流域又是陈氏的故国，齐陈虽已先后灭亡，隋王朝却仍时时注意消泯其间的隐患。当时对于山东人是另有戒心的。就在炀帝时，还有人上书说“今朝廷之内多山东人”，而这些山东人都是“自作门户，更相剡荐，附下罔上，共为朋党”[6]。这里所说的山东乃是指崤山以东，与现在的山东含义不同。崤山以东也就是包括齐、陈两朝的故地。对于朝中臣子还有这样的顾虑，对于齐、陈的故地就更是未能释怀的。运河的兴起，分别通到齐、陈的故地，也不是偶然的。永济渠的兴修还应与伐高丽有关，因为当时已经决定征讨高丽，开凿了永济渠正好便于东征军事的运输。当然，在这几条

1 《宋书》卷五四《孔季恭等传》。
2 《宋书》卷五四《孔季恭等传》。
3 《魏书》卷一一〇《食货志》。
4 《隋书》卷二四《食货志》。
5 《隋书》卷二四《食货志》。
6 《旧唐书》卷七五《韦云起传》。

运河中，通济渠和邗沟更易引起炀帝的注意力。长江三角洲和太湖流域既已成为富庶的地区，而扬州更是当时极为繁荣的城市。这样的富庶地区和繁荣城市促使炀帝早日开凿有关的运河，并亲自前往游赏。炀帝大业元年（公元605年）四月动工开凿通济渠，同时又派人往江南采木造龙舟、凤艒、黄龙、赤舰、楼船等达数万艘。同年八月，他就御龙舟去幸游江都了[1]。

## 通济渠

隋炀帝所开的运河中，以通济渠为最早。他即位的第一年即动工开凿，当年通航。炀帝初即帝位，就建洛阳为东都[2]，所以通济渠的发轫地就在洛阳。通济渠由洛阳西苑引谷、洛水入河，这大概是循着东汉张纯所开的阳渠的故道。通济渠入河之后，又由板渚（今河南荥阳县西北，旧汜水县东北黄河南岸）分河东南行，逶迤入淮[3]。通济渠在唐宋两代通称为汴渠或汴河[4]，其实和东汉以后的汴渠完全不同。东汉以后的汴渠就是古代鸿沟系统中的汳水和获水，那是由现在的开封附近分鸿沟总渠东南流至徐州市北入于当时的泗水。隋代的通济渠则是南入淮水，本是不相混淆的。通济渠到唐宋时期称为汴渠或汴河，都为当时交通的命脉，所以一些舆地著作，多所记载。《元和郡县图志》于河南府河阴县（今河南荥阳县北），郑州原武（今河南原阳县西），汴州开封（今河南开封市）、雍丘（今河南杞县），宋州宋城县（今河南商丘县），宿州符离县（今安徽宿县），泗州虹县（今安徽泗

1 《隋书》卷三《炀帝纪上》。

2 《隋书》卷三《炀帝纪上》。

3 《隋书》卷三《炀帝纪》，又卷二四《食货志》。

4 《元和郡县图志》卷五《河南府》："汴渠，在（河阴）县南二百五十步。……隋炀帝大业元年更令开导，名通济渠。"《宋史》卷九三《河渠志三 · 汴河上》："汴河，自隋大业初，疏通济渠，引黄河通淮，至唐改名广济。"然习俗仍多以汴渠相称。宋改五丈河为广济，汴渠因成通称。

县)、临淮县(今安徽盱眙县北)条皆记载有汴河。河阴县条下说:“汴渠在县南二百五十步,亦名蒗荡渠。”原武县下说:“汴渠,一名蒗荡渠,今名通济渠。”开封县下说:“隋炀帝欲幸江都,自大梁城西南凿渠,引汴水,即浪宕渠也。”雍丘县下说:“城北临汴河。”宋城县下说:“汴水经州城南。”宿州下说:“其地南临汴河,有埇桥为舳舻之会。”虹县下说:“临汴河。”临淮县下说:“西枕汴河。”《太平寰宇记》于孟州河阴县、汴州开封县、宋州宋城县、宿州符离县、泗州临淮县下,皆记载有通济渠或汴河,而符离县下更明确地说:“汴河在县南一百步。”临淮县下也说,县中的吴城东临废通济渠;南重冈城,通济渠南一里;永泰湖,大业三年(公元607年)开通济渠,塞断沥水自尔成湖。更值得注意的,乃是在开封县下论述通济渠的一段话。据说,“隋大业元年,以汴水迂曲,回复稍难,自大梁城西南凿渠引汴水入,号通济渠”。后来王存在他所著的《元丰九域志》中,于孟州河阴县,开封府开封县、雍丘县、中牟县(今河南中牟县)、陈留县(今开封市陈留镇)、阳武县(今河南原阳县)、襄邑县(今河南睢县),应天府宋城县、宁陵县(今河南宁陵县)、谷熟县(今河南商丘县东南)、下邑县(今河南夏邑县),亳州永城县(今河南永城县)、酂县(今永城县西北),宿州符离县、临涣县(今安徽宿县西北临涣集)、虹县(今安徽泗县),泗州临淮县下,皆记载有汴水或汴河,而开封县下更记载有通济渠[1]。这些有关的记载,用现代地名顺序排起来,通济渠流经的地方就是荥阳、中牟、开封、杞县、睢县、宁陵、商丘、夏邑、永城、宿县、灵璧、泗县,在盱眙县北流入淮水。

就是唐代一些记行之作,对于汴河流经的地方也有相同的记载,这里可以举出李翱的《来南录》和日僧圆仁的《入唐巡法求礼行记》作为证明。据李翱所记,他由长安经洛阳东行,“遂泛汴流,通河于淮”。沿途由河阴,经汴州、陈留、雍丘、宋州、永城、埇口(当即埇桥,后设为宿州)、泗州(今安徽盱眙县西),然后下汴渠入淮[2]。据圆仁所记,他由长安经洛阳东行,到达

1 《元丰九域志》卷一《东京》。

2 李翱《李文公集》卷一八《来南录》。

汴州，于陈留县乘船沿汴河南行，途中十日，到达泗州，遂过淮到盱眙县，转往楚州。虽未详记所经过的地方，由于他到达了泗州，自当经过宋州、埇口诸地。这样的记行之作，当不会有若何讹误的。（附图二十　隋通济渠图）

这样一条运河虽已湮塞多年，残迹仍可发现。今河南永城县与安徽宿县间的公路，就修在汴河遗迹上，遗迹高出地面尚有达四五米者。我在宿县考察时，曾徜徉于这条公路之上，默度当年的形势；也曾循着汴河遗迹，乘车由这段公路到过永城，途中所见，与宿县多相仿佛。闻由宿县经灵璧、泗县至泗洪县的公路，也是利用汴河遗迹修起来的，惜未能亲往探索。不过，泗洪县至洪泽湖间尚有一段河道，即以汴河为名，谅系当年通济渠的故道。

这样说来，隋炀帝所开凿的通济渠是和东汉以迄六朝时的汴渠或汴水不同，自然也和秦汉时期的汳水有异。为什么隋炀帝开渠时不利用原来汴水的水道？其中的一个原因，正如前引《太平寰宇记》所说的，原来的“汴水迂曲，回复稍难”的缘故。而彭城附近吕梁，百步之险，也应是当时避开那条汴水故道，不加以利用的因素。

隋炀帝所开凿的这条通济渠，从唐初起，就有不同的记载。《坤元录》说：“（汴渠）亦名莨荡渠，今名通济渠，首受黄河。”接着还说：“自宋武帝北征之后，（汴渠）复皆湮塞。隋炀帝大业元年，更令开导，名通济渠。西通河洛，南达江淮。”[1]《元和郡县图志》也曾经说过：“汴渠，自宋武帝北征之后，复皆湮塞。隋炀帝大业元年更令开导，名通济渠。……又从大梁之东引汴水入于泗，达于淮。”[2]《资治通鉴》说得更为具体：“大业元年三月，发河南、淮北诸郡民前后百余万，开通济渠。……复自板渚引河，历荥泽入汴，又自大梁引汴水入泗，达于淮。”胡三省为此作注说：“引河入汴，汴入泗，盖皆故道。”[3]这些记载都道出了隋炀帝所开的通济渠，实际上就是东汉以迄六朝的汴渠，东流入泗水。这和前面所说的迥然不同。

1 《通典》卷一七七《州郡七》引。
2 《元和郡县图志》卷五《河南府》。
3 《资治通鉴》卷一八〇《隋纪四》。

附图二十

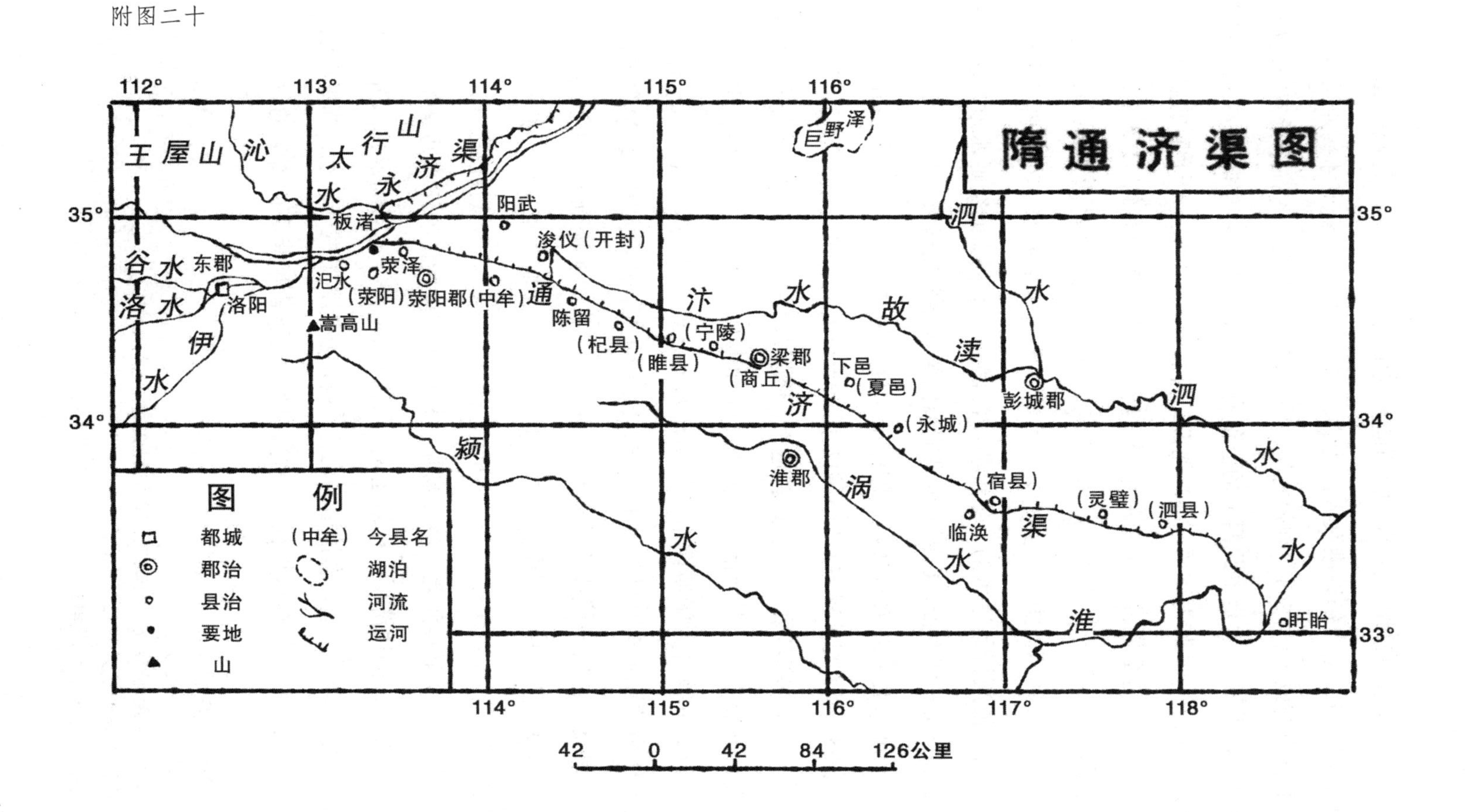

隋通济渠图
112°
113°
114°
115°
116°
117°
118°
35°
34°
33°
王屋山
沁
太行山
永济渠
水
板渚
阳武
浚仪（开封）
谷水
东郡
洛水
洛阳
伊水
汜水
荥泽
（荥阳）荥阳郡（中牟）
通
陈留
（杞县）
（睢县）
（宁陵）
嵩高山
汴水故渎
巨野泽
梁郡
（商丘）
下邑
（夏邑）
济
（永城）
泗水
彭城郡
泗水
颍水
淮郡
涡水
（宿县）
临涣
渠
（灵璧）
（泗县）
淮
盱眙
图例
都城
郡治
县治
要地
山
（中牟）今县名
湖泊
河流
运河
42 0 42 84 126公里

如何来解决这个说法不一的问题？其中之一可以说是采取调和的办法，即隋及唐初，运道仍以溯泗入汴为常，唐中叶以后，新道才畅通无阻。实际上自唐初以来，汴州、泗州之间的汴河就已畅无阻，为往来行旅的遵循，高宗时的骆宾王就是由此西上的。他有一首《早发淮口望盱眙》的诗，就是为此而作[1]。盱眙为汴河入淮的地方，自然与泗水无关。开元时的孟浩然也有一首《适越留别谯县张主簿申屠少府》的诗，诗中有句："朝乘汴河流，夕次谯县界。"[2]唐时谯县为今安徽亳县。唐时汴河不经过谯县城，故诗中只说谯县界。姑不论距谯县的远近，孟浩然则确实是乘着汴河的船只达到谯县界的。他此行是适越的，更说明汴河已是一条重要的交通水道。这里所举虽说只是一些例证，已可充分证明通济渠或汴渠和泗水无关。

不过以通济渠为东汉以来的汴渠，也不是偶然的。隋文帝在开皇七年（公元587年）曾使梁睿在唐河阴县西二十里处增筑汉古堰，遏河入汴，即所谓汴口堰，亦名梁公堰[3]。这就是为了修复东汉以来的汴渠。可能当时效果不大，炀帝才又开凿通济渠。前引《元和郡县图志》和《太平寰宇记》都说，隋炀帝曾自大梁城西南凿渠引汴水。这渠是蒗荡渠，也就是通济渠。梁睿所引的汴水这时已流入通济渠，原来的汴渠又复无水，或虽存水而已成为细流，如何还能成为船舰往来的要津？前面所提到的《坤元录》，本为《通典》所引用的著作。杜佑虽引用这部书，似并未确信。杜佑就曾经说过，徐州彭城县有候水，一名汴水，自萧县界来[4]。彭城县就是现在的徐州市，萧县在今萧县西北。显而易见，杜佑在这里所说的汴水乃是东汉的汴渠，并非隋代的通济渠。杜佑还说："汴州有通济渠，隋炀帝开，引黄河水以通江淮，兼引汴水，即浪宕渠也。"[5]由萧县流到彭城的汴水，当是东汉以来的汴渠，杜佑只是这样提了一笔，可见已非昔年能负荷漕运的运河，只

1 《全唐诗》卷七九。
2 《全唐诗》卷一五九。
3 《元和郡县图志》卷五《河南府》，又《通典》卷一七七《州郡七》。
4 《通典》卷一八〇《州郡一〇》。
5 《通典》卷一七七《州郡七》。

是一条普通的小水。至于汴州的通济渠，既兼引汴水，当然已不是原来的汴渠。这条通济渠既能通江淮，就不能再东入泗水。李吉甫虽说过隋炀帝修通济渠从大梁之东引汴水入于泗，达于淮。但他还曾说过："自隋氏凿汴以来，彭城南控埇桥，以扼汴路，故其镇尤重。"[1]彭城虽濒于泗水，但汴路实在埇桥，而埇桥后来设为宿州，其地固曾辖于徐州，距徐州并非很近，流经埇桥的汴水，是不可能再折而北流，在彭城入于泗水的。再证以《元和郡县图志》记载的沿通济渠的州县，显然可见李吉甫所说的入泗达淮的话是错误的。司马光撰《资治通鉴》，关于隋唐时事，自据唐人的史料。唐人的记载如此，宜其未能与实际相符合。或者以为司马光所记载的乃隋时开渠旧事，后来到唐代有所改作，故前后不尽相同。唐初撰五代史事，魏徵领衔撰述《隋书》，于《炀帝纪》中已经明确记载通济渠的开凿，是"自板渚引河通于淮"，并未说"引汴水入泗"。唐初修史时上距炀帝开河不过二三十年，而通济渠的作用已极其显著，执笔修史者耳闻目睹，当不至过于谬误。如隋时通济渠与唐代汴河流经的地区不同，何时改弦更张，亦是疑问。唐代初年未闻有此改动。玄宗开元十八年（公元730年），裴耀卿陈漕运便宜，谓江南送租庸调物，以岁二月至扬州入斗门，四月以后始渡淮入汴[2]。裴耀卿只说渡淮入汴，并未提及泗水，可知汴河与泗水无关。

作调和之论者谓汴、泗两州之间的汴渠至唐中叶之后始畅通无阻。唐中叶以后，王朝之力已弱，藩镇又复跋扈难制。如何能兴此开河大工，何时又能兴此大工，言近无稽，似难取信。其实在唐中叶以后，也还有有关汴河入泗的记载。代宗初期，刘晏曾致书元载论漕运事。他说："浮于淮、泗，达于汴，入于河，西循底柱、硖石、少华，楚帆、越客直抵建章、长乐，此安社稷之奇策也。"[3]中叶以后，汴、泗两州间的汴河既已畅通无阻，则所谓"浮于淮、泗，达于汴，入于河"之说，亦只能一种泛泛的说法，

1 《元和郡县图志》卷九《徐州》。

2 《新唐书》卷五三《食货志》。

3 《旧唐书》卷一二三《刘晏传》。

无裨于考核的。

这里还应略一追溯通济渠的原委。其间也还有一些与东汉以来汴渠分合的关系。东汉以来的汴渠是在石门分河的，而通济渠则是从板渚分河的。石门在广武山北，板渚则更在上游。现在黄河已南徙到广武山北麓，甚至广武山北坡也多为河水所侧蚀。隋唐时期，黄河距广武山麓尚远，其间还设置一个河阴县。故通济渠由板渚分河后，可以循广武山北麓东流，不与东汉汴渠相混淆。广武山是一条东西走向的山，通济渠就只能由其北麓东流，别无他途可行。唐时汴渠的渠口已向下移，由河阴县南二百五十步处东流[1]。这是说流经河阴县城下，能够距河阴县城这样近，正是由于渠口的东移。实际上，当时又利用了东汉的石门，不过这时石门早已没有了。隋唐的通济渠和汴河的渠口虽有所变更，但到广武山东仍都相合起来，大致和东汉以来的汴渠相仿佛。通济渠和东汉以来的汴渠虽有这样一段大致仿佛的河道，由于所起的作用不同，迟早总是分开的。在什么地方分开，说者各有不同。最为合理的说法是在开封县。前引《元和郡县图志》和《太平寰宇记》都曾指出：隋大业年间，自大梁城西南，凿渠引汴水入，号曰通济渠。杜佑的《通典》也有相似的说法。这些记载都以通济渠与汴水对言，显然可见，所说的汴水乃是指东汉以迄六朝的汴水，与通济渠不同。通济渠引用汴水，但渠道却和汴水不同。有人认为隋通济渠和东汉以来的汴渠分流处在雍丘县西[2]。这是不符合当时的事实的。《元和郡县图志》于汴州雍丘县说："雍丘故城，今县城是也。……城北临汴河。"这里所说的汴河自然是唐代的汴河，也就是隋通济渠。东汉以来的汴渠于《水经注》为汳水。检《水经·汳水注》，汳水诚然经过雍丘县故城北，雍丘县故城之北却还有一条睢水[3]。显然汳水不是从雍丘县故城城下流过的。东汉以来的汴渠和通济渠或汴河在雍丘县的距离如此之远，中间还隔着一条睢水，就难于得出通

1 《元和郡县图志》卷五《河南府》。

2 日本青山定男《唐宋汴河考》（译文见《水利月刊》第七卷第四期）。

3 《水经 · 睢水注》。

济渠或汴河是由东汉以来的汴渠分出的论据。这里既然又引出了一条睢水，因而也应该略一论证睢水和通济渠或汴河的关系。通济渠或汴河由雍丘县东南流，经过襄邑、宁陵、宋城、谷熟（今河南商丘县东南谷熟镇）诸县。《元丰九域志》于此诸县下注有汴河或汴水可作证明，这是在前面已经提到过的。《元丰九域志》于襄邑、宁陵、宋城三县下又皆注有睢水，《元和郡县图志》于此三县也同样注有睢水。东汉以来的汴渠即汳水，更在睢水之北，这说明通济渠或汴河不仅不是东汉以来的汴渠，抑且不是睢水。又有人认为通济渠由汴州以东的陈留县睢水故道，流经雍丘、襄邑、宁陵、宋城、谷熟诸县，再北迳相县故城和萧县城南，而至彭城入泗。其另一支由谷熟南流，就是蕲水，入于淮水[1]。证以《元和郡县图志》，则睢水当时仍畅流无阻；复证以《元丰九域志》，则唐宋汴河并未夺去睢水故道，而且《元和郡县图志》和《太平寰宇记》于宋城县下皆以睢水、汴河和东汉以来的汴渠并列，这三者的关系是十分明显的。这显示着汴河既未夺睢水河道，又未受东汉以来汴渠的影响，因此汴河不可能随睢水或东汉以来的汴渠，流向徐州，与泗水相会合。又据《元丰九域志》所载，则亳州酂县（今河南永城县西北酂城镇）和宿州符离县下皆有睢水，又有汴河，是睢水和汴河始终未合为一水。不过这里还须稍有一点说明：据《太平寰宇记》所载，宋州宋城县的睢水，在县南五里，宋王旦《王文正公笔录》，则谓宋城南抵汴渠五里。两书皆出宋人之手，对此将如何解释？是否睢水的河道已为汴河所占有？就前面所征引的《元和郡县图志》和《元丰九域志》看来，两书所记载的睢水河段是相当繁多的，而且有些地方是睢水和汴河同载，恐怕不能就说两书所载均属讹误。

前面曾说过，有人认为汴河由宋城分支，其南一支为蕲水。蕲水为淮水支流。《水经·淮水注》说："蕲水首受睢水于谷熟城东北，东迳建城县故城（今河南永城县东南）北，又东南迳蕲县（今安徽宿县南蕲县集），又东

1 阎文儒《隋唐汴河考》（见《辽海引年集》）。

入夏丘县（今安徽泗县），迳夏丘县故城北，又东南迳潼县（今泗县东北）南，又东流入徐县（今江苏泗洪县南），又东迳大徐县故城南，又东注于淮。”这样的流程颇近似唐宋汴河。然《元和郡县图志》及《元丰九域志》宿州蕲县下皆有蕲水，而蕲县却又非汴河流经之地，是蕲水亦如睢水一样，未为汴河所夺去。今河南东部和安徽北部，河流繁多，有些彼此相距并非过远，似不宜强相比附，而有所混淆。

## 邗　沟

炀帝开凿通济渠的目的，是想把东南富庶之区和国都连接起来。当时东南富庶之区是长江下游的三角洲。通济渠仅止于淮水，并没有达到当时的富庶之区。淮水和大江之间，固然有一条邗沟，只是邗沟这时已经屡次改道，河身也淤浅狭窄，不能航行大船。开皇时，文帝所经营的仅是由淮水进入邗沟的水口，并非邗沟的全体，所以炀帝在通济渠开凿成功之后，立刻又整理邗沟故道。

吴王夫差所开凿的邗沟，曾经绕道东北，经过射阳湖中。东汉时，陈敏整理过一次，新道不再经过射阳湖，改由樊梁湖往北，经津湖、白马湖，与原来经过射阳湖北上的故道相合。即由末口进入到淮水，距离较前近了许多。后来到东晋时才又有新的改进。东晋时的整治有两次，一次在穆帝永和（公元 345 年—356 年）中，一次在哀帝兴宁（公元 363 年—365 年）中。永和中改建了邗沟的南端。当时江水进入邗沟的水口遇到阻塞，江水难以引入，于是就由其西南的欧阳埭引水。欧阳埭在现在江苏仪征县境，引水口距广陵城六十里。兴宁中改建的是邗沟的北段。前面说过，东汉时陈敏因绕道射阳湖过远，改由津湖北上。可是津湖中也多风波，兴宁中就由湖的南口沿湖的东岸另开新河，绕过湖水，直至湖的北口，这样就可免去湖上风波之险。这些变化的情形，郦道元在《水经·淮水注》中都有详细的记载。不过郦道元把一些事情颠倒了，因而不免引起些错误。本来引欧阳埭附近的江水是东晋穆帝永和年间的事，东汉顺帝永和年间还有陈敏开河事。这两宗施工的年代虽然都是永和年间，却是分属汉晋两朝，前后相距很远，郦道元因为论述邗沟，所以一并提及，而且混为一谈，这就互相参差，多生枝节。自东晋永和、兴宁以后，邗沟一直未受到阻塞。东晋末年（安帝义熙五年，公元 409 年），刘裕伐南燕，就是以舟师发京师（即建康，今南京市），溯淮入泗[1]。所行的就是邗沟的水路。后来伐后秦时（义熙十二年，公元 416 年），旧史虽未备载其由建康至徐州（今江苏徐州市）的道路，然以王仲德督前锋诸军，先以水师入河[2]，是刘裕亦当随水师前进，都督水师自不能舍邗沟一途。陈宣帝太建九年（公元 577 年），吴明彻乘北周灭齐的机会，引兵北伐，也是由邗沟一途出兵。吴明彻北伐时，主持南北兖、南北青、谯五州诸军事，领南兖州刺史。进军北伐后，其子惠觉摄行州事。可知其出兵当由南兖州始。南兖州治广陵，即今江苏扬州市。由南兖州出兵，就不能不由邗沟一途。迨其由徐州归来，周将王轨遏断淮口船路，吴明彻南归不得，战败被俘[3]。遏断淮口，正说明吴明彻不能重入邗沟的缘故。由陈至隋，历年未久，邗沟可能有局部阻塞，全流仍当如故。尤其是到隋炀帝时，邗沟南北差不多已经端直了。

炀帝整理过的邗沟，是北起山阳（今江苏淮安县），南至扬子（今江苏仪征县东南），较之吴王夫差的遗迹，又要偏西一点；河身经过屡次改道，也比从前直一点，不像吴王夫差的时候绕道到射阳湖中了。据唐时记载，这条水道“顺流自淮阴（今江苏清江市西南）至邵伯（今江苏扬州市北）三百有五十里，逆流自邵伯至江九十里”[4]。（附图二十一　隋邗沟及江南运河图）

1 《宋书》卷一《武帝纪上》。

2 《宋书》卷二《武帝纪中》，《资治通鉴》卷一一七《晋纪三九》。

3 《陈书》卷九《吴明彻传》。

4 李翱《李文公集》卷一八《来南录》。

附图二十一

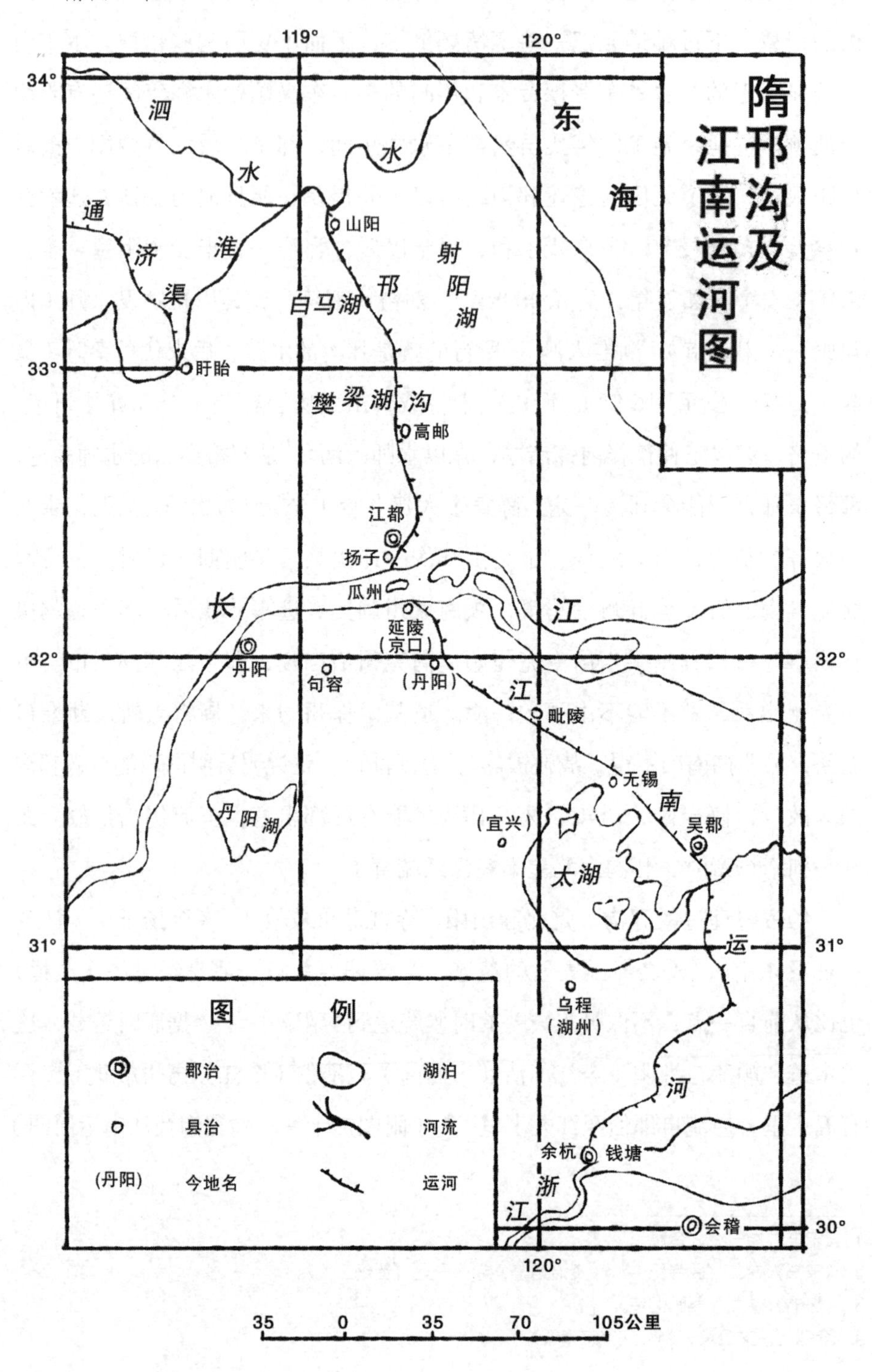
隋邗沟及江南运河图
119°
120°
34°
33°
32°
31°
30°
泗
水
水
东
海
通
济
渠
淮
山阳
射
阳
湖
邗
白马湖
盱眙
樊梁湖
沟
高邮
江都
扬子
瓜州
长
江
延陵
（京口）
丹阳
句容
（丹阳）
江
毗陵
无锡
南
吴郡
（宜兴）
丹阳湖
太湖
运
乌程
（湖州）
河
余杭
钱塘
浙
江
会稽
图例
郡治
县治
（丹阳）
今地名
湖泊
河流
运河
35
0
35
70
105公里

## 江南运河

至于江南运河的开凿，乃是通济渠和邗沟告成后五年的事[1]。这条江南运河自京口（今江苏镇江市）绕太湖之东，直至余杭，全长共计八百里，唐代李翱由长安经洛阳前往广州时，曾绕道此途。据他所记，则自扬州渡江后，首至润州。润州所治，即以前的京口，为江南运河起始地。再历常州（今常州市）、苏州（今苏州市），济松江，而至于杭州（今杭州市）[2]。据北宋时的记载，润州丹阳（今县），常州武进、晋陵（同为常州治所）、无锡（今县），苏州长洲（苏州治所）、常熟、吴江（皆今县），秀州（治所在今浙江嘉兴县）、崇德（今浙江桐乡县南），皆为江南运河所经过的地方[3]。这些地方正是太湖附近的江南富庶之区。这条运河也和广通渠、通济渠、邗沟一样，都是利用或者遵循旧日渠道的故迹，加工开凿的，并非隋代所始创。大江以南，太湖附近，自古即为湖泊纵横、水道杂错的一片沼泽地带，把这些湖泊水道沟通整理起来，以便利交通和运输，也是一宗合乎自然的事情。

其实，自魏晋以来，也曾经不断有人在设法利用江南太湖附近的沼泽湖泊开通水道，便利交通。前面说过，孙吴之时，陈勋曾凿句容中道，通会市，作邸阁。句容有破冈渎，陈勋所凿当在其地。六朝时，这条水道一直是建康通往太湖附近的运河。这条运河能够通到吴郡会稽，自当不限于句容一地。南齐时，丹徒（今江苏镇江市）也有水道，可通吴郡[4]。这条丹徒县的水道是不是和陈勋所开句容中道有关，难以肯定。但可以断定，这就是隋炀帝所开凿的江南运河的前身。梁时，吴兴郡以水灾失收，有人上言

1 《资治通鉴》卷一八一《隋纪五》。
2 李翱《李文公集》卷一八《来南录》。
3 《元丰九域志》卷五《两浙路》。
4 《南齐书》卷一四《州郡志上》。

开漕沟渠，导泄震泽。当时曾发吴郡（治所在今江苏苏州市）、吴兴（治所在今浙江湖州市）、义兴（治所在今江苏宜兴县）三郡民丁就役[1]。这次所开凿的是在后来隋江南运河的左近，或者就是通吴会的水道或其支津。这些地方有这样多的旧时开凿的水道，隋炀帝时开凿运河是不会不加以利用的。炀帝开凿江南运河是大业六年的事，上距通济渠和邗沟的开通已五年，以炀帝那样性急的人，如何会过了五年才把这整个的一条运河系统打通？或者炀帝把邗沟开凿成功以后，江南残存的人工水道还可以通航，姑且将就一时，等到炀帝要登会稽，这些水道中不能通行大船，所以才另外施工开凿。虽然如此，这些残存的人工水道，炀帝即令不至于全部加以利用，采取其中的一部分来作为新河的基础，是很可能的事情。

## 永济渠

永济渠的开凿在大业四年（公元608年）[2]。这条运河南引沁水入河，北通于涿郡。其中较南的一段，还是利用曹操所开凿的白沟的遗迹[3]。因为这时白沟还没有湮塞[4]。不过再往北去的利漕、平虏、泉州诸渠，却好久无人提起。太行山以东的平原中，水道常常会泛滥改流，说不定利漕诸渠就因此而不通了。白沟本由枋头遏淇水北流，隋炀帝不由枋头故道疏浚，却改引沁水入河，这大概是因为枋头太偏于东边，由洛阳前往有点不大方便。沁

1 《梁书》卷八《昭明太子传》。

2 《隋书》卷三《炀帝纪上》。

3 《元和郡县图志》卷一六《魏州》："馆陶县白沟水，本名白渠，隋炀帝导为永济渠，亦名御河。"又卷一六《相州》："内黄县永济渠，本名白渠，隋炀帝导为永济渠，一名御河。"这可见永济渠中有一段就是利用白沟的故道。

4 《隋书》卷二四《食货志》说："开皇三年，朝廷以京师仓廪尚虚，议为水旱之备，于是诏于蒲、陕、虢、熊、伊、洛、郑、怀、邵、卫、汴、许、汝等水次十三州置募运米丁，又于卫州置黎阳仓。"卫州在今河南淇县，所以在此地置仓，就是因为濒于白沟。

水原不与淇水相通，炀帝所施工的就是沟通沁、淇二水，二水直通的地方约当今武陟县北[1]。运河循沁水入淇水。淇水北流经今河南内黄、山东馆陶、河北临西（隋临清县）、清河和山东德州（隋长河县）诸县市，一直流到现在的天津市入海。永济渠实际上就是循淇水而北[2]，只是到了今河北静海县独流镇，却折而西北行，于今永清县北合桑干水（今永定河即循桑乾水），而上，再西北达于当时涿郡治所蓟县城南[3]。（附图二十二　隋永济渠图）

## 丰兖渠

这里顺便提到“丰兖渠”这样一条小河道。丰兖渠是控制沂、泗二水，使之改道西南流的设施。泗水发源于今山东泗水县东，沂水发源于今山东曲阜县东南。沂、泗二水本在曲阜县西南合流。到隋时由于水道的变迁，两水合流处西移到兖州城（治所在今山东兖州县）东，而且南流泛滥于大泽之中。隋文帝开皇（公元581年—600年）中，薛胄为兖州刺史，于兖州城东积石为堰，令其西注，不仅当地陂泽变为良田，而且可以通行舟楫。泗水下游本利于运输，这时兖州城也因之受益，即所谓“利尽淮海”。正是因为这样的缘故，这条渠道当时就称为“薛公丰兖渠”[4]。

1 《元史》卷一六四《郭守敬传》：“怀、孟沁河虽浇灌，犹有漏堰余水，东与丹河余水相合，引东流至武陟县北，合入御河。”这大概就是炀帝永济渠的遗迹。

2 《元和郡县图志》卷一六、一七《河北道》相、卫、贝、德诸州。

3 黄盛璋《永济渠考》（刊《新东方》创刊号）。

4 《隋书》卷五六《薛胄传》。

附图二十二

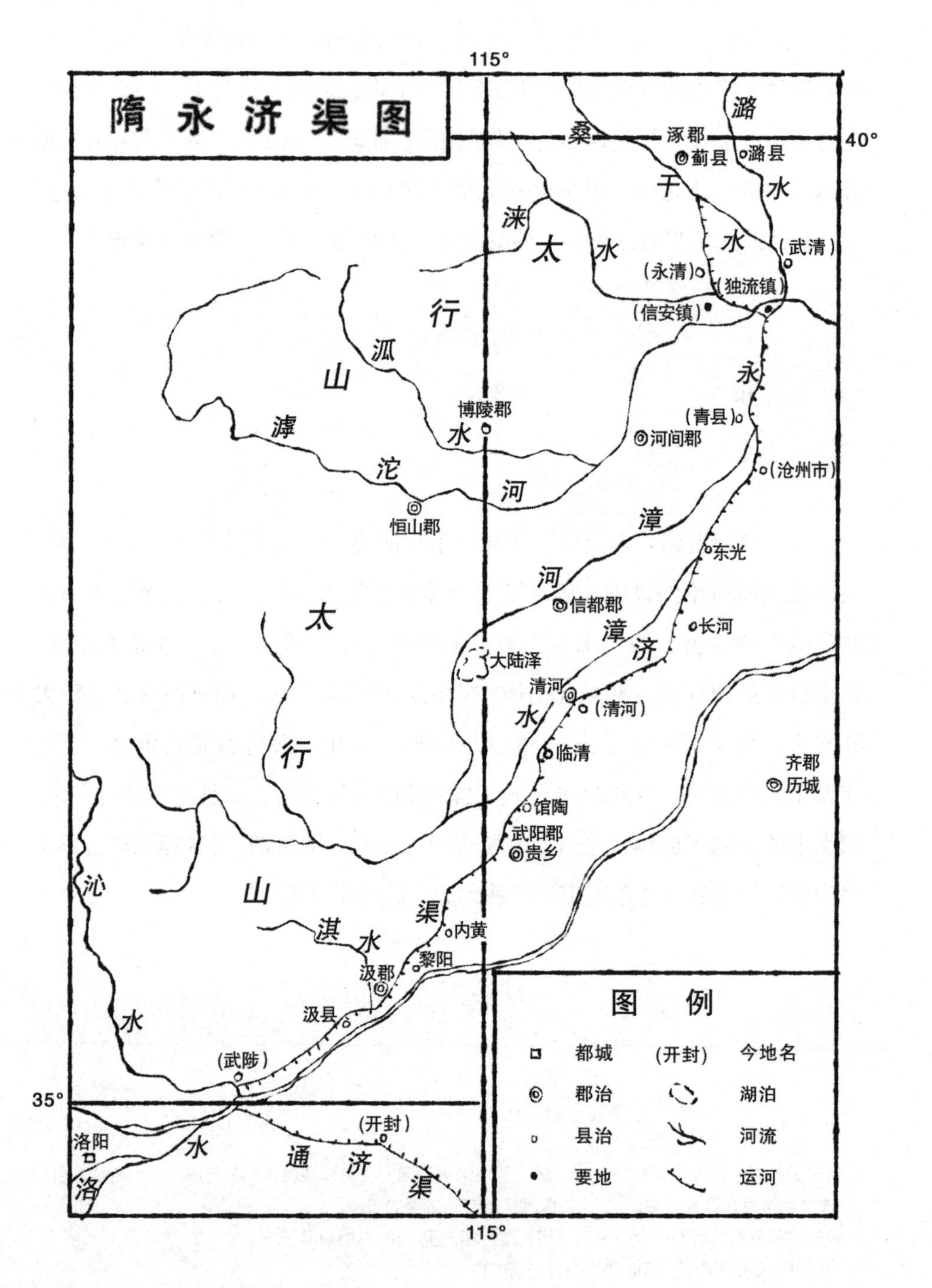
隋永济渠图
115°
40°
35°
桑
干
水
涿郡
蓟县
潞县
潞
水
涞
太
水
(武清)
(永清)
(独流镇)
(信安镇)
行
沠
山
永
博陵郡
(青县)
滹
水
河间郡
沱
河
(沧州市)
恒山郡
漳
河
东光
信都郡
太
长河
漳
济
大陆泽
清河
(清河)
水
临清
行
齐郡
历城
馆陶
武阳郡
贵乡
沁
山
渠
淇
水
内黄
黎阳
汲郡
水
汲县
(武陟)
(开封)
洛阳
水
通
济
渠
洛
图　例
都城
(开封)
今地名
郡治
湖泊
县治
河流
要地
运河

## 运河的影响

炀帝在即位的六七年之中，把国内的水道交通网整个地建立起来。这原是一宗至好的事情，不过他操之太急了，逼得民不聊生，倒反成了一宗苛政，结果身死国亡，落了一个悲伤的下场。隋亡以后，运河的利益才大为显著起来。唐初的国强民富，论其原因自然很多，但运河的功效未始不是其中的一端。直到玄宗天宝末年，安禄山反叛，运河的交通才受到影响。当时永济渠所经过的地方为藩镇所盘踞，和政府断了联系，只有通济渠、邗沟和江南运河这一个系统最为政府所重视。这一个系统的运河畅通，政府的形势就稳固起来，偶有不通，政府就手忙脚乱，感到无法应付。后来东南运输中断，唐代也就亡了。

## 长安洛阳间漕运的困难

隋炀帝开凿运河的时候，先把洛阳建为东都，这对于运河的开凿有相当意义。唐代还因袭着这种制度而没有改变。长安在经济上无论如何是要依靠关东财富之区的，最重要的交通水道是黄河和渭河。黄河砥柱之险，历代都视为畏途。郦道元的《水经注》对这险要去处有过较为详备的描述。他说："自砥柱以下，五户以上，其间百二十里，河中竦石桀出，势连襄陆，盖亦禹凿以通河，疑此阏流也。其山虽辟，尚梗湍流，激石云洄，澴波怒溢，合有十九滩，水流迅急，势同三峡，破害舟船，自古所患。"郦道元还列举了自西汉迄于西晋三次修治的情形：一次是西汉成帝鸿嘉四年（公元前 17 年），再一次是魏明帝景初二年（公元 238 年），第三次是晋武帝泰始三年（公元 267 年）。第一次是拓广砥柱的河道，所凿破的石头都掉在水中，反令水益湍怒，为害更甚。第二、三次各有五千人经常按年修治，其结果都难有若何成就。所以郦道元得出一条结论："虽世代加功，水流湍济，涛波尚屯，及其商舟是次，鲜不踟蹰难济，故有众峡诸滩之言[1]。"

隋唐两代对这个阻碍漕运的险地想尽了方法，却都没有解决的善策。一般说来，有三种办法：一种是开凿挽路，以挽漕舟。唐高宗时将作大匠杨务廉始创行此法。挽夫系二钣于胸，用绳挽舟。挽绳往往绝断，輓夫也就坠死河中。唐玄宗时，陕郡太守李齐物又在山巅为輓路，同样费力很多[2]。再一种则是在黄河滩上另开凿一条新的河道。这也是在唐玄宗时候的事，就是所谓开元新河。黄河滩也是岩石构成，开凿时，先烧石头，并用醋浇灌，才能把石头凿开；可是当时弃石于河，激水益湍怒，仍须以人挽舟而上[3]。比较妥当一点的则是改用陆运，隋初就已开始实行。当时是由小平（今河南孟津县西北）起运，直到陕县（今河南陕县）再改用河运[4]。唐初规定江淮漕租米运到洛阳含嘉仓，再转陆运，运至陕县。这段陆运是要经过崤函山路的，崤函山路途长艰险，不易为力，唐玄宗时在三门峡东置集津仓，三门峡西置盐仓，从关东运来的漕粮卸入集津仓，陆运至盐仓，再转水运。这种办法到安史乱后，还曾恢复过一次，历时都不很长久[5]。陆运虽无船只倾覆的危险，但用力多，费用大，到头来还得改用水运。

砥柱以西，河运终结，在广通渠凿成以前就需要由渭水上运。渭水的水浅多沙，更是使漕舟缓滞的一个重要原因。隋文帝虽开凿一条新的渠道，还需要常常疏浚，不然就又淤塞起来。隋代广通渠初凿成，不至于多加疏浚。唐代的疏浚几乎成了经常的事情。最重要的是天宝时韦坚疏浚的一次。史称："坚治汉、隋渭渠，起关门，抵长安，通山东租赋。乃绝灞、浐，并渭而东，至永丰仓与渭合。又于长乐坡（在今西安市东郊，坡下就是浐河）

1 《水经·河水注》。

2 《新唐书》卷五三《食货志三》。

3 《新唐书》卷五三《食货志三》。

4 《隋书》卷二四《食货志》。

5 《新唐书》卷五三《食货志三》。

濒苑墙凿潭于望春楼下，以聚漕舟。”[1]以后广通渠淤塞，就仍用渭河的水运，甚至还用车运。

《新唐书·食货志》有这么一段记载：“（文宗）大和（公元827年—835年）初，岁旱河涸，掊沙而进，米多耗，抵死者甚众，不待覆奏。秦汉时故漕兴成堰，东达永丰仓，咸阳令韩辽请疏之。自咸阳抵潼关三百里，可以罢车挽之劳。宰相李固言以为非时。文宗曰：苟利于人，阴阳拘忌，非朕所顾也。议遂决。堰成，罢挽车之牛以供农耕，关中赖其利。”这次所疏浚的就是广通渠，所谓兴成堰乃在咸阳西十八里之地[2]，盖即广通渠承受渭水的水口之地。自隋开皇时开广通渠后，到天宝时韦坚疏浚止，前后大约有一百五十年光景。由天宝到大和，前后才八九十年光景。由此可见渭渠堙塞是相当快的。三百里的工程虽然不算特别艰巨，也实在使执政者感到烦恼了。

就在隋文帝开凿广通渠以前，关中如果遭到荒歉，皇帝就难于在长安安居下去。比如开皇四年，广通渠的开凿虽已竣工，可能新渠初成，粮运尚难骤至，恰遇关中饥馑，隋文帝只好驾幸洛阳就食[3]。就是广通渠畅通之后，这种情况也并不希见，因为关中的气候大体是旱多潦少，荒歉是免不了的。炀帝把洛阳建为东都，就是为了避免这种困难。到了唐初，关中遇到歉收，皇帝就来到东都就食，已成了当时一个常例。这里姑举唐高宗和中宗时的一二事以见他们恓恓惶惶为就食而受的困苦。高宗永淳元年（公元682年）那一次，因为关中饥馑，米每斗三百钱，皇帝只好去东都就食。由于仓促出行，扈从的人马有的就饿死在途中。高宗恐怕沿途饥民多，道路不太平安，就特派监察御史魏元忠在车驾前后护卫[4]。这样的艰难奔波，所谓皇帝的威严就无从提起。中宗景龙三年（公元709年）关中又发生饥馑，

1 《新唐书》卷五三《食货志三》。
2 《旧唐书》卷一七二《李石传》。
3 《隋书》卷一《高祖纪上》。
4 《资治通鉴》卷二〇三《唐纪一九》。

斗米百钱。按说比永淳年间还好一点，为了运输山东江淮的粮食，挽车的牛十之八九都死掉了。这时朝中群臣多请车驾复幸东都。中宗发了脾气，说是“岂有逐粮天子耶！”用现代的话说来，就是“那有讨饭吃的皇帝！”群臣看到皇帝发了脾气，只好停止[1]。这样老远地去到洛阳就食，真和逃荒差不多了。

就在这时，有人建议开凿丹水上游水道，使船只通到商州（治所在今陕西商县），再由商州镵削秦岭山路，由石门（在今陕西蓝田县西南四十里）出山，北至蓝田（今蓝田县），可通挽道[2]。这条道路如果开通，可由山南运输漕粮，避免黄河中砥柱的危险。这个建议和汉武帝时开凿褒斜道的用意相仿佛。当时也曾经施过工，同样没有成功。丹水本为自然水道，中下游是可以通航运输的。这时所治理的只是上游的一段，并未在当地另开新的河道，不能说是运河。当时由长安至商州和山南的大路，经过蓝田县；石门僻处蓝田县西南四十里，循山开路，为工不易。这位建议的人为什么要绕行这样远的路程？未见具体说明。石门有水出山，可能是要利用这条水道。石门的水就是石门谷水[3]，也就是现在的汤峪河。这一条水在唐初曾经引入京城[4]，可能是供城中的用水，并未见作过运输，这自然是不能开成运河以胜任舟楫的。

唐时长安虽感到漕粮运输不易，除过武后一朝长居洛阳外，一直作为都城。当时西北方面，一些游牧民族还有强大势力，虽然一时尚能受到唐朝的控制，难免存有隐患，所以皇帝虽然常常逃荒，倒还以国家的基础为重，而没有真的将国都迁到关东去。唐代以后，西北的情形依然严重，而运输的艰难，却使国都东迁了。这种东迁的原因，说得严重一点，似乎可以说是砥柱和渭水造成的。

---

1 《资治通鉴》卷二〇七《唐纪二五》。

2 《旧唐书》卷七四《崔湜传》，《新唐书》卷九九《崔湜传》。

3 宋敏求《长安志》卷一六《蓝田》。

4 《册府元龟》卷四九七《河渠二》。

## 扬 州

由通济渠通往东南的运河，为当时国内交通的主要干线。这不仅是因为它贯通东南财富之区，并且还是扬、益、湘南、交、广、闽中等地至长安之通衢[1]。质言之，这一个系统的运河是长江以南各地和中原间唯一的水道交通枢纽。远赴岭南者，固须由此道。上文曾提到李翱，他于元和四年（公元809年）赴岭南，就是走的这条道路[2]。即欲往西蜀者，也不直接越过秦岭和巴山，历栈道之险，而多假是途。唐末，韦庄避乱入蜀，就是绕道这几条运河。其所著《秦妇吟》一诗，即描写乱离之时，秦中一位妇人前往巴蜀，在这条路上旅行所历的艰苦情况[3]。除非这条水道不通，始勉强由其他道路前进。白居易于穆宗长庆二年（公元822年）赴杭州刺史之任，以运河水道不通，改由襄汉路前往。《白氏长庆集·杭州刺史谢上表文》中说："属汴路未通，取襄汉路赴任。"其一种迫不得已而改道的情形，溢于言表。这条水道的交通如此发达，沿岸的经济都会自然会同时兴起。那时的第一个经济都会是扬州（今江苏省扬州市）。扬州的繁荣相当早，远自吴王夫差开邗沟时起，邗城就是居于由大江入邗沟的水口。邗城就是后来的扬州。邗沟的通塞，常影响到扬州的盛衰。隋炀帝开凿运河的时候，扬州已经发展为南方最重要的经济都会。炀帝几次南巡，结果死在扬州，也无非是贪图了扬州的繁荣。运河开通后，扬州的情形更是蒸蒸日上，当时人说"扬一益二"[4]，就是指扬州为全国的第一个经济都会，而益州（今四川成都市）则居其次。唐代诗人都喜欢歌颂扬州，把扬州说得真像天堂一样。有时候是不免说得太过火了一点，不过也可以看出扬州的繁荣情

---

1 《元和郡县图志》卷五《河南府》："汴渠……自扬、益、湘南至交、广、闽中等州，公家运漕，私行商旅，舳舻相继，隋氏作之虽劳，后代实受其利焉。"

2 李翱《李文公集》卷一八《来南录》。

3 陈寅恪《读〈秦妇吟〉》（刊《清华学报》第十一卷第四期）。

4 《资治通鉴》卷二五九《唐纪七五》昭宗景福元年四月丁酉条，《容斋随笔》卷九《唐扬州之盛》。

形。扬州在当时不仅是国内的第一个经济都会，就是在对外贸易上也占着一个重要的地位。肃宗上元元年（公元760年），平卢节度使田神功自淄青（治所在今山东东平县）济淮入扬州，大掠居民赀产，发屋剔窌，杀商胡波斯数千人[1]。商胡波斯人居住扬州的有这么多，这就恰好显示出扬州对外贸易的发达了。若是拿战国秦汉时期来比较，扬州的位置正和陶一样。不过陶仅是国内的经济中心，而扬州除过为国内最繁荣的都会外，还是对外贸易的口岸。若和现在的情形来比较，那时的扬州就和上海一样。

## 汴 州

和扬州居于相反的方向的，则是相当于现今河南开封市的汴州。扬州居于邗沟的南口，而汴州却居于通济渠的北口。这一南一北的两个城市，正扼着这条运河的两端。汴州繁荣的情形虽然不能和扬州相比拟，也算是中原的一个经济都会。不过当通济渠初开通时，并未显示出来。汴州的设置虽始于北周宣帝时，隋炀帝大业二年（公元606年）却被废省，以开封、浚仪两县属郑州[2]。大业二年，通济渠已经通航。通航以后，汴州还被废省，可见当时尚未居于重要地位。郑州，隋时亦称荥阳郡，其东为治于宋城（今河南商丘县）的梁郡。《隋书·地理志》论这两郡的风俗，谓皆“好尚稻穑，重于礼义”，看来还未受到通济渠的影响。到了唐代，情势就有了很大的变化，尤其是唐中叶以后更是显著。这时汴州所在的大梁，已是“当天下之要，总舟车之繁，控河朔之咽喉，通淮湖之运漕”[3]。这种情势，在藩镇势力强大时，更显得突出。当汴州将士逐其节度使刘士宁

1 《旧唐书》卷一二四《田神功传》。

2 《元和郡县图志》卷七《汴州》。

3 《全唐文》卷七四〇刘宽夫《汴州纠曹厅壁记》。

时，陆贽在朝中议论此事，就说“梁宋之间，地当要害，镇压齐鲁，控引江淮”[1]，未可予以忽视。后来汴州将士思刘士宁父刘玄佐的遗惠，请其故吏也就是他的外甥韩弘为节度使，唐朝允诺这样的请求，在所颁布的诏令中说：“梁宋之地，水陆要冲，运路咽喉，王室屏藩”[2]，就非普通州县所能比拟的了。唐亡以后，五代时期倒有四代是建都于汴州，其中的消息也就可想而知了。

## 润　州

另外一个经济都会是和扬州隔江相对的润州。润州是南北朝时期的京口，也是现今的江苏镇江市。在南北朝时期，京口已是东南的重镇，就是因为这里有一条水道可以通到江南的腹地。炀帝开凿江南运河以后，此地仍然是绾毂着运河的水口，昔日的繁荣情形自不难再度恢复。润州的建置始于隋文帝开皇十五年（公元595年），大业初却又废省，以其治所为延陵县，属扬州[3]。仿佛地位并不十分重要。核实而论，却并非如此。因为《隋书·地理志》已经指出：“京口东通吴、会，南接江、湖，西连都邑，亦一都会也。”这里所说的吴、会，自是吴郡和会稽郡。京口之南的江、湖当是太湖和浙江，这都是没有问题的。至于“西连都邑”，近于泛指了。不过东晋南朝的旧都建康所设的江宁县应是其中之一。江宁于隋时设丹扬郡。《隋书·地理志》对丹扬郡颇加称道，说“丹扬，旧京所在……市廛列肆埒于二京”。就是说，它和长安、洛阳相仿佛。丹扬郡能够继续繁荣，自是东晋南朝的流风余韵，然由于能够冯翊京口，也应是其中的一

1　陆贽《陆宣公翰苑集》卷二〇《议汴州逐刘士宁状》。

2　白居易《白氏长庆集》卷四〇《与韩弘诏》。

3　《隋书》卷三一《地理志》。

个重要原因。实际上，它与扬州隔江对峙，都是绾毂运河的要地。扬州既然繁荣，润州断不会就此萧条下去。不过扬州地处江北，大江上下以及江南各地输往长安、洛阳的货物，都以扬州为起点，这一点是润州无可比拟的。虽然如此，润州还是有举足轻重的地位的。唐代的浙江西道观察使有一个很长的时期以润州为理所[1]，就是因为润州的都会繁荣而形势险要。自六朝以来，相当于今南京市的江宁是东南主要城市，且曾经建为国都，唐代的浙江西道观察使的理所不设在江宁而设在润州，这一定是当时润州的情形还要好过江宁的缘故。江宁古时本称为金陵，到了这时，一些人却用金陵来称润州了[2]。这样繁荣的情形，就是后来到了宋代也并未能稍有减色。宋人有诗说"禹凿隋穿今古利，吴樯楚楫去来通"，还有诗说"帆余闽峤色"[3]，都略能道出其中的底蕴，尤其是在这首诗中更显示出出没于润州港湾的还有闽徽的海船。

## 魏州和幽州

在永济渠的沿岸也兴起两个经济都会：一个在永济渠的南段，这是相当于现今河北大名县的魏州；一个在永济渠的北口，就是隋时的涿郡，亦唐时的幽州，也是现在的北京市。幽州的地位正在永济渠的尽头处，这种自然的形势使人想到战国秦汉时期的临淄。临淄也是一个水道交通系统的尽头处，所以始终是一个繁荣的经济都会。幽州周围所出产的物产，比起临淄来，那是差得太远了。但是幽州另外有一点却为临淄所不及。幽州在

1 《旧唐书》卷四一《地理志五》："润州，永泰后常为浙江西道观察使理所。"

2 李德裕《李卫公会昌一品集·别集》卷一《鼓吹赋序》："余往岁剖符金陵。"这里所说的金陵，就是指润州而言。李德裕曾任浙西观察使，观察使理所在润州，自然不是指江宁了。

3 王象之《舆地纪胜》卷七《镇江府》引熊叔茂和蔡天启的诗。

对外贸易方面，很像扬州。扬州是对海外贸易的口岸，而幽州却是对塞外贸易的要津。扬州居住着无数的波斯胡人，幽州也一样居住着无数的塞外胡人。唐代中叶安史之乱的主要发动者安禄山，就是其中之一。正因为幽州的繁荣富庶才使安禄山得有凭借而敢于作乱。就是安史乱后，以幽州为理所的卢龙节度使，虽然名义上还属唐朝管辖，实际上和一个敌国差不多。促成这些反叛者和割据者，地方的富庶该占着一个重要原因。

魏郡和邺距离不远。这两座城市的一盛一衰形成鲜明的对照，其原因就是运河的作用在这两个地方的消长。前面说过，邺的兴起是白沟凿成的结果，后来白沟的断流自然就是邺趋向萧条的时候。邺废毁之后，北周有意以安阳（今河南安阳市）代替邺。后魏孝文帝时，于邺立相州。北周因移相州治所于安阳，并改安阳为邺[1]。这只是一些人为的措施。安阳距漳水既远，又没有可以代替白沟的运河，如何能够继续邺的旧规而繁荣起来？永济渠的兴修代替了白沟的故迹，所以魏州也就代替了邺的地位。由于永济渠可以通江淮之货，所以魏郡更为繁荣[2]。唐代的河北道采访使不治理邺而治理魏州[3]，正是这个变化的表现。不过在这里应该指出：魏州之北的清河，也是濒于永济渠。唐时为了供应北边的驻军，由江淮运来的租布皆聚积于清河，当时号为天下北库[4]。显然，清河在永济渠流域也是一座相当重要的城市。但是清河尚不如魏州重要。清河能够成为天下北库，是由于当地聚积了江淮运来的租布。江淮租布聚积在清河，是因为它北距幽州较近，军用所资可以就近取给。就永济渠来说，清河恰居于中游，因之它不能与魏州、幽州相比拟。它不像幽州那样是北方运来货物的集中地，也不像魏州那样是江淮物资首先到来的地方。魏州能够有这样优越的地理因素，所以就成为河北平原南端的重要都会。安史之乱后的河北三镇，恰是盘踞在这永济

1 《元和郡县图志》卷一六《相州》。

2 《新唐书》卷三九《地理志三》。

3 《新唐书》卷三九《地理志三》。

4 《新唐书》卷一五三《颜真卿传》。

渠的流域。魏博节度使以魏州为根据地而抗拒命令，和卢龙节度使宛出一辙。魏州近于中原，虽与幽州等处同受河北藩镇的长期控制，还能得到永济渠的裨益，因而保持了一定的繁荣。这样的繁荣一直延续到唐末五代时期。自从后唐把这里建为陪都以后[1]，经过后晋、后汉、后周以至宋代，魏州的名称虽代有改易，而陪都的制度却没有取消[2]。南宋时，刘豫受金人的卵翼，建号伪齐，也是以这里为国都。魏州的命运和邺城一样，永济渠中的运输力量衰落了，魏州也跟着萧条了。

## 广通渠的延长

隋文帝和隋炀帝建立了全国水道的交通网，使后人得到无穷的利益。唐代继起，对于这个交通网没有更大的建树，只是用了疏浚补缀的工夫。疏浚是使已成的工程保持不废，补缀更使这个交通网加密起来。隋代的广通渠西端到长安就停止了。到了唐代，又在长安以西渭水之北开了一条昇原渠，这无异于把广通渠向西延长了。这项延长工程是在武后执政时举办的。这条昇原渠是由虢县（今宝鸡县）西北引汧水，东流至咸阳入于渭水。这条渠道的兴修是为了运输岐、陇两州的材木（岐州治所在今陕西凤翔县，陇州治所在今陕西陇县）[3]。既然是为了运输材木，当不同于农田灌溉的渠道。这条渠道以昇原为名，有的人就以为是引汧水流经原上的渠道。这应是望文生义的解释。汧水在这里循五畤原西麓南流。五畤原高耸斗绝，汧水河谷又复深邃低下，如何能引渠水上原。这样的解释显然是不了解当地

1 后唐同光以后，称魏州为邺都，这和唐代中叶以后一般人称润州为金陵，成一个极好的对比。

2 后晋改后唐的邺都为广晋府，后汉改为大名府。

3 《新唐书》卷三七《地理志一》：“凤翔府虢县西北有昇原渠，引汧水至咸阳。垂拱初，运岐陇水入京城。”岐陇水如何能运至京城？就是能运至京城，又有什么用处？这里所说的岐陇水当是岐陇木之误。

的地形而致误的。虢县城在五畤原南，属于渭河谷地，昇原渠当是由五畤原西南隅稍下之处引水东流的。渠道循原麓而流，高于渭水河谷，故以昇原为名。后来到唐懿宗咸通三年（公元 862 年），又由宝鸡县东引渭水入渠[1]。引水处当在汧水入渭的水口之下。这时增引渭水，大概是因为汧水水量不足的缘故。昇原渠东流至武功县，入六门堰，与成国渠合流，由六门堰再东，昇原和成国两渠又复各自独流。流至兴平县境时，成国渠在城北十一里，昇原渠在县南十五里，其间差别是相当明显的[2]。或以为昇原渠有两条，一条由郿县引渭水东至咸阳县，而复入于渭；一条由虢县西北引汧水东流，中游以下称为成国渠。这分明是混淆了昇原渠和成国渠的关系的。而不悟成国渠原来在昇原渠之南，过了六门堰，却改在昇原渠之北了。（附图二十三　昇原渠图）

唐代关中及长安城外还有几条小运河，顺便略一提及。玄宗天宝二年（公元 743 年），韩朝宗引渭水入长安城中，置潭于西市，以贮材木[3]。代宗大历元年（公元 766 年），黎幹在长安南山谷口开凿漕渠，由景风、延喜门入苑，以漕薪炭[4]。不过渠道都太短了。这里还应提及高祖武德八年（公元 625 年）姜行本在陇州汧源县置五节堰，引陇川水通漕事[5]。汧源县为陇州郭下县，就是今陇县。此处除汧水外，别无其他大水，所谓陇川水当指汧水而言。即令汧水能通漕，也是一条短促的渠道。后来到玄宗开元二年

1 宋敏求《长安志》卷一四《兴平》。

2 宋敏求《长安志》卷一四《兴平》。

3 《旧唐书》卷九《玄宗纪下》。《新唐书》卷三七《地理志一》及卷一一八《韩朝宗传》，又宋敏求《长安志》卷一二《长安》。徐松《唐两京城坊考》卷四《漕渠》，以唐长安城北阻龙首原，不可能引渭水入城，因谓韩朝宗所引的为潏水。以前我在论述黄河中游的森林时，也曾引用过韩朝宗这个说法。开元天宝年间，漕渠尚在畅通，漕渠引用的就是渭水，流过长安城北。韩朝宗引用漕渠中的水至于西市，并不是不可能的。徐松殆未思及于此，仅以龙首原横阻于长安城北，就认为不可能引渭水入城，似尚未能说明问题。

4 《旧唐书》卷一一《代宗纪》，《新唐书》卷三七《地理志一》及卷一四五《黎幹传》，又宋敏求《长安志》卷一二《长安》。

5 《新唐书》卷三七《地理志一》。

附图二十三

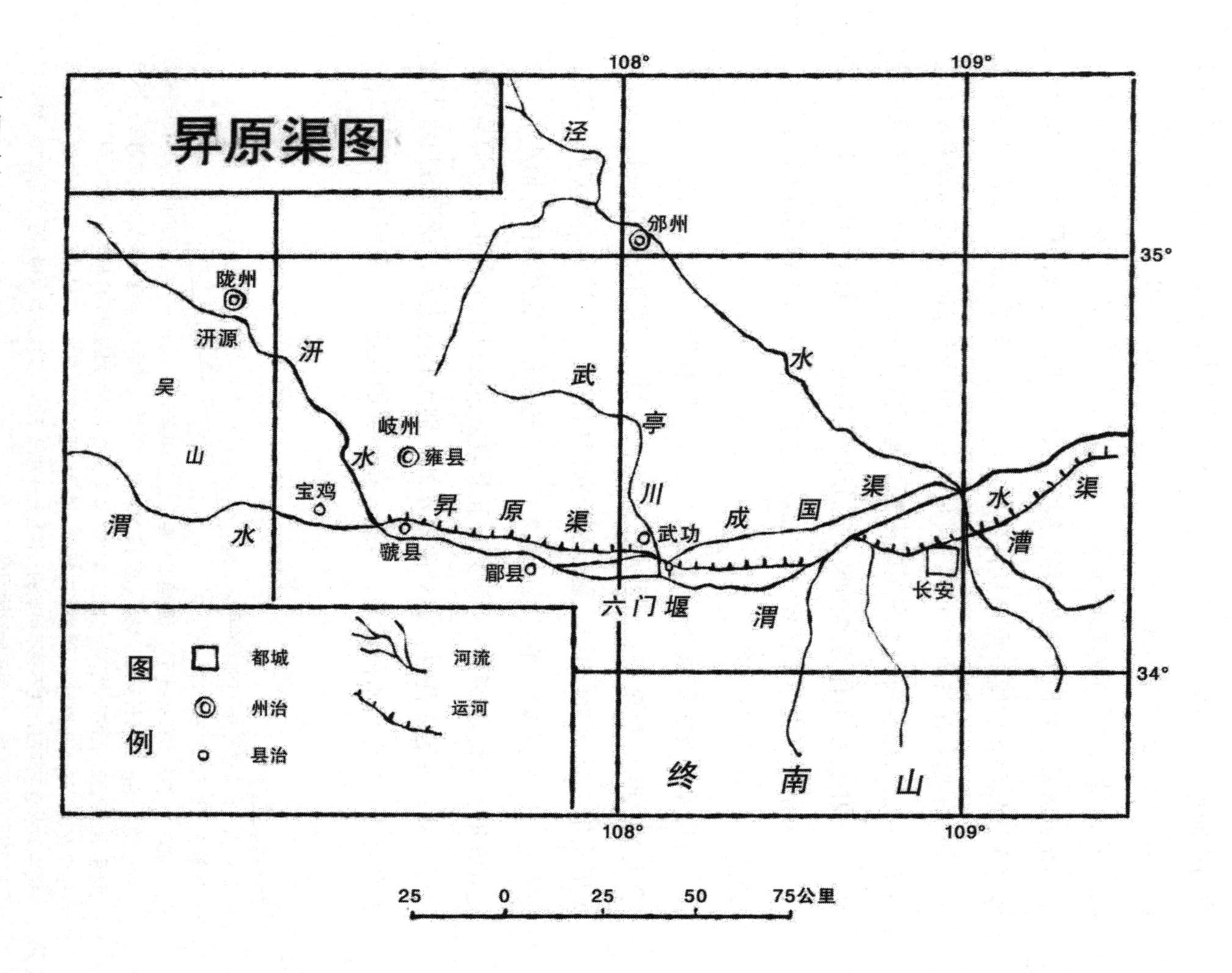

昇原渠图
108°
109°
35°
34°
泾
邠州
泾水
陇州
汧源
汧
吴山
岐州
水
雍县
武
亭
川
宝鸡
渭
水
昇原渠
虢县
郿县
武功
成国渠
水
漕
渠
长安
六门堰
渭
图例
都城
州治
县治
河流
运河
终南山
25
0
25
50
75公里

（公元714年），姜师度在华阴开敷水渠[1]，那只是为了补助渭渠中的水量，不能就以之为运河。

## 汴河系统扩大和改良

汴河由汴州折向东南流，汴州以东旧日的定陶一带，和这个交通系统就脱了联系。武后时为了补苴这点缺陷，于载初元年（公元689年）在汴州修了一条湛渠，以通曹（治所在今山东定陶县西）、兖（治所在今山东兖州县）租赋[2]。湛渠是引汴河注入白沟而修成的。这条白沟就始于今开封市北，和曹操引淇水所注入的白沟不同。湛渠是宋代所开的广济河的前身，它由汴州斜向东北，经曹州注入巨野泽中。兖州就在巨野泽之东，故可以通曹、兖租赋。自武后开湛渠以后，到了穆宗长庆（公元821年—824年）初年，崔弘礼又在兖州开盲山渠，自黄队抵青丘[3]。青丘无考。黄队，镇名，在今山东鱼台县[4]。今嘉祥县东北有萌山，桓公沟就在萌山之东[5]。桓公沟就是桓温北伐前燕时于巨野泽东所开凿的运道。这条桓公沟于北宋时尚存[6]。崔弘礼当时为天平军节度使。天平军治郓州，其治所为今山东东平县。徐泗节度使王智兴檄其转粟馈军，须出车五千乘，弘礼虑道远难致。盲山渠的开凿就是为了转输这次军粮的。当时徐泗节度使治徐州，其治所在今江苏徐州市。由徐州溯泗水而上，可通到兖州。崔弘礼所开凿的盲山渠，实际上就是疏浚桓公沟。桓公沟经过盲山，故称为盲山渠。嘉祥县东北的萌

1 《新唐书》卷三七《地理志一》。
2 《新唐书》卷三八《地理志二》。
3 《新唐书》卷一六四《崔弘礼传》。
4 《元丰九域志》卷一《京东路》。
5 《读史方舆纪要》卷三三《济宁州》。
6 《太平寰宇记》卷一三《郓州》。

附图二十四

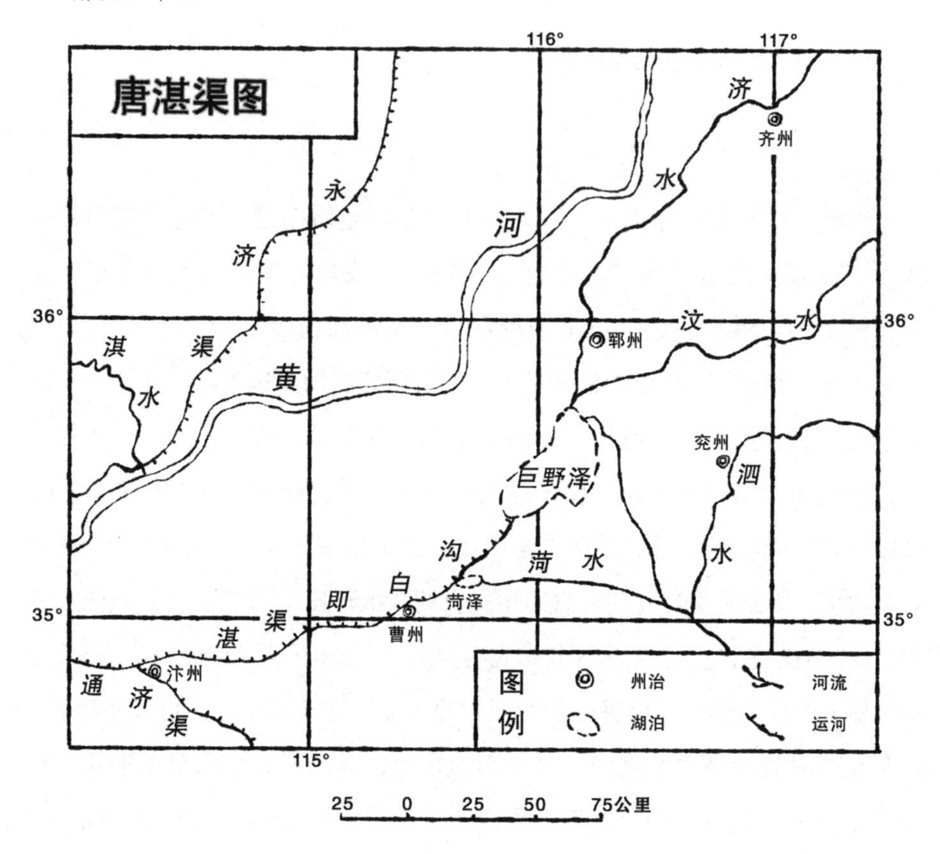

唐湛渠图
116°
117°
济
齐州
水
永
河
济
36°
汶
水
36°
淇
渠
郓州
黄
水
兖州
巨野泽
泗
沟
菏
水
水
白
菏泽
即
35°
渠
曹州
35°
湛
汴州
通
济
渠
图
例
州治
湖泊
河流
运河
115°
25 0 25 50 75公里

山，当即是这个盲山，是盲萌音近而致误的。由于兖州可以通过湛渠和汴河相联系，盲山渠的开凿，也使泰山西南各地都归到汴河的交通网中。（附图二十四　唐湛渠图）

武后不仅在汴河北端扩大交通网，并且在邗沟北端也作了同样的设施。她于垂拱四年（公元688年），在涟水县附近开了一条新漕渠，南通淮水，北通海、沂、密诸州（海州治所在今江苏连云港市，沂州治所在今山东临沂县，密州治所在今山东诸城县）[1]。沭水发源于今山东沂水县北，流经今莒县和临沭。今新沭河由临沭县南折向东南流，至连云港市北入海。唐时则由临沭县南流，经江苏新沂县和沭阳县，东入于海。今沭阳县就是唐时的沭阳县。沭阳县南就是涟水县，而涟水县正濒于淮水。这条新漕渠当在沭阳、涟水两县境。今涟水县还有中涟河、东涟河、西涟河，大概都是新漕渠的遗迹。沭水流经密州、沂州、海州境内，所以说这条新漕河南通淮水，北通海、沂、密诸州。沭水之西为沂水。沂水由今山东沂源县发源，经临沂县南流。当时是至下邳县（今江苏邳县南）入于泗水。由淮水下游北上，当绕行沂水。新漕渠的凿成，就可直接利用沭水，少绕许多路程。新漕渠凿成后又二十多年，到了睿宗太极元年（公元712年），又在盱眙县开凿了一条直河。盱眙为今安徽盱眙县。这条直河由盱眙一直通到扬州[2]。仅就直河的名称也可以理解到这条运河开凿的意义。如果这条运河畅通，那么，漕舟就不必绕道邗沟，而直接渡淮入汴了。这大概是想避免淮水中的洪流，所以主张废弃邗沟的水道了。不过这条直河的开凿当时似乎不十分成功，漕舟的来往，还是由邗沟北上。那时候，淮水中行舟的艰难引起了许多人的注意，并设法改良，直河的开凿就是其中的一端。

开元（公元713年—741年）初年，齐澣为汴州刺史，就在汴河入淮的附近另凿了一个水口，由徐城至淮水，其长只有十八里，虽然短促，却

1 《新唐书》卷三八《地理志二》。

2 《新唐书》卷三八《地理志二》。

避免了这段险急淮水，便于漕运[1]。徐城为唐时泗州属县，在今安徽盱眙县西北。今盱眙县隔淮水为泗州临淮县，也就是汴河入淮水的地方。淮水于临淮县城南向东北流去，因而汴河和淮水在这里形成了一个大湾。这段新河的开凿，不仅避免险急处，也省了不少航程。不过究竟是太短促了，许多问题都没有得到解决。后来齐澣又回任汴州刺史，想把这些问题彻底解决一下。当时淮、汴水运路程，自虹县（今安徽泗县）至临淮一百五十里，旧日行舟是用竹索系船，再用牛曳竹索上下。即使采取这样的措施，在急流中行舟还是相当困难。于是他就由虹县东另开一条广济新河，三十里入于清河，就以清河为航路。行百余里后出清水，然后再开河至淮阴（今江苏清江市西北）北十八里处入淮。这条新河的开凿本是想避免淮流湍急的危害，不料新河开凿成功后，水流一样迅急，而且河底又多僵石，漕运还是艰辛，只好废去[2]。这条新河与清河（清水）有关。当时清河（清水）能够行船，甚至可以代替汴河的漕运，应不是一条小水，当指泗水而言。可是一般论述当时泗水在这里的故道的，以为就是现在的淤黄河。如果所说的不错，则距离当时的虹县就要远远超过三十里，不是广济新河所能达到的。颇疑当时的泗水故道可能在今淤黄河以西。这有待于他日实地考察作彻底的解决。

## 邗沟入江的水口

至于扬州附近邗沟入江的水口，自东晋穆帝永和中改移由位于现在仪征县境的欧阳埭引水后，长期未见再有变动。这个引水口距广陵境六十里，绕道很多。玄宗开元二十五年（公元 737 年），齐澣为润州刺史，才注意到

1 《新唐书》卷一二八《齐澣传》。
2 《旧唐书》卷九《玄宗纪下》，又卷一九〇中《文苑 · 齐瀚传》。

这个问题。润州为今江苏镇江市，隔江与扬州相对。由润州北运的漕粮，须行江路六十里，绕过瓜步尾，多为风涛所漂没，损失很大。齐澣乃移其漕路于京口塘下，由江上直接渡过，只有二十里的航程，比原来捷近多了[1]。京口为润州治所丹徒县的旧称。其津渡处在今镇江市西北三里，唐时为蒜山渡，亦曰京口港[2]，所谓京口塘当在其地。

漕粮运过大江后，又将如何处理？齐澣当时还在江北岸开了一条长二十五里的伊娄河，直达扬子县，和原来的漕路相衔接。这样漕舟就可以往来无阻了[3]。这里有一点应该注意：唐润州刺史治丹徒县，在大江南岸。齐澣所开的伊娄河却在大江北岸。江北本应隶属扬州，润州刺史如何能到扬州地区开凿新河？本来大江在扬、润两州间的江面相当宽阔，北岸直到扬州城下。江中的瓜洲乃在润州的辖区。由于江水向南摆动，瓜洲以北的水道淤塞成陆[4]。虽然成陆，仍属润州辖地，故齐澣得在其地另开伊娄河，使邗沟仍在扬州以南与大江相衔接。

齐澣以后，扬州附近的运河还不断得到一些补缀。德宗贞元四年（公元788年），杜亚在扬州城西，循蜀冈之右，引陂水到城隅入于运河，以通漕路[5]。敬宗宝历二年（公元826年），王播以运河经过扬州城内，河水较浅，稍遇亢旱，漕船就不易航行。乃自城南閶门西七里港另开一段新河，向东屈曲，取禅智寺桥，和旧河相合。这段新河长十九里。由于河水稍深，航行较为便捷[6]。这些固然都是补足水源，疏浚淤积，也是受江水的激荡所引起的问题。

1 《旧唐书》卷一九〇中《文苑·齐澣传》。

2 《读史方舆纪要》卷二五《镇江府》。

3 《旧唐书》卷一九〇《文苑·齐澣传》。

4 拙著《论唐代扬州和长江下游的经济地区》。

5 《新唐书》卷四一《地理志五》。

6 《旧唐书》卷一四六《杜亚传》，《新唐书》卷四一《地理志五》。

## 江南运河的补缀

在唐时，江南运河也曾经扩充。在这方面致力和取得成就的，主要是孟简的开孟渎和李素的开元和塘。孟渎在常州武进县（今江苏常州市，当时为常州治所）西四十里，是孟简于宪宗元和八年（公元 813 年）所开的。孟渎北通大江，长四十一里，引江水南注通漕。据说，孟简是因故渠开的[1]。故渠不知创于何时，以孟渎为名，当然是因孟简而起的。元和塘在苏州常熟县（今县），是李素于元和四年（公元 809 年）开的。它由常熟县城南直至长洲县（今江苏苏州市）城北与江南运河相连接[2]。这条元和塘后来改为云和塘。

元和十年（公元 815 年），孟简还在越州会稽县（今浙江绍兴县，当时为越州治所）开过一条新河。这条新河在会稽县城北五里，是宋代浙东运河的创始。会稽县西北十里有一条运道塘，也是孟简所开的。既以运道为名，当是可以通航的[3]。杭州於潜县（今浙江於潜县）也有一条可以通行舟楫的水渠，是德宗贞元十八年（公元802年）开的[4]。这条水渠共长三十里，其起讫所在均不可知，既可通行舟楫，也可以说是一条小规模的运河。

这里所说的会稽的新河和於潜的水渠，都不属于江南运河的范围，为了方便起见，姑附于此。

---

1 《旧唐书》卷一六三《孟简传》，《新唐书》卷四一《地理志》。

2 《读史方舆纪要》卷二四《苏州府》，嘉庆《大清一统志》卷七七《苏州府》。

3 《旧唐书》卷一六三《孟简传》，《新唐书》卷四一《地理志》。

4 《新唐书》卷四一《地理志五》。

## 河北诸渠

河北的永济渠，在唐代也开凿了许多支渠。永济渠的水道在魏州（治所在今河北大名县）以下，大体就是现今的卫河和河北省境内的南运河。水道既然偏在东边，由太行山上流下的河流都有和永济渠联贯的必要。唐人对此致力很多，高宗永徽（公元650—655年）中，李灵龟在魏州开永济渠入于新市，以控引商旅，受到当地人的称道[1]。玄宗开元二十八年（公元740年）卢晖在魏州徙永济渠自石灰窠引水至城西魏桥，以通江淮之货[2]。魏州能够借永济渠运输江淮的货物，当地的繁荣是可以想见的。

此外，在贝州经城（今河北威县）有张甲河；冀州南宫（今县）有通利渠，堂阳（今河北新河县）有堂阳渠；赵州昭庆（今河北隆尧县东）有沣水渠；沧州清池（今河北沧县）有清池渠、无棣河和阳通河，无棣（今山东无棣县）有无棣沟；德州平昌（今山东德平县）有新河；瀛州河间（今县）有长丰渠；蓟州渔阳（今天津市蓟县）有平卢渠[3]。这些渠道直接间接都和永济渠发生联贯的关系。

贝州经城县的张甲河本是西汉时张甲河的故渎[4]。张甲河于广宗县故城分为二渎，其左渎北经城县东，于南宫县西北注于绛渎[5]，唐代所开的张甲河就是因于这条故渎。南宫县的通利渠，有的记载说，是引漳水以溉田[6]，好像并无漕运的作用。其实《新唐书·地理志》却没有这样的说法。堂阳县的堂阳渠，在堂阳县西南三十里，由巨鹿县流来，下入南宫县[7]。南宫县为绛水故渎所经过的地方，应是张甲河所流入的河流，堂阳渠当也流入绛水故渎。赵

1 《旧唐书》卷六四《高祖诸子传·楚王智云传》。

2 《新唐书》卷三九《地理志三》。

3 《新唐书》卷三九《地理志三》。

4 《汉书》卷二八《地理志》。

5 《水经·河水注》。

6 嘉庆《大清一统志》卷四九《冀州》。

7 《新唐书》卷三九《地理志三》。

州昭庆县的沣水渠当是整理沣水的河道而形成的。沣水即沙河的下游[1]，唐人所整理的故道在隆平县东十里，再下流入今宁晋县境[2]。当时当会于漳水。唐时沧池县有三条漕渠；为清池渠、阳通河和无棣河，据《新唐书·地理志》所载，清池县东南二十里有渠，注毛氏河；东南七十里有渠，注漳，并引浮水。这应是所谓的清池渠。这里提到的浮水，原自东光县南永济渠分出，东北流经沧州南十里，东北入于海[3]。《新唐书·地理志》又载，清池县东南十五里有阳通河。当也是人工所凿，惜不知其起讫所在。《新唐书·地理志》所载清池县的无棣河，在县西南五十七里。无棣县亦有无棣沟，通海。这里虽以无棣河和无棣沟分称，其实只是一条河流，因为分在两县，整理的时期又前后不一，故分用两个不同的名称。这条河是在东光县由清河分出，经南皮县南[4]。南皮县东北为清池县。《新唐书·地理志》所谓无棣河在清池县西南五十七里，方位相符合。又经饶安县南二十里[5]，下游就到了无棣县，再东入海。至于平昌县的新河，就是马颊河[6]。河间县的长丰渠有两条，一在县西北百里，为贞观年间所开，一在县西南五里，为开元年间所开。贞观年间所开的长丰渠未知起讫；开元年间所开的长丰渠，乃是引滹沱河水，流经束城、平舒两县，而东注于淇水[7]。束城在今河间县东北，平舒在今大城县。淇水就是永济渠。这里所说的张甲河、通利渠、堂阳渠、沣水渠、清池渠、阳通河、无棣河、无棣沟、长丰渠，分别与滹沱河和漳水有关系。滹沱河和漳水都是太行山东的大川。这两条大川都能和永济渠相联贯，则永济渠的作用就可以扩大到太行山东更为广大的地区。也可以说，由于永济渠和这些有关漕渠的开凿成功，太行山东已经组成了一个范围相当广大的水道交通网。（附图二十五　唐代河北道南部诸漕渠图）

1　嘉庆《大清一统志》卷三〇《顺德府》。
2　嘉庆《大清一统志》卷五一《赵州》。
3　《太平寰宇记》卷六五《沧州》。
4　《水经·淇水注》。
5　《元和郡县图志》卷一八《沧州》。
6　《元和郡县图志》卷一七《德州》。
7　《新唐书》卷三九《地理志三》。

至于蓟州渔阳县的平卢渠，则是傍海穿漕，以避海难[1]。这是另外一种格式的运河，也不在永济渠这一系统之中。

附图二十五

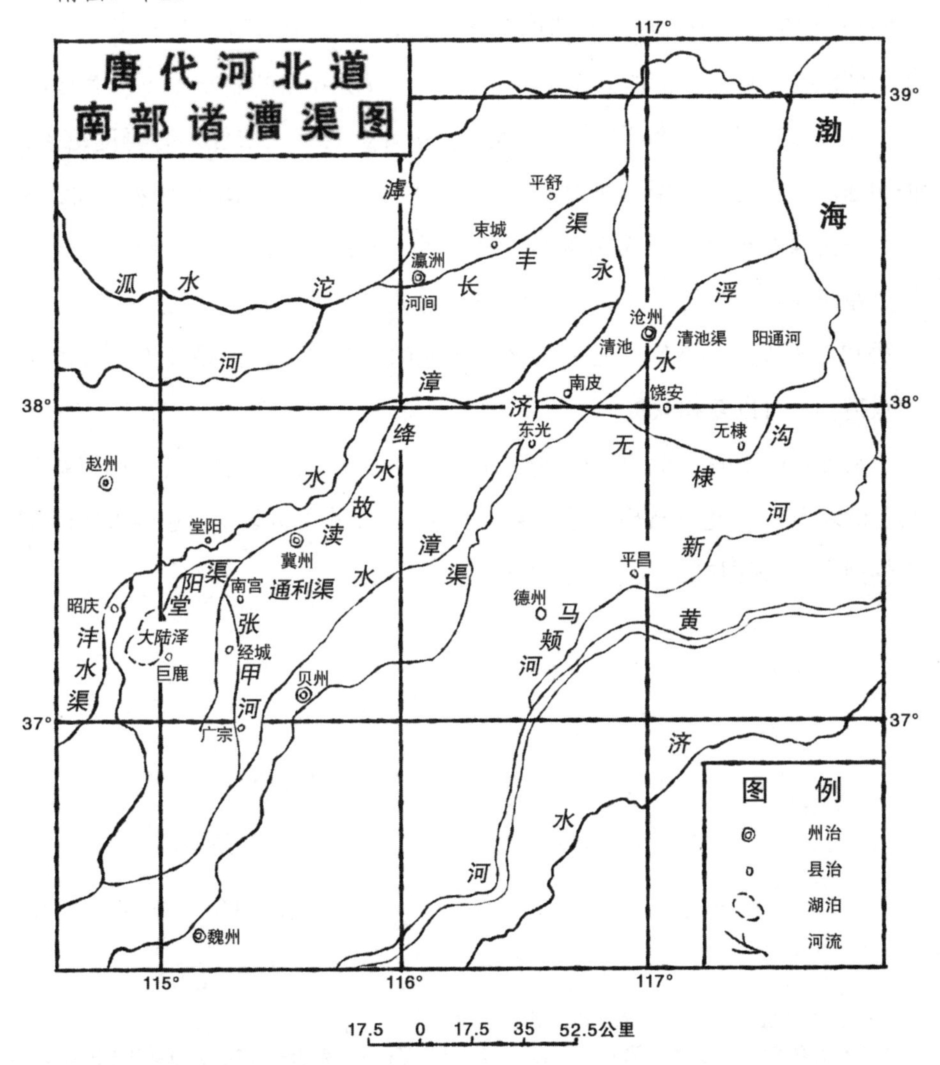


1 《新唐书》卷三九《地理志三》。

## 姚暹渠及其他小渠

在隋炀帝所开凿的运河系统之外，还有几条小规模的运河，值得提一提。河东的盐池附近，有一条向西南流去的小运河，名为姚暹渠，专供运输盐池中所产的盐之用。这条运河所以称为姚暹渠，因为是隋大业（公元605年—618年）中姚暹所开凿的。其实，它可追溯到后魏正始（公元504年—508年）时候元清所开凿的永丰渠。元清所开凿的永丰渠不久就废弛了，所以功效不大。姚暹渠一直到宋初才有点淤塞，宋仁宗时再度疏浚，仍旧通流，只是又把渠名改为永丰了[1]。姚暹渠在涑水之南，和涑水相距不远，下游且相合为一，而涑水的可以通运，在古代已经有名。唐初，薛万彻更在涑水之侧凿开了一条涑水渠，由闻喜通到临晋，和姚暹渠并行[2]。这姚暹渠和涑水渠虽不在隋炀帝所开凿的运河的系统之内，但是经过一段黄河的水道仍是可以互相联贯的。

另外还应该提到的武陵（今湖南常德县）的永泰渠[3]，温江（今四川温江县）的新源头[4]。论其规模都是不大，不过在一个小的区域中，也给人们以相当的便利。（附图二十六　姚暹渠图）

1 《宋史》卷九五《河渠志五 · 河北诸水》。

2 薛万彻开凿涑水渠乃太宗贞观十七年（公元643年）事，见《新唐书》卷三九《地理志三》。

3 《新唐书》卷四〇《地理志四》。

4 《新唐书》卷四二《地理志六》。

附图二十六

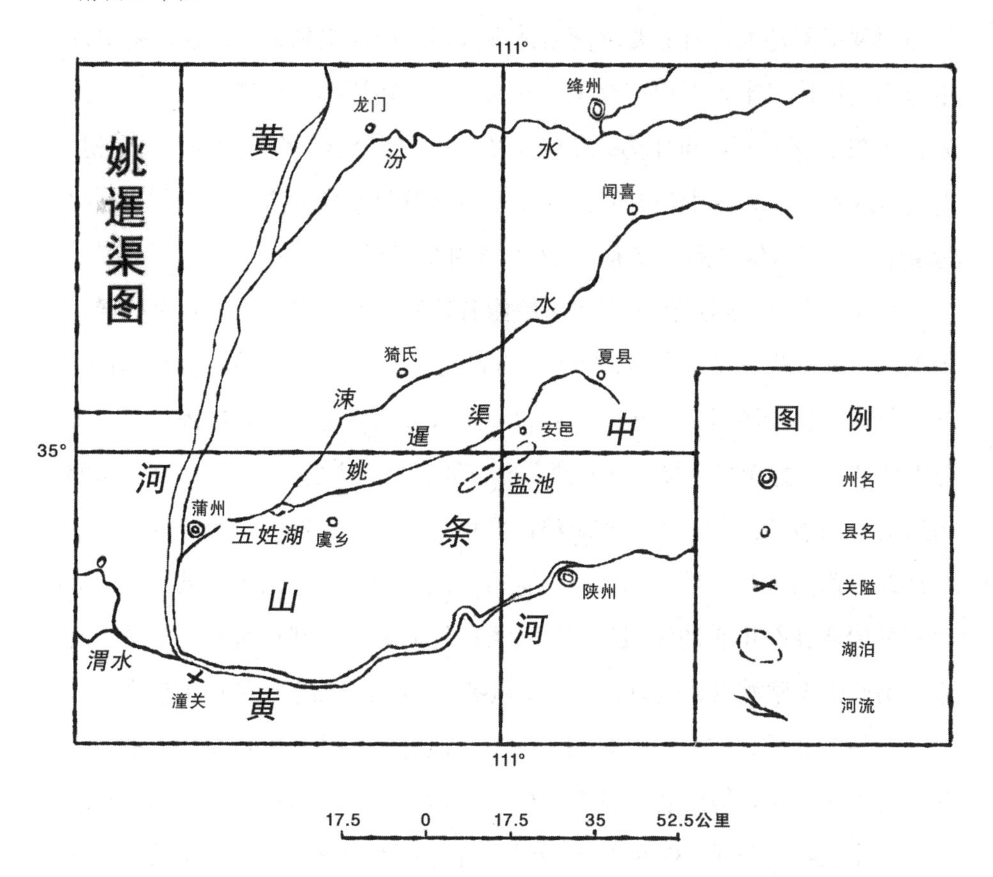
姚暹渠图
111°
35°
龙门
绛州
黄
汾
水
闻喜
水
猗氏
夏县
涑
渠
暹
安邑
中
河
姚
盐池
蒲州
五姓湖
虞乡
条
山
陕州
河
渭水
潼关
黄
111°
图例
州名
县名
关隘
湖泊
河流
17.5
0
17.5
35
52.5公里

这些运河所构成的交通网在隋代运到长安去的漕粮每年究竟有多少，没有详细记载，无从提出确实数字。但在唐初，和汉初一样，因帝国初建，一切用度都不甚大，所需要的漕粮并不太多。由高祖到太宗，这两朝中每年都不过运输二十万石也就够了。开元季年，裴耀卿董理漕政，三年一共运到漕粮七百万石，每年为二百余万石，比初年已经多了十倍。天宝初，韦坚为运使，一年运到漕粮四百万石，这在唐代算是最多的了[1]。这样良好的运输情形，一直维持到天宝末年安禄山叛乱的时候。

开元、天宝之际运到长安的漕粮能有这样多的数量，确为有唐一代所少见。不过这些漕粮的大部分却是来自黄河下游各地，而非东南沿海诸州。开元年间，主持漕运的裴耀卿，就曾经主张多运江南粟米以接济长安，实际上他却是“益漕晋、绛、魏、濮、邢、贝、博、济之租”[2]。晋、绛两州的治所为今山西西南部的临汾和新绛两县市。魏、邢、贝三州的治所分别为今河北南部的大名、邢台和清河三县市。濮州治所在今山东鄄城。博、济两州的治所在今山东的聊城和茌平两县。总起来说，都在黄河的下游，后来，韦坚治汉隋漕渠，也只是通山东租赋[3]。当时的山东，从广义说来，可以兼及江东各处，实际上仍是指黄河下游而言。这是由于自隋初以来黄河流域的农业仍是相当发展，当地自有大量米粟，不必远取于江南太湖流域。开元二十五年（公元 737 年），由于在关中推行和籴法，还停止了关东的漕运[4]，江南诸州的租米回纳造布。可见黄河流域的米粟可以满足当地的需要，供应长安的漕粮并不感到若何大的困难。唐代制度，于京师置太仓，诸州

1 《新唐书》卷五三《食货志三》。

2 《新唐书》卷五三《食货志三》。

3 《新唐书》卷五三《食货志三》。

4 《资治通鉴》卷二一四《唐纪三〇》。

县各有正仓，又有常平仓以均贵贱，义仓以备不足[1]。从唐初起就开始建置，其后间有移挪使用，大体因而不废[2]。故天宝年间，韦坚能取州县义仓粟转市轻货以献媚[3]。杨国忠能取天下义仓充天子禁藏以取宠[4]，可见当时仓廪还是相当富实的。由于各地农事不尽相同，仓中储粟的数量也多寡不等。天宝八载（公元 749 年），全国各道正仓储粟超过百万石的仅有关内、河北、河东、河南四道，而河南道独为最多，有五百八十余万石。全国各道义仓储粟超过一千万石的仅有河北、河南两道。其次为河东道的七百余万石和关内的五百余万石，其余仅江南道为六百余万石。而常平仓所储也以河北、河南两道为最多[5]。这一时期社会较为安定，黄河流域的农田水利不时得到充分开发与利用，农业发展显而易见[6]。正是由于黄河流域农业卓有成就，漕粮所需并不过多仰给于长江下游的太湖流域各地。也就是说，江淮以南诸运河，这一时期还未能发挥出若何巨大的作用。

## 唐代中叶以后江南漕粮的重要性

安禄山叛乱爆发后，黄河流域绝大部分地区都受到骚扰和破坏，人口锐减，田园泰半荒芜，农业萎缩不振。安史叛乱平息，接着又是藩镇割据，贡赋不入朝廷，府库耗竭，军糈民食就只好仰给于长江下游太湖流域各处。长江下游太湖流域各处，自南朝以来，农业不断发展，隋和唐初继之，更有异于曩昔。经过安史之乱，黄河流域的人口普遍减少，其中尤以

1 《旧唐书》卷四三《职官志》。
2 《旧唐书》卷四九《食货志》。
3 《旧唐书》卷四九《食货志》。
4 《新唐书》卷二四七《外戚 · 杨国忠传》。
5 《通典》卷一二《食货一二》。
6 拙著《开皇天宝之间黄河流域及其附近地区农业的发展》。

河南府最为显著，河南府为唐代东都所在地，应为繁盛的地区，开元时共有十二万户。为全国人口稠密的地区。到了宪宗元和年间（公元 806 年—820 年），却仅剩下一万八千户，减少了七分之六[1]。其他地区就可以略知其大概了。可是长江流域，由于远离干戈骚扰地区，黄河流域的人口纷纷南迁，使当地户口有了显著增加。苏州（治所在今江苏苏州市）就是一个例证。苏州于开元时有户六万余，元和时却增加到十万余[2]。据说迁到苏州的中原士大夫，就占当地人口的三分之一[3]。这些南迁的大族，必然会带去若干附庸人口，这就增加了当地的劳动力，更促成农业和其他经济的发展。远至长江中游地区，也有了新的变化，潭（治所在今湖南长沙市）、桂（治所在今广西桂林市）、衡阳（今湖南衡阳市）的积谷，引起当时人们的重视[4]。

由于有了这样的变化，唐政府的漕粮和其他有关经济的来源，就不能不绝大部分依靠长江下游太湖流域这个富庶地区了。这不仅当时的三司转运大员从事这方面的筹划，一般士大夫的言论之间，也多事谈及，甚至唐宪宗于群下上尊号时所颁布的赦书中，也公然说道："军国费用，取资江淮。"[5]实际上，征发的地区还不仅限于江淮之间，东南八道都应该包括在内[6]。所谓东南八道，就是浙西（治所在今江苏镇江市）、浙东（治所在今浙江绍兴市）、宣歙（治所在今安徽宣城县）、淮南（治所在今江苏扬州市）、江西（治所在今江西南昌市）、鄂岳（治所在今湖北武汉市）、福建（治所在今福建福州市）、湖南（治所在今湖南长沙市）。也就是说，包括现在浙江、江西、福建三省，淮水以南的江苏和安徽两省大部，湖南省的绝大部分，湖北省东部等地区在内的长江中下游各处。唐政府由这些地区取得的贡赋，都是借着汴河、漕渠等运河源源运到长安去。

---

1 《元和郡县图志》卷五《河南府》。

2 《元和郡县图志》卷二五《苏州》。

3 《全唐文》卷五一九梁肃《吴县会厅壁记》。

4 《旧唐书》卷一二三《刘晏传》。

5 《全唐文》卷六三《宪宗元和十四年七月二十三日上尊号赦》。

6 《资治通鉴》卷二三七《唐纪五三》。

## 运道的争夺

安禄山乱事初起，河北的永济渠就和其他的运河失去了联系。永济渠经过这次大乱，虽没有湮塞，中央政府却不能再利用了。安禄山叛军渡过黄河，汴河也失去了作用。那时运到关中的漕粮只好沿江而上，溯汉水经过襄阳，运到商於，输于京师[1]。商於在商州，也就是现在陕西商县、丹凤等处。由襄阳到商县，自然是利用丹水的水道了。现在丹水航船最远才能达到丹凤县，唐时可能相仿佛。这是说，丹水以北就须用陆路挽输越过秦岭了。后来安禄山叛军声势浩大，江运几乎无法西行。这种打击对唐代的中央政府是太大了。后来安史之乱平定以后，国内藩镇跋扈，中央政府差不多是和那些不遵命令的藩镇竞争这条运输动脉。那时汴河上游的汴州，下游的埇桥（在今安徽宿县）和淮水上的涡口，以至汉水上的襄州（今湖北襄樊市）、邓州（今河南邓县）几个地方，都异常重要，因为这几个地方都可控扼运道。中央政府的安危就看这几个地方能不能保持得住，德宗初年，矛盾终于初次暴露出来。建中二年（公元 781 年），据淄青等州的李正己、据魏博等州的田悦，和据襄、邓等州的梁崇义相互勾结，共同反抗唐朝廷[2]。李正己盘踞的土地为今山东省各地，田悦盘踞的土地为今河北省南部和山东省西部，正在汴河的东北方，梁崇义所盘踞的土地为今河南西南部和湖北省的中部，又在汴河的西南。这三方呼应，正好全面威胁着汴河的运输。李正己还派遣兵力扼徐州、埇桥、涡口，正式截断运道[3]。在这种情况下，濠州（治所在今安徽凤阳县）刺史张万福立马涡口岸上，发船进奉，淄青兵马倚岸睥睨不敢动，漕船得以继续进发[4]。不过这只能得力于一时，不能恃

1 《新唐书》卷五三《食货志》。

2 《旧唐书》卷一二《德宗纪》。

3 《新唐书》卷二一三《李正己传》。

4 《旧唐书》卷一五二《张万福传》。

为长策。好在李正已不久死去，其子纳匿丧谋叛，李洧却以徐州归顺，李纳也为唐军所破，漕路才得复通[1]。不意过了一年，到了建中三年（公元782年），徙镇于许州（今河南许昌市）的李希烈与李纳勾结，共谋袭取汴州（今河南开封市）。汴州也是汴河的枢纽，其重要性不在埇桥、涡口之下，而且还是中原的雄镇，得失之影响是相当大的。到了建中四年年底，汴州终于为李希烈攻破，江淮漕路一时断绝[2]。漕路断绝，长安仓廪就会匮乏，不仅人心浮动，甚至皇家禁军也在道路上大喊大叫，说是：要我当兵，而不给粮饷，难道我是罪犯吗？后来镇海军（治所在今江苏镇江市）节度使韩滉运米抵陕（今河南三门峡市），当讯息传到长安时，德宗喜不自禁，顾不得帝王的威严排场，竟亲自跑到东宫，向他的太子说："米已至陕，吾父子得生矣！"[3]

这次漕运危机，虽因汴州收复[4]，和对徐州加强控制[5]，而暂告缓和，但其后较小规模的争夺还是时有所闻，唐王朝为漕路的通否一直惴惴不安。

## 杜佑新开辟运道的计划

就在李正已、田悦、梁崇义等一班藩镇拒命，漕运受到巨大威胁的时候，又引起一个新的运河计划[6]。这个新的运河计划是杜佑提出来的。他看到汴河和汉水都被阻遏不通，就想恢复古代鸿沟系统中的狼汤渠的运道。他计划由汴州南行，出浚仪县十里，入琵琶沟，绝蔡河至陈州（治所在今河

1 《旧唐书》卷一四五《刘玄佐传》。
2 《新唐书》卷二二五中《李希烈传》。
3 《资治通鉴》卷二三二《唐纪四八》。
4 《旧唐书》卷一二《德宗纪》，又卷一二九《韩滉传》。
5 《新唐书》卷一五八《张建封传》。
6 《新唐书》卷五三《食货志三》。

南淮阳县）入颍水，由颍水入淮水；复由寿州（治所在今安徽寿县）入淝水，再凿开淝水上源的鸡鸣冈而入巢湖；由巢湖即可入于长江[1]。这里大部分原是古代主要的水道，只因历年久远，无人过问，遂致淤塞。由汴州到陈州一段，隋代开通济渠后才废不通行，沿岸又是平原地带，疏浚起来也比较容易。其中最费工的要算鸡鸣冈一段。这一段，古代虽有记载，实际上并没有开成运河。不过鸡鸣冈也只有四十多里，就用车辆盘运，也还将就过得去。假若这条旧水道能够疏浚成功，则不仅从前入邗沟的漕舟可以由白沙（在今江苏仪征县）直趋东关（在今安徽巢县），以入巢湖，就是江南、黔中（今贵州等处）、岭南、蜀、汉的粟米，也不必再绕道邗沟人汴了；李纳、田悦一班叛臣虽然控制着汴河，梁崇义等占据了襄、邓，又有什么用处呢？这个新的计划提出来不久，李纳的内部崩溃了，汴河又复畅通起来，计划也就作罢了。

## 蔡河的疏凿

其实恢复狼汤渠的旧水道的需要，在那时只要是明眼人都可以看得到的；因为由关中通往东南财富之区的运道只有汴河，这在太平盛世的时候原无不可，但是乱离之时，朝廷不能控制地方藩镇，这一线的运道如何能够保持得住，却是大成问题。即令汉水可以补救，而漕粮翻越终南山，又是十分困难的事情。在杜佑提出他的新运道计划以前，李芃就已经疏浚了陈、颍之间的运道。那时，汴州守将李灵耀反叛，汴河上游不通，所以李

1 《新唐书》卷五三《食货志三》。《太平寰宇记》卷一《开封府》："琵琶沟在（开封）县南十一里，西从中牟县界流入通济渠。隋炀帝欲幸江都，自大梁城西南凿渠引汴水入，即蒗荡渠也。《旧图》云：'形似琵琶，故名。'"《资治通鉴》卷二二七《唐纪四三》胡《注》："蔡河，古之琵琶沟，在浚仪县。"按：乐史以琵琶沟为蒗荡渠，而蒗荡渠即后来的蔡河。这本是秦汉时期旧运道，与隋炀帝的凿通济渠似无若何关系。

芃就设法以此补救燃眉之急[1]。杜佑建议之后，又过了一年，李希烈又造起反来，他和李纳勾结，又复断绝汴河的运道，李勉才正式把蔡河疏浚成功。蔡河大体上就是古代鸿沟系统中的狼汤渠。李勉没有注意到鸡鸣冈一段道路，这是因为那时的中央政府还能控制着淮水的水道，用不着另外开凿鸡鸣冈了[2]。李勉疏浚蔡河之后，确实解决了当时漕运的很多困难；尤其是以后唐室用兵蔡州（今河南汝南县），讨平跋扈的藩镇吴元济，更得力不少[3]。

唐代自安史之乱后，朝廷对这条主要交通水道的维护，真是全力赴之，其艰辛程度，较隋炀帝开凿这条运河，不知要困难到若干倍。朝廷力竭之后，唐也就亡了。

1 《旧唐书》卷一三二《李芃传》。

2 《新唐书》卷一四五《逆臣 · 李希烈传》。

3 《旧唐书》卷一五《宪宗纪下》："元和十一年，初置淮颍水运使，扬子院米，自淮阴溯流至寿州四十里，入颍口，又溯流至颍州沈丘界，五百里至于项城，又溯流五百里入溵河，又三百里输于郾城，得米五十万石，茭一千五百万束，省汴运七万六千贯。"这是接济当时讨伐吴元济的军队的。

# 第六章　政治中心地的东移及运河的阻塞

## 关中萧条和国都东迁

唐代灭亡以后，继续兴起的各朝代对于政治中心地的国都的选择，都不大注意到关中。从那时起，关中再没有建过国都。昔日的陆海和天府之国就慢慢萧条而不再被人们注意了。远在唐代末叶，这种现象已经表现出来。运河的阻塞使东南的漕粮不易源源西上，外患的侵扰和藩镇的跋扈，更使关中屡次变为战场，从前的繁荣情形自然都无从说起。唐代快要灭亡的时候，还闹了一次迁都的把戏：朱温威胁唐昭宗，由长安迁都到洛阳。这显示出昔日的陆海和天府之国这时再也不能系恋住人心了。

朱温是凭借着汴州兴起的。汴州正濒于汴河。朱温势力的形成和汴河的交通有关。朱温篡唐以后，就把他的故居汴州建为国都。汴州在经济上是一个繁荣的都会，而漠漠平原毫无险要可守，原不是理想的国都的所在。朱温何尝不知道这一点！所以在汴州住了一二年，又把国都迁到洛阳。到了他的儿子继位，再回到汴州。这衰世之君是谈不上永远大计的。

五代之中，石晋最为衰弱，它只暂顾目前，而没有远图。朱温建都于汴州，因为汴州是他原来兴王之地。石晋也把汴州建为国都，这纯粹是为了经济的原因。这也可以说是受了运河的诱惑；实在说起来，这时的运河已经不能全流贯通了。所谓五代各朝，只是唐末盘踞各地的藩镇中的一部分，因为他们所盘踞的是中原之地，所以旧日的史家把他们归到正统里面。这时汴河的下游虽还为石晋所有，而淮水以南却另外成为一个局面。汴河的效用是要通到江淮以南才可显得出来，江淮以南不通，只算得半条运河。即使半条运河，却已诱惑着石晋君臣，而把国都由洛阳迁到汴州。石晋迁都的诏书中很着重于汴州的运输便利。这封诏书说："当数朝战伐之余，是兆庶伤残之后，车徒既广，帑廪咸虚，经年之挽粟飞刍，继日而劳民动众，常烦漕运，不给供需。今汴州水陆要冲，山河形胜，乃万庾千箱之地，是四通八达之郊，爰自巡按，益观便宜，俾升都邑，以利兵民。汴州宜升为东京，置开封府。"[1] 可以看出，石晋的迁都汴州只是为了漕运的便利；漕运而外，一切都不再顾及了。

石晋之后，继起来的是后汉，总共只有四年，自然没有什么建树。到了后周，世宗却是个了不起的皇帝。他南征北讨，雄略盖世，在五代之中，真是数一数二的皇帝。可是命运多乖，他作皇帝仅仅六年，就宫车晏驾了。由石晋建都汴州数起，直到周世宗死后，前后也有二十年光景，就这样纷纷扰扰地过去了，建都的大计竟没有人提起，也没有时间改作，都因循石晋的成规，在汴州迁延下去。

1 《旧五代史》卷七七《晋书三 · 高祖纪三》。

## 宋代建都和运河的关系

到了宋初，分裂的局面渐归统一，基础日趋稳定，关于国都的问题，又一度提及。宋太祖究竟是个开国的君主，有点眼光，很想追踪汉唐的盛世。他想破除五代以来的因循，打算把国都重建到长安去。他于开宝九年（公元976年），西幸洛阳，就想先以洛阳为国都，再设法西迁。他的弟弟光义（就是后来的太宗）和一班臣下们都认为都洛阳不便，他说：“还河南未已，终当居长安耳。”光义问其缘故，他说：“吾欲西迁，据山河之胜，以去冗兵，循周汉故事，以安天下。”光义说是“在德不在险”，竭力请他回汴。经过这些人三番五次劝阻，才打消了这个计划，仍旧都于汴州[1]。汴州经过五代时几度改名，这时称为开封府，一般人又都称之为大梁。

实在说起来，宋太祖没有把国都迁到洛阳或长安，也有不得已的苦处。自从唐代安史之乱后，国家的兵权部分常在藩镇手里，形成外重内轻的局面。下至宋代开国，其间差不多有二百年，一切扰乱不安的现象都是由于这种外重内轻的局面而起。宋太祖深知这个病根，想把二百年的颓风一手挽过来。经过他的努力，藩镇的兵柄是解除了，国家的兵备都集中在京师，这一下彻底造成了内重外轻的局面。二百年的颓风虽挽救过来，但紧接着的问题就来了。这时几十万禁卫军都驻在京师，所需的粮秣，再加上政府官吏的俸给，和国都猥多的人口日用的食粮，实为一笔巨大的消耗。太祖虽有意于迁都，可是迁都之后，如何来供给这笔巨大的消耗，却不能不有顾虑。开封有运河可以利用，洛阳和长安这时却依靠什么呢？当开宝九年宋太祖还在洛阳时，露出了有迁都之意，有人就向他说：“汴都岁漕江淮米四五百万斛，赡军数十万计，帑藏重兵在焉。陛下遂欲都洛，臣实未见其

1 王偁《东都事略》卷二八《李怀忠传》。

利。”[1]这种事实上的困难战胜了宋太祖的意志，使他没有达到迁都目的。他没有想到汉和隋唐几代的漕粮是如何运到洛阳，又如何运到长安，更没有想到那时的渭水漕渠是如何开凿成功的。

后来到了宋仁宗时，范仲淹还曾论及建都之事。他说："洛阳险固，而汴为四战之地。太平宜居汴，即有事必居洛阳。当渐广储蓄，缮宫室。"当时吕夷简执政，仁宗问夷简，夷简素与仲淹不协，因说："此仲淹迂阔之论也。"[2]宋代人士论迁都之事，以范仲淹所说的最切实际，但却不为执政者所许可，只是说说而已。宋代的积弱和局面的狭小，都可由建都于开封一事看出来，说穿了还不是贪恋着运河的便利，而忘却了经久的远图。（附图二十七　北宋以开封为中心的诸运河图）

## 主要的运道及其疏浚

宋代既然建都于开封，对于运河就不能不加以注意。宋代的运道以汴河、黄河、惠民河、广济河为主要干线。其中黄河是自然水道，这里不必说了；汴河因隋唐之旧；惠民河就是唐代的蔡河；广济河就是唐代武后时所开的湛渠，后来称作五丈渠或五丈河的。宋代的这几条运河虽都承受于唐代，可是唐末以来，社会不安，每条运河都因而湮塞。五代是一个极为纷乱的时期，对于运河也还是有人从事整理过。这里可以略举二三例，以见一斑。首先应该提到的是永济渠。自安史乱后，河朔三镇割地自雄，唐王朝轻易不能多加过问，永济渠能否畅通，也不易为世人所知。后梁时罗绍威为天雄军节度使，治所在魏州（治所在今河北大名县），也就是原来的魏博节度使的驻地。罗绍威时，魏州军力已弱，依附于朱全忠。他以

1　王偁《东都事略》卷二八《李怀忠传》。
2　《宋史》卷三一四《范仲淹传》。

附图二十七

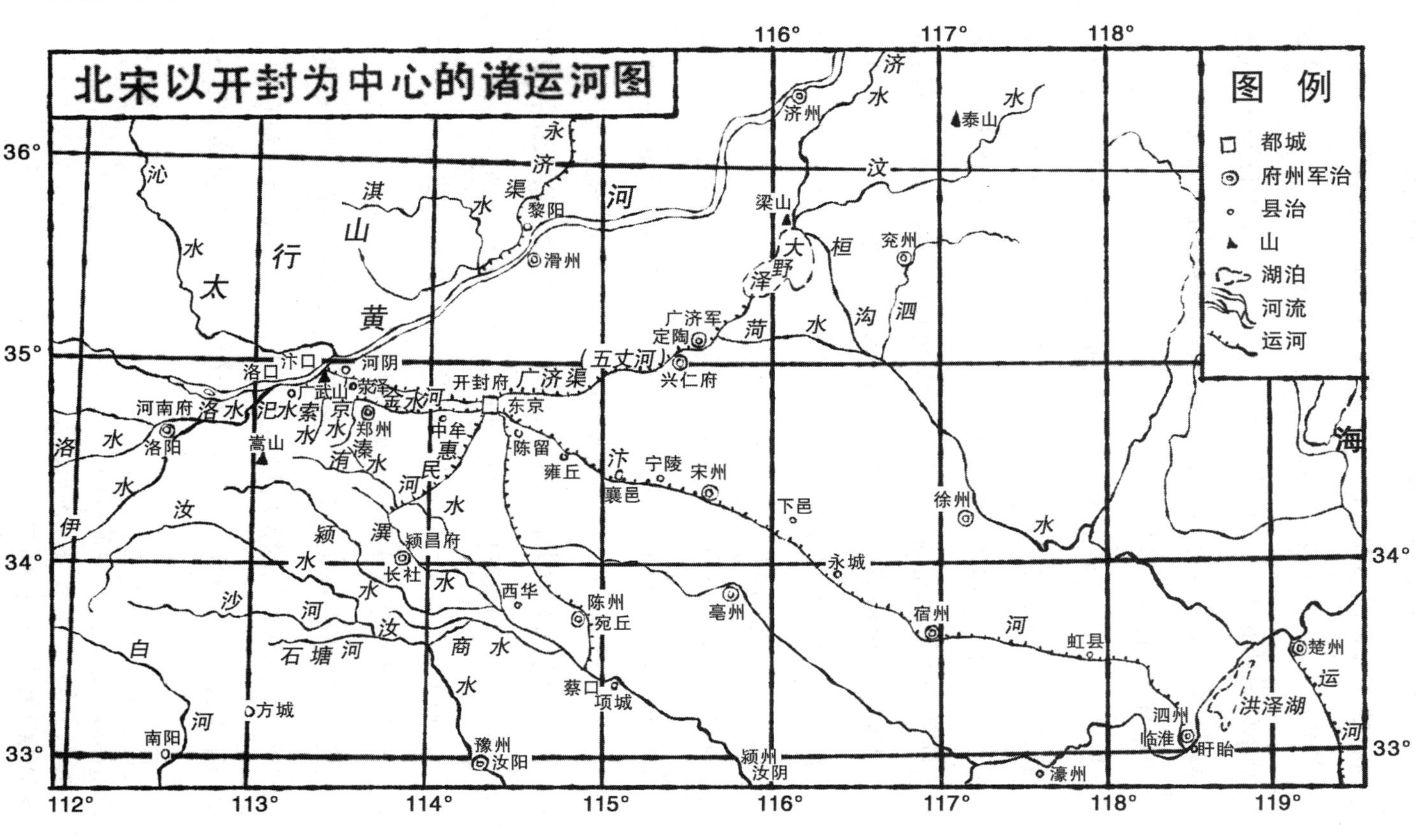
北宋以开封为中心的诸运河图
图例
都城
府州军治
县治
山
湖泊
河流
运河
东京
开封府
河南府
洛阳
郑州
荥泽
广武山
汴口
洛口
河阴
嵩山
中牟
陈留
雍丘
襄邑
宁陵
宋州
下邑
永城
宿州
虹县
泗州
临淮
盱眙
楚州
洪泽湖
濠州
徐州
兴仁府
定陶
广济军
梁山
大野泽
济州
兖州
泰山
黎阳
滑州
颍昌府
长社
西华
陈州
宛丘
亳州
蔡口
项城
豫州
汝阳
颍州
汝阴
方城
南阳
广济渠
五丈河
金水河
惠民河
汴河
黄河
永济渠
太行山
海

为在他所控制的地区，没有用兵争夺的问题，因而储粮很多，势同山积。可是当时的京师军民多而食益寡，他愿意伐取太行山的木材，下安阳淇门（今河南淇县），造船三百艘，置行水运，由黄河入于洛口，每岁漕运百万石[1]。这里虽说是由黄河入于洛口的水运，由于天雄军治在魏州，而魏州当时正是储粮之地，这段水运显然是由永济渠达到魏州的。后唐明宗长兴三年（公元932年），幽州（治所在今北京市）赵德钧开凿了一条东南河，自王马口至淤口，长一百六十五里，阔六十五步，深一丈二尺[2]。王马口和淤口未知确地所在。既然称为东南河，当在幽州东南。幽州东南为永济渠会合桑乾水（今永定河）的地区。桑乾水乃是一条自然水道，用不着开凿。这条新河可能就是永济渠北端的一段。赵德钧开凿了这段新河，曾向后唐明宗陈奏，因而见于史籍记载。赵德钧陈奏时还特别提到，开凿这条新河是为了以通漕运，河中行舟可载重千石。赵德钧此时对于后唐王室倾心奉事[3]，故这条新河实是沟通北陲和中原的运输道路。具体来说，当是赵德钧借此对后唐王朝有所贡献并企图得到赐予。正是由于这条新河的开凿，也可以证明唐代后期的太行山东平原虽为藩镇所割据，永济渠的绝大部分还是能够畅通的。不过这一时期汴河的水源却成了问题。后唐庄宗同光二年（公元924年），曾命蔡州刺史朱勍浚索水通漕渠[4]。当时蔡州治汝阳，即今河南汝南县。索水在今河南荥阳县[5]。当济水畅流时，索水下游即入济水。后来济水干涸，汴河凿成，索水当又成为汴河支津。朱勍虽为蔡州刺史，当时奉命疏浚，不能因此而谓索水就在蔡州。索水本是一条小河，原不为开凿运河者所重视，这时忽然加以疏浚，当是汴口进水不多，难以满足要求。

这里应该特别提到的是后周世宗。周世宗着手整理运河是在他即位后的第二年（公元955年）。那时他正想兴兵征南唐。征南唐是要用水军的，

1 《旧五代史》卷一四《梁书 · 罗绍威传》。
2 《旧五代史》卷四三《唐书 · 明宗纪九》。
3 《旧五代史》卷九八《晋书 · 赵德钧传》。
4 《资治通鉴》卷二七三《后唐纪二》。
5 《水经 · 济水注》。

可是汴渠在埇桥[1]以下已经不能行舟，所以周世宗第一步就命人先疏浚这段河道[2]。由淮水入邗沟，本来可以通行船舶，因为邗沟的水面高而淮水的水面低，要保持邗沟的水位，就在邗沟入淮的地方筑了一条北神堰。邗沟的水位保持住了，淮水中的大船却无法进到邗沟里去。恰巧附近有条鹳水，周世宗就利用这条鹳水再加工修浚，使成为邗沟和淮水间的通路，艨艟巨舰都可鱼贯由邗沟而达到江上[3]。同时他又整理汴口，隋唐以来的水道交通干线才得以畅通[4]。显德四年（公元957年），他又疏浚过五丈河，引汴河水北入五丈河[5]。这是为了增加五丈河的水量，经过这次疏浚，齐鲁各地的舟楫皆能达到大梁（即开封）。这次疏浚只是注意到五丈河的上游。过了两年，又疏浚一次，一直通到定陶（今山东定陶县），入于济水[6]。这次疏浚主要在下游，涉及曹州（治所在今山东曹县西北）和济州（治所在今巨野县南），还有梁山泊[7]。梁山泊就是以前的巨野泽。曹、济两州皆濒于梁山泊。定陶当时为曹州属县，五丈河当于其地汇入梁山泊。这里原为济水的故道。不过五代宋时这里的济水故道已经湮塞，好在梁山泊东北的济水仍然畅流，故五丈河上的行舟得通过梁山泊以入于济水。再由济水通到郓州（治所在今山东东平县）并经过一段陆运，通到更东的青州（治所在今山东益都县）。显德

1 《太平寰宇记》卷一七《宿州》："元和七年复置（宿州），仍移于埇桥置，即虹县之地。"虹县为今安徽泗县。

2 《资治通鉴》卷二九二《后周纪三》："周显德二年，十一月，乙未，汴水自唐末溃决，由埇桥东南悉为污泽。上谋击唐，先命武宁军节度使武行德发民夫，因故堤疏导之，东至泗上。议者皆以为难成，上曰：'数年之后，必获其利。'"这里所说的泗上，当是指泗州附近而言，因为隋唐汴渠不是直接入泗水的。

3 《资治通鉴》卷二九四《后周纪五》又说："周显德五年，春，正月，己丑，上欲引战舰自淮入江，阻北神堰不得度，欲凿楚州西北鹳水以通其道。遣使行视，还言地形不便，计功甚多。上自往视之，授以规画，发楚州民夫浚之，旬日而成，用功甚省。巨舰数百艘皆达于江，唐人大惊，以为神。"楚州即今江苏淮安县。

4 《资治通鉴》卷二九四《后周纪五》："周显德五年三月，浚汴口，导河流入于淮，于是江淮舟楫始通。"胡注："此即唐时运路也。自江淮割据，运漕不通，水路湮塞，今复浚之。"

5 《资治通鉴》卷二九三《后周纪四》。

6 《旧五代史》卷一一九《周书·世宗纪六》。

7 《资治通鉴》卷二九四《后周纪五》。

六年（公元 959 年），还曾经疏浚过蔡河。这是导汴河水入于蔡河，以通陈（治所在今河南淮阳县）、颍（治所在今安徽阜阳县）之漕[1]。这都是宋代几条主要运河干线的始基。周世宗对河北的永济渠也曾经整理过，他北征契丹时，正是利用这条水道的。

永济渠的重新疏浚是显德六年的事。当时永济渠的下游乾宁军（今河北青县）以北已为石敬瑭割给契丹。这次修治乃是自沧州（治所在今河北沧州市东南）至乾宁军之南。而周世宗北征军却自沧州经乾宁军直到了独流口（独流口今为独流镇，在今天津市静海县北），由这里折入白沟河（即白马河），西至益津关和瓦桥关，收复了关南地，并以益津关为霸州，瓦桥关为雄州[2]。

当时负责修治沧州以下的永济渠的是韩通，史称他在乾宁军南“补坏防，开游口三十六，遂通瀛、莫”[3]。瀛州治所在今河北河间县，莫州治所在今河北任丘县。据说韩通于水不至处开游口，以备涨溢而洩游水[4]。也就是说，开游口与通瀛、莫无关。按瀛、莫二州治所都距滹沱水很近，而与沧州和乾宁军皆无水道可以直通，当时瀛、莫二州尚为契丹所据有，韩通不能直接开渠通往其地，且戎马倥偬，韩通亦无余暇从容治水开河。当时霸州置于益津关，割瀛州文安、大城（皆今县）两县隶之；雄州置于瓦桥关，割莫州归义（今河北雄县东）、容城（今河北雄县）两县隶之。时世宗北征，瀛、莫两州实为其初期进攻的目的地；韩通修治沧州以北的永济渠，即可顺水而下，折入白沟河，可以通到瀛、莫二州，非谓沧州或乾宁军开凿有新的运道，直通瀛、莫二州。

---

1 《旧五代史》卷一一九《周书一〇 · 世宗纪》。又《宋史》卷二四九《王溥传》：“周显德初，置华州节度，以（溥父）祚为刺史。未几，改镇颍州。……州境旧有通商渠，距淮三百里，岁久湮塞，祚疏导之，遂通舟楫。”这大概是和周世宗的浚蔡河是同时动工的。经过这几次整理和疏浚，隋唐时代的运河差不多都已恢复了原来的面目。

2 《资治通鉴》卷二九四《后周纪五》。

3 《资治通鉴》卷二九四《后周纪五》。

4 《资治通鉴》卷二九四《后周纪五》胡《注》。

## 经济中心地和政治中心地的合一

周世宗崩后，周室也就亡了。宋代继起，正好承继周世宗所遗留下来的这份遗产。周世宗建都于开封，这几条运河都是以开封为中心而向外辐射的。开封本不是一个良好的建都地方，但是这几条运河的交会，使它成为交通枢纽。因此，把开封作为国都，正是想合经济中心地和政治中心地为一地，和秦汉隋唐诸代不一样。

## 宋代汴河的重要性

宋代虽以汴河、黄河、惠民河、广济河为主要漕运干线，实际上汴河的运输量远在其他三河之上。就现在所能知道的数字观察，更可以证明这条运道在当时的价值。太宗初年（太平兴国六年，公元 981 年），一年由汴河从江淮运来的米有三百万石，菽一百万石；由黄河运来的只有粟五十万石和菽三十万石；由惠民河从陈、蔡运来的也只有粟四十万石，菽二十万石；由广济河从齐、鲁运来的最少，仅粟十二万石[1]。自此以后，因为国用繁多，各路漕粮也岁岁增加，就中以汴河增加的最多。当然江淮各地乃是食粮仓库，盛产米粮，应该比其他二路要多一点。太宗晚年（至道年间，公元 995 年—997 年），由汴河运来的米已经增加到五百八十万石。真宗年中（大中祥符初，公元 1008 年），又增加到七百万石。神宗时定制，汴河每年要运六百万石，广济河要运六十二万石，惠民河要运六十万石。广济河和惠民河所运来的米多半是供给近畿军粮，确实输到京师的还是汴河和黄河[2]。

1 《宋史》卷一七三《食货志上三 · 漕运》。
2 《宋史》卷九三《河渠志三 · 汴河》。

后来用兵西夏，西北所产的粮食都就地征为军饷。京师漕粮不能再希望由黄河运来，而专依赖于汴河了。就是广济渠，也有几次不通漕舟[1]。应该运输的漕粮，更须借重汴河。宋人把汴河看得最为重要，远在其他诸河之上[2]。太宗末年，汴河在开封附近决口，太宗亲自督工堵塞，一些扈驾的亲王近臣也都躬与其事，人人都泥泞沾衣[3]。由这宗事看来，也就可以知道宋人对于汴河是如何的重视。

## 宋代的开封

北宋承五代之后，以开封为都城。开封也是在北宋时最为繁荣。开封的繁荣和运河有极为密切的关系。宋代的运河以汴河、蔡河、五丈河、金水河最为重要，这四条运河都经过开封城。也就是说，这几条运河以开封为中心，分别向外辐射，通到各处。

这几条运河中，汴河独居特殊地位。沿河的街道，市廛栉比。传世的张择端的《清明上河图》，就是对开封城内外汴河两侧风物盛况作了细致描绘，其中虹桥一段尤为人们所称道。汴河中，巨舫大舶满载货物，桥上大小车辆也都从事运输，还有一些驮载的牲口和肩负重物的人群，往来不绝。那座虹桥，竟无桥柱，仅以巨木虚架，好像一条飞虹，和桥名相符。这座虹桥的建设，显示出当地建筑技术已有一定的基础。像这样的桥梁还有很

1 《宋史》卷一七三《食货志上三 · 漕运》。

2 《宋史》卷九三《河渠志三 · 汴河》。

3 《宋史》卷五《太宗纪二》："淳化二年六月乙酉，以汴水决浚仪县，帝亲督卫士塞之。"又同书卷九三《河渠志三 · 汴河》也载此事说："汴水决浚仪县。帝乘步辇出乾元门，宰相枢密迎谒。帝曰：'东京养甲兵数十万，居人百万家，天下转漕仰给在此一渠水，朕安得不顾！'车驾入泥淖中，行百余步，从臣震恐。殿前都指挥使戴兴叩头恳请回驭，遂捧辇出泥淖中。诏兴督步卒数千塞之。日未旰，水势遂定，帝始就次，太官进膳。亲王近臣皆泥泞沾衣。"按浚仪、开封同为京师开封府附郭之县。淳化二年为公元 991 年。

多，看来是相当普遍的。

正因为有这几条运河运输来各方的货物，开封城内大街小巷，各种行业皆相当兴隆。孟元老《东京梦华录》中逐一记述，历历如在目前。据说："东角楼街巷，东去乃潘楼街，街南曰鹰店，只下贩鹰鹘客，余皆真珠、匹帛、香药、铺席。南通一巷，谓之界身，并是金银彩帛交易之所，屋宇雄壮，门面广阔，望之森然。每一交易，动即千万，骇人闻见。"而"九桥门街市酒店，彩楼相对，绣旆相招，掩翳天日"。他如州桥夜市，更是直至三更。这里虽仅略举几宗，已可据以了解当时开封城内繁荣的景象。

## 汴河水道的问题

汴河诚然关系着国家的安危，可是汴河的水道却常常发生问题。汴河的水源是由黄河分流出来的，黄河所挟的泥沙很多，汴河沉淀淤积自然不能避免。若要使汴河的水量保持在一定的状况，就不能不常疏浚。宋初规定每岁疏浚一次，可是从那时起，汴河就已经频繁决口，甚至决口的地方就在开封附近[1]。真宗大中祥符年间（公元1008年—1016年），又规定三五年才疏浚一次；再后，竟有二十年还未疏浚过一次的。由于长期湮淀，有的地方的河床比附近的城市还要高。到了北宋后半期，京城开封东水门，下至雍丘（今河南杞县）、襄邑（今河南睢县），河底皆高出堤外平地一丈二尺余，自汴堤下瞰民居，如在深谷之中[2]。这就是失于疏浚的缘故。疏浚时所费的国帑甚多，而失于疏浚，不仅冲没人畜田庐，同时也阻碍漕运，所以当时的人士就想把汴河彻底地整理一次，使它永远再不发生其他的问题。

1 《宋史》卷九三《河渠志三·汴河》。
2 沈括《梦溪笔谈》卷二五《杂志二》。

## 汴河改道计划及失败

最初设法解决汴河问题的是邢用之。这位国子监博士于太宗末年上书，请开白沟（在今河南开封市附近）自京师到彭城的吕梁口，全长共有六百里的运河，以通长、淮之漕[1]。用之所建议开凿的运河，实际上就是恢复东汉的汴渠故道。他想把这条新河开成后，汴河就可以根本废弃不用。太宗已经接受他的建议，着手开凿，不料反对的人很多，竟有人说用之的田园在襄邑，他所以要开凿新河，是想避免他的田园遭受汴河的水患。这样一嚷，新河的工程就停顿了。

过了十年，到了真宗景德三年（公元1006年），又有人建议另凿一条新河，来代替汴河。这条新河是由定陶附近分广济河水引到徐州，会于清河（泗水），还仿佛遵循古代菏水的遗迹，而稍有改变。这条新河开凿成功之后，就绘了一份图样呈到京师。真宗看见沿河地势高低不等，水流又很浅，还得经过吕梁之险，并不见得比汴河优越，就废弃不用[2]。

后来到了神宗时候，王安石执政，又有人旧话重提。这次和前两次都不相同。这位建议的人，以为汴河所以常常淤塞，是因为汴河承受黄河的水流，其中所含的泥沙太多，若要根本改革，不如把汴口完全堵塞起来，改用汴口附近的京水、索水，采取闸坝的办法，存储水流，就可以行舟。汴河河身既已淤高，就干脆废弃不用，另由白沟开新河通到彭城。这个建议关系很大，就是神宗自己也迟疑不决。王安石极力支持这个建议，于是兴工开凿，过了一年，朝野上下都觉得不便，也只好停工[3]。经过这几次的失败，废弃汴河另以新河代替的事情，就再不见有人提起了。

1 《宋史》卷九四《河渠志四 · 白沟河》。
2 《宋史》卷九四《河渠志四 · 广济河》。
3 《宋史》卷九四《河渠志四 · 白沟河》。

## 整理汴口和导洛入汴

远在王安石支持废弃汴河的倡议以前，郭谘已经看到汴河所以淤塞，是因为泥沙太多，若不从根本想办法，就是另外凿条新河，再过几年，还不是一样的淤塞？他以为汴口和洛水入河之口距离不远，洛水和黄河比较起来，那是清得多了，汴河引用黄河之水而常患淤塞，不如另外利用洛水，以求彻底整理。他估计由洛口开渠到汴口，其间只有七十里远，并不见得特别费工。郭谘建议之后，不久就死了，所以停顿下来[1]。神宗时候，废弃汴河计划完全失败，就有人把郭谘的建议重新提起，计划兴工。当郭谘建议之时，黄河的大溜还紧靠南岸的广武山，若要沟通洛水和汴河，势非由河岸山上开渠不可。这时黄河大溜北移，靠南岸的地方空出一块沙滩，正是一个好机会。引洛水入汴河不必由山上另外开渠，就在广武山下河滩空地筑一条大堤，这条大堤阻挡着黄河的大溜，洛水就由堤内入汴，洛水涨高之时，汴河容纳不下，也可以由堤上流入黄河[2]。这宗工程成功之后，洛水顺流入汴，从此汴河就有了清汴的名称了。

## 清汴和浊汴

导洛入汴的计划诚然不错，却还有一点缺陷。当时在广武山下河滩上所筑的大堤，目的本是阻挡河水南侵。但是当时还顾虑着两宗事情：第一，洛水高涨之时，汴河容纳不下，余水如何归宿；第二，黄河的船舶向来直入汴河，这时还希望保持旧日的成规。因为有这两点顾虑，所以筑堤

1 《宋史》卷三二六《郭谘传》。
2 《宋史》卷九四《河渠志四 · 汴河》。

的时候，在堤上留了一个斗门，使黄河和汴河不致断了关系。最初导洛入汴，洛水很清，汴河也就成了清汴。后来黄河大溜南徙，逼近大堤，河水就由斗门侵入汴河，这一下清汴又成了浊汴。黄河大溜南徙引起了许多人的忧虑，在导洛入汴以前，汴河承受黄河之水，原有一定的限度，过了限度，就把汴口封住，如今虽说是导洛入汴，实际上还是黄河侵入汴河，那条大堤上的斗门既不能自由关闭，而黄河大溜逼近堤下，万一大堤一溃，黄河全流就可一齐流入汴河，开封也免不了冲没之患。因为这个缘故，所以在哲宗元祐初年，就准许黄河的水可以酌量流入汴河。又过了几年，大家觉得从前那些人所忧虑的并不是没有道理，于是又专用洛水，不用黄河了。也有些人想在广武山附近另开一条渠道，不再依靠河滩上那条大堤，只是因循未果[1]。好在到宋室南渡之时，黄河还没有完全侵入汴河，幸未酿成大患。

## 淮水和邗沟的整理

由汴河南行，经过一段淮水，就进到邗沟[2]。淮水和邗沟在当时有两点是为人们所注意的：一点是汴河入淮以后，运道中经洪泽湖，东折入邗沟，其间的一段淮水，风浪最险，常溺没漕舟；另一点是邗沟入淮的水口，过于迅急，也不便于行舟。第一点乃是邗沟兴废的问题，人们常常想汴河入

1 《宋史》卷九四《河渠志四 · 汴河》。

2 宋时对这条邗沟只称为运河，并不因用旧名。《宋史》卷九六《河渠志六 · 东南诸水上》载徽宗宣和二年（公元 1120 年）的诏书说："江淮漕运尚矣。春秋时，吴穿邗沟，东北通射阳湖，西北至末口。汉吴王濞开邗沟，通运海陵。隋开邗沟，自山阳至扬子入江……今运河岁浅涩，当询访故道，及今河形势与陂塘潴水之地，讲究措置悠久之利，以济不通。"接着还记载着："初，淮南连岁旱，漕运不通，扬州尤甚，诏中使按视，欲浚运河与江淮平。"而当时臣僚上言，亦只言淮南运河，皆不复提到邗沟。宋时对于江南运河，亦只称运河，而不再称江南运河，和邗沟的改称也相仿佛。

淮以后，因为利用邗沟，须要绕一个大圈子，何以不由汴河入淮的地方另外开一条运河直通扬州？这两点本来都是隋唐以来的旧问题。那时候已经有人注意而加以改善，不过都没有圆满的结果罢了。太宗时，刘蟠和乔维岳相继为淮南转运使，才由楚州（今江苏淮安县）到淮阴另开了六十里的漕渠，解决了多少的困难[1]。仁宗时，发运使许元又自淮阴傍淮开渠通到洪泽湖，后来马仲甫为发运使，鉴于漕舟危险还未尽免，又在洪泽湖外凿洪泽渠六十里。神宗时，发运使蒋之奇再接着开龟山运河，才上通到汴河入淮的淮口。龟山运河是由淮口附近的龟山起，通到洪泽湖，接着洪泽渠。长淮之险也由此免去[2]。今于由汴河入淮的附近，直通扬州的运河，徽宗崇宁中（公元1102年—1106年）就着手开凿，施工五年，才告成功，当时称为遇明河，是由真州（时江苏仪征县）宣化镇江口通到泗州的淮河口，差不多是南北端直的[3]。这条直河当时并没有得到功效，不久又复淤塞了。过了十多年，谭稹为制置使，想再开凿这条直河，到底也没有成功[4]。

## 遇明河和真州

宋代屡次想开凿由汴河入淮的附近直通到扬州的运河，而结果开了一条遇明河，固然是想少绕一段水路，其实还是为了迁就真州在当时的繁荣。这是怎样说起的？原来扬州在唐末五代之时，屡经兵燹，把一个花团锦簇的州城摧残得衰落不堪。扬州虽然受了外力阻挠而趋于衰落，可是这一条往来交通的要衢，无论如何是要有个适宜的地方来作为过往客商落足的处

1 《宋史》卷九六《河渠志六 · 东南诸水上》，又卷三〇七《乔维岳传》。
2 《宋史》卷九六《河渠志六 · 东南诸水上》，又卷三三一《马仲甫传》。
3 《宋史》卷九六《河渠志六 · 东南诸水上》。
4 《宋史》卷九六《河渠志六 · 东南诸水上》。

所。这样，真州就代替扬州而兴起了。真州在唐代还不过是一个小镇，这个小镇名为白沙镇，到了五代，才升为迎銮镇；宋初，又升为建安军；真宗大中祥符六年（公元1013年），更升为真州，及徽宗政和七年（公元1117年），又赐名仪真郡[1]。由它的建置的情形看来，真州的繁荣真可以说是十分迅速的。由此也可以看出它所以繁荣乃是代替扬州而起的。在隋唐之时，扬州和相当于今日淮阴的楚州以及相当于今日泗县的泗州，为汴河下游和邗沟沿岸的较大的经济都会。到这时，这几个经济都会中又添了一个真州，而真州的繁荣更在其他几个都会以上。

宋代人士对于真州繁荣的情形有很多的描述，这里姑且举二三例，以见一斑。欧阳修曾经说过："真为州，当东南之水会，故为江淮、两浙、荆湖发运使之治所。"[2]胡宿也说："维迎銮之奥区，乃濒江之巨郡。……南逾五岭，远浮三湘，西自巴峡之津，东泊瓯闽之域，经涂咸出，列壤为雄。……万艘衔尾，岁乃实于京师。"[3]楼钥更说："真之为州未远也。……而实当江淮之要会。大漕建台，江湖米运，转输京师，岁以千万计。维扬、楚、泗俱称繁盛，而以真为首。"[4]欧阳修等人这样对于真州称道，实已说尽真州所以繁荣的原因。楼钥所说的维扬，就是扬州，而楚州为今之江苏淮安县，位于邗沟入淮的口岸；泗州在现在安徽盱眙县淮水北岸，当时为汴河入淮的口岸。它们虽然繁盛，但比起真州来却总是不如。正是因为真州这时代替扬州成为邗沟和长江会合之处的缘故。

遇明河的开凿固然与真州的繁荣有关，其实在遇明河未开凿以前，真州已经有运河通到扬州，就在真州置州不久，已有人说漕舟由真州入淮汴，经历堰坝五道，实为耗费民力[5]，可见当时真州和扬州已有了运河。此后还曾

---

1 嘉庆《大清一统志》卷九六《仪徵县》。

2 欧阳修《欧阳文忠公文集》卷四〇《真州东园记》。

3 胡宿《文恭集》卷三五《真州水闸记》。

4 楼钥《攻媿集》卷五四《真州修城记》。

5 《宋史》卷九六《河渠志六 · 东南诸水上》。

疏浚过真楚运河[1]。真楚运河当然是要经过扬州的。开凿了遇明河，当有助于真州的繁荣。假若遇明河长久畅通无阻，那么真州或者可以永远代替了扬州，不过这个计划没有成功，而扬州经过一个长期的复苏，又重现出以往的繁荣情形。到这时，真州又要慢慢地萧条了。（附图二十八　北宋江淮之间诸运河图）

附图二十八

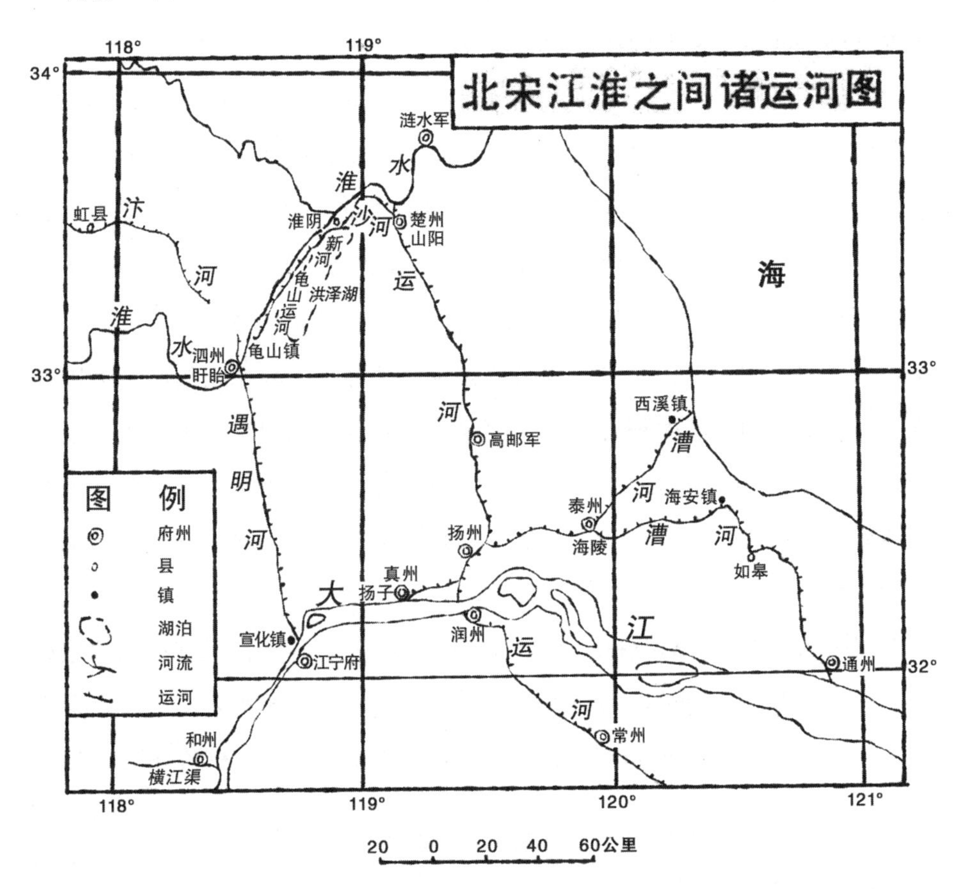


1 《宋史》卷九六《河渠志六 · 东南诸水上》。

## 惠民河

宋代四条主要运道中的惠民河，原是唐时的蔡河。而蔡河就是鸿沟系统中狼汤渠分支的沙水。狼汤渠本是和汳、睢诸水同由鸿沟总渠分出，故至唐时其水源仍仰赖于汴河。后周世宗疏浚蔡河也还是引用汴河水。蔡河之西，虽有发源于新郑（今河南新郑县）的闵、洧、溴诸水，却皆东南流入于颍水，与蔡河无关。宋太祖建隆元年（公元960年）始引闵水自新郑至开封和蔡河相汇合[1]。这闵水其实就是溱、洧两水合流至开封的名称。闵水在开封的西南，蔡河则在开封的东南。二水既已合流，闵河就成了通称。开宝六年（公元973年），始改闵河为惠民河，而蔡河仍其本称[2]。惠民河虽为闵河的专名，一般也通称蔡河为惠民河。太宗至道年间（公元995年—997年），由石塘河和惠民河运漕粮至开封的有陈、颍、许（治所在今河南许昌县）、蔡（治所在今河南汝南县）、光（治所在今河南潢川县）、寿（治所在今安徽寿县）六州[3]。这六州中，陈州为蔡河干流所经之地。颍州濒于颍水，而蔡河下游即汇入颍水，颍州更在合流处之下，故颍州的漕舟可以溯颍水以入于蔡河。光州和寿州皆在淮水沿岸，两州的漕舟可由淮水入于颍水，再入于蔡河。只有许、蔡二州偏处蔡河之西，相距稍远，当是属于石塘河运输的范围。石塘河在今河南叶县南[4]。石塘河北有由今河南鲁山县流来的沙河。其下游皆入于汝水。汝水之东为颍水。汝、颍两水虽各自独流，在许州郾城（今河南郾城县）可借商水互相联系[5]。这一点是在前面论述过的。当时许州的漕舟可以由这条商水入于颍水，再由颍水入于蔡河。蔡州的漕舟则可以循汝水而下，入于淮水。若溯汝水而上，运到许州后，和许

1 《资治通鉴》卷二九四《后周纪五》胡《注》引《口朝会要》。

2 《资治通鉴》卷二九四《后周纪五》胡《注》引《口朝会要》。

3 《宋史》卷一二八《食货志上三 · 漕运》。

4 《大元一统志》卷三八四《裕州》。

5 《元丰九域志》卷一《京西北路》：陈州商水，有颍水，商水。商水当是㶏水的改称。

州漕舟一样，辗转入于蔡河。如果惠民河仅限于由新郑至开封一段，如何能够运输这六州的漕粮？这就说明蔡河是可以称为惠民河的。

比较说来，惠民河在宋代诸运河中最不常发生淤塞问题。惠民河虽引用汴河水，在宋代，由溱、洧两水合流的闵河实为其主要水源。太祖乾德二年（公元964年），还在长社（今河南许昌县）引潩水合于闵水[1]。而由郑州（今河南郑州市）流来的京、索诸小水也都汇集到惠民河中。这几条小水都比较清些，所以惠民河不大淤塞。只有一点值得顾虑的，就是惠民河归纳这些河水入颍水，在洪水期间，水流往往很大，不是颍水所能容纳得了的。淮阳一带地势本极卑下，每到夏秋之时，附近都成了陂泽。哲宗元祐四年（公元1089年），知陈州（治所在今河南淮阳县）胡宗愈建议，应该遵循古八丈沟的故道，另开一条新河，傍着颍水，由陈州到寿县（今安徽寿县），直接入淮，可以避免颍水容纳不下的灾患[2]。胡宗愈所说的古八丈沟，就是鸿沟系统中渠水下游的一条分支。渠水下游称为沙水。沙水经过陈东（陈即今河南淮阳县），称为百尺沟。沟水东南流，会合由陈西北涝陂流来的谷水，又东南于交口入颍水。交口有大堰，即古百尺堨，也称为百尺堨。魏晋之间这里还是有水的[3]。这条百尺沟也就是八丈沟[4]。胡宗愈开凿这条新河大约长八百里，他只完成了一大部分，距离淮水还有一段尚未毕工。徽宗政和（公元1111年—1117年）初，霍端友知陈州，又提出陈地汙下，久雨则秋潦害稼，原来疏新河八百里，由于去淮尚远，水不时泄，故请益开二百里，以达于淮。这条建议得到允许，才继续兴作，竟获全功[5]。按照霍端友的建议，所开凿的河道起自西华，循宛丘，入项城，最后达于淮水。西华、项城，今仍为河南西华县和项城县。宛丘，今为河南淮阳县。西华

1 《宋史》卷九四《河渠志四·蔡河》。按《河渠志》又说：“（徽宗）大观元年十二月，开潩河入蔡河，从京畿都转运使吴择仁之请也。”开潩河的地方未知所在。大观元年为公元1107年。

2 王应麟《困学纪闻》卷一六《考史》。

3 《水经·渠注》。

4 《读史方舆纪要》卷四七《陈州》。顾氏释百尺沟，即引《水经·渠注》，其下接着说：“亦名八丈沟。”这句话未见今本《水经注》。

5 《宋史》卷三五四《霍端友传》。

县又在淮阳县的西北，再西北去就非当时陈州的辖境。这样，霍端友所开凿的应为这条新河的全程，包括胡宗愈所计划和施工的在内。

## 广济河和天源河

比惠民河容易淤塞的要算广济河了。广济河原名五丈河，也是开宝六年更名的。广济河的水源同样是由汴河分流出来的，不过广济河的淤塞是相当迅速，周世宗显德六年（公元959年）刚刚疏浚过一次，过了二年，到了宋太祖的建隆二年（公元961年），又需要再度疏浚[1]。这次疏浚，不仅巩固了广济河的河身，并且又开辟了一个新源。本来广济河利用汴河的水流，使汴河的水量常感不足，而广济河也容易淤塞。建隆二年，乘疏浚广济河之便，又导荥阳的京水，开渠经过中牟县而达于开封，驾槽于汴河之上，使京水由槽中横过汴河，东注于广济河中。这条引京水的渠，当时称为金水河，又名天源河[2]。天源河水含沙稍少，广济河从此不至于时常淤塞。可是天源河槽要横过汴河之上，不能不妨碍汴河中的行舟。因为这种缘故，汴河上的水槽有时候就被废弃，而广济河也连带不通。宋代广济河的漕运时常停止，大概就是因此之故。

---

1 《宋史》卷二六一《陈承昭传》："太祖以承昭习知水利，督治惠民、五丈二河，以通漕运，都人利之。建隆二年，河成。"又同书卷二六二《刘载传》："宋初浚五丈河，自陈桥达曹州之西境，命（载）护其役。"

2 《宋史》卷九四《河渠志四 · 金水河》。

## 黄河的运道

这四条主要运道之中，黄河是一条自然水道，和其他三条不大一样。这里所谓的黄河运道，仅是指由汴口至潼关的一段，并不是黄河的全流。这段黄河远在秦、汉、隋、唐之时，都和有关的运河合起来，构成漕运的要道。黄河中滩险很多，所以沉溺淹没之事时常发生。但在宋代却没有什么问题。宋代建都于开封，关中的漕运顺流而下，不像秦、汉、隋、唐各代需要逆流而上。再说宋代由关中运来的漕粮根本不多，后来西夏用兵，关中的粮食也都留供军用，不再运到开封来了。

## 永济渠的演变

宋代主要的运道没有把河北的永济渠算在里面。永济渠自唐末五代以来，虽没有完全淤塞，但已不能全流畅通了。隋炀帝所开凿的永济渠北端原是达到涿郡，自五代中契丹势力南渐，石晋更拱手送去燕云十六州，现今河北省的北部，在那时已非中原王朝势力所能及了。周世宗北征，倒也夺回一点地方，不幸世宗早崩，未能得竟全功。宋代开国以后，对于北边的疆界一直维持周世宗逝世时的旧局面，彼此以白沟河为界。这白沟河当时就被称为界河。北边疆界有了变迁，永济渠的北端只能达到现今的青县，在青县附近会合界河而入海。永济渠的南端，隋炀帝开凿的时候，原是由沁水以通于黄河，经过唐末五代，由沁水入黄河的水口也淤塞不通了。宋初所遗存的永济渠的故迹，只是这截头去尾的中间一段，当时习惯称之为御河。

## 御河上源的整理

宋代所谓主要的运道，是指由各地运输漕粮到京师去的水路。这条御河乃是转运军饷到沿边各地去的，所以不能算是主要的运道。当时的御河既少去沁水的水源，唯一凭借的是卫州共城县的百门泉水（卫州治所在今河南汲县，共城在今河南辉县）。百门泉水流到汲县以下，才可以载大舟。宋初由京师运到河北各地的军饷，是由汴河入黄河，运到黎阳（今河南浚县东北），或者至马陵道口（今河北大名县南），再以车辆搬到御河沿岸，装船下运。神宗熙宁八年（公元 1075 年），因程昉和刘琀的建议，在卫州开凿沙河的故道，由王供埽（在今汲县东，当时在黄河岸边，北距御河较近）引黄河水入御河。据程昉和刘琀所言，开凿这条河道，可有五种利益：一是王供埽这个地方，在当时黄河岸上是一个险工所在，经常需要培护治理，才能免于决口。如果在这里开凿一条河道，引水北行，不仅王供埽可以免溃决之患，也由于黄河有了分支，水量减少，沿河其他地方当不至于再有决口。二是漕舟出汴河之后，就可就近进入沙河，可以免除黄河风涛的危险。三是经由沙河引水入御河，黄河若有涨溢，沙河可以作为节制。四是御河若有涨溢，预先设置斗门以时启闭，就可无冲注淤塞的弊病。五是德（治所在今山东陵县）、博（治所在今山东聊城县）二州的舟运也可以免数百里大河之险。由于王供埽距离御河本不甚远，且有沙河故道可以利用，所以施工极为容易，费时一月，即告成功[1]。以前御河南端阻塞时，河北的漕粮运输须由黎阳或马陵道口盘运，新河凿成，这些都可省去。至于程昉和刘琀所说的德、博舟运可免数百里大河之险，这是因为仁宗庆历八年（公元 1048 年）黄河在商胡（今河南濮阳县附近）决口，一股北流合并御河，一股东流合并马颊河。合并于马颊河这一股流经博州和德州，德、博

1 《宋史》卷九五《河渠志五 · 御河》。

的舟运可以溯这股黄河而上，途中经过马陵道口，再转到大名府（今河北大名县）进入运河。所以程、刘二人作出如此计划。

这里有一个问题需要说明一下。程昉和刘琀所设想的这个方案是因为卫州有已经湮没的沙河故道可以利用。这条沙河是怎样形成的？起讫的地方各在何处？还有待于继续解决。王供埽就在黄河岸上，北距清水实非过远，其间不应再有任何水道存在，颇疑这是隋炀帝当年引沁水东流的故道。不过隋炀帝修永济渠既引用了沁水，也利用清水的河道，下游才能和淇水相合。沁水多沙，沁水不再东流，故道可能留有积沙。沁水虽不再东流，清水却依然畅通，当不易形成一条沙河故道。所以这个问题还值得再事斟酌。

程昉和刘琀的建议，文彦博反对最力。这时，文彦博为大名安抚使，他确实恐怕黄河灌注御河，使大名附近发生水灾[1]。按常理来说，这条新河固然便捷，却有一个缺点。大率由黄河中引水为渠，最怕河中大溜灌入渠中。卫州新河引黄河水入御河，水口所恃的只是一条大堰，要以这条大堰捍拒大溜的侵入，相当困难。果然不出文彦博所料，新河开成不久，黄河即灌入御河，不仅大名府一地受到灾难，御河沿岸都遭了一次浩劫。

## 御河所受黄河的影响

当时最能影响御河运输的要算是黄河的改道了。卫州附近的黄河由沙河灌入御河，那只是其中极轻微的一次。远在真宗大中祥符之时，黄河已经在现今的浚县附近决口，北流合御河入海[2]。这次决口不久就堵塞住，为害还不算是很大。仁宗庆历八年（公元 1048 年），黄河又在商胡（今河南濮

1 《宋史》卷九五《河渠志五 · 御河》。

2 李焘《续资治通鉴长编》卷七六《真宗》，《宋史》卷八《真宗纪三》。此事在大中祥符四年（公元 1011 年）八月。

阳县东北）决口，分为两道：一道东流合马颊河，经博州和德州入海；一道北流，自魏州（即大名府）之北，至恩州（治所在今河北清河县）、冀州（治所在今河北冀县）、乾宁军（治所在今河北青县）入海。这中间还经过深州（治所在今河北深县南）和瀛州（治所在今河北河间县）[1]。而乾宁军以下，本来就是永济渠，是黄河北流在这里冲入永济渠中。后来到神宗元丰四年（公元 1081 年），黄河又在小吴埽（今河南濮阳县西南）决口，自卫州（今河南濮阳县）北注御河，与御河合流至恩州，又分流经冀州、瀛州，又东北流复与御河相合，以入于海[2]。后来到了哲宗元符二年（公元 1099 年），黄河又在内黄口（今河南内黄县）决口，东流断绝，全河皆行北注。这次新河道流经洺州平恩县（今河北邱县南）、邢州巨鹿县（今河北巨鹿县）、冀州衡水县（今河北衡水县西）、深州武强县（今河北武强县西南）、瀛州乐寿县（今河北献县），再东北复合于御河[3]。这次决口虽形成新河道，相当多的部分是合御河入海的。如徽宗政和五年（公元 1115 年）决于冀州枣强埽（今河北枣强县）。七年，臣僚请修恩州宁化镇大河。徽宗宣和三年（公元 1121 年），河决清河埽。所说的虽是黄河，实际上却是御河。因为枣强埽之东就是御河，而当地距这时的新河道尚远。宁化镇和清河县更都在恩州境内，而恩州正当御河流经的地方。至于大观二年（公元 1108 年）修葺清州的河道，则系由邢、冀、深、瀛流下的新黄河和御河合流的河道[4]。

1 《宋史》卷九一《河渠志 · 黄河上》。按《河渠志》又说："神宗熙宁元年六月，河溢恩州乌栏堤，又决冀州枣强埽，北注瀛。七月，又溢瀛州乐寿埽。……都水监丞李立之请于恩、冀、深、瀛等州，创生堤三百六十七里以御河。"

2 《宋史》卷九二《河渠志二 · 黄河下》："元丰四年四月，小吴埽复大决，自澶注入御河，恩州危甚。"又说："（李）立之又言：'北京南乐、馆陶、宗城、魏县、浅口、永济、延安镇、瀛州景城镇，在大河两堤之间。'"按：南乐今为河北南乐县。馆陶今为山东馆陶县。宗城在今河北清河县南。魏县在今河北大名县西北。浅口、永济皆在今馆陶县北，延安镇未知所在，景城镇在今河北河间县东南。其中馆陶、宗城、魏县、浅口、永济诸地皆在御河侧旁。可见当时黄河在这些地方是和御河合流的。《河渠志》又说：元丰七年，"冀州王令图奏：'大河行流散漫，河内殊无紧流'"，则当时黄河在恩州以下，曾由御河分出，流经冀、瀛两州，又复与御河合流。

3 《宋史》卷九三《河渠志三 · 黄河下》。

4 《宋史》卷九三《河渠志三 · 黄河下》。

黄河这样一再改道，并冲入御河，御河的运输力量就难免为之减色。（附图二十九　北宋御河和黄河的关系图）

附图二十九

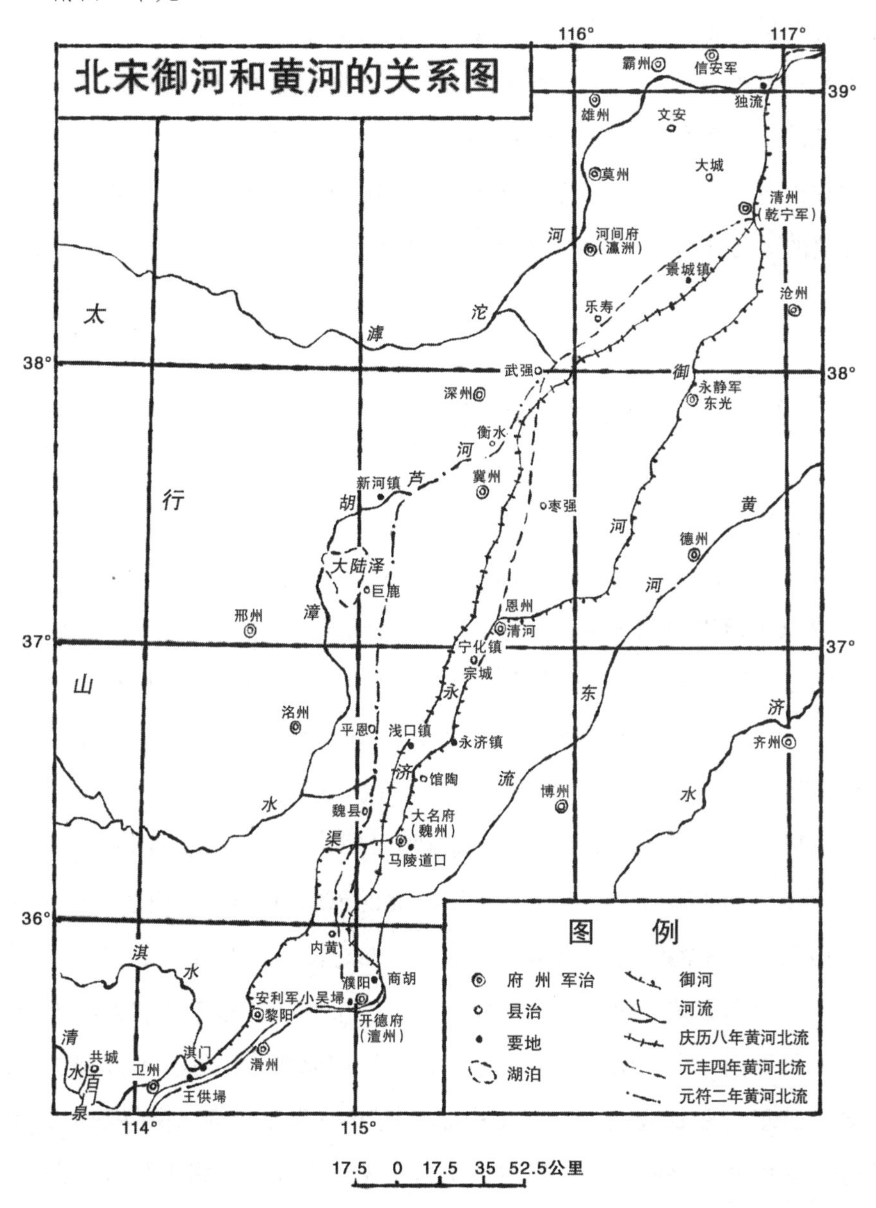

## 以开封为中心的运河

前面已经说过，宋代几条主要运河都是以开封为中心而向外辐射的，这是宋代运河的特点及和其他各朝不同的地方。宋代开国时已开凿成的运河是这样的，就是后来新开凿的也有采取这个方式的。太宗时计划开凿白沟通到彭城的新河，真宗时着手开凿定陶、徐州间的新河，都是以这个观点为基础。太宗太平兴国（公元976年—983年）初年，西京转运使程能献所建议的开凿古白河，也就是由南阳到京师间的运河，也是如此。程能献所建议的运河虽然没有成功，但自有相当的意义。

## 开凿古白河和襄汉漕渠的建议

原来宋代的运道，由黄河以通西方的关中，由广济河以通东方的齐、鲁，由惠民河以通南方的陈、颍，由汴河以通东南的江、淮、太湖各地，由御河以通河北各地。只有南阳（今河南南阳市）、襄州（治所在今湖北襄樊市）、邓州（治所在今河南邓县）等处，却不能利用水道和京师相通，就是湘（治所在今湖南长沙市）、潭（治所在今湖南湘潭市）、岭南的漕粮，也只好顺江而下，以入于邗沟。南阳到开封本是可以开凿运河的，上文也曾经论及。程能献所建议的是在南阳县北的下向口置堰，回白河之水入石塘、沙河，合蔡河，达于京师，以通湘、潭之漕。当时施工处在博望、罗渠、少柘山和方城。博望在下向口东北，罗渠更在博望东北和方城（今方城县）的西南。少柘山就在方城县北，方城南北皆是山地，独方城位于较低处。这里自春秋战国以来就是中原和南方的荆襄及其以南各地的通道，迄今犹为南北公路所通过。当时为了这宗工程，征发了附近数万丁夫，渠是凿成了，但是水却引不上来[1]。这种失败当然是受到地势的影响。这条渠道要经过方城县，方城虽属南北通道经过的地方，地势还是显得高昂。当地有一条赭河南流，自是北高南低。今南阳市高程仅127米，方城县高程却在200米以上。程能献建议时距今虽将近千年，其间变化当不至于过分悬殊。引渠道东流是会遇到一定的困难的。这里高差不能说是很大，可是当时竟不易加以克服。

程能献的建议虽然失败了，当时一班人士却并没有死心塌地绝了这个念头。过了十二年，到了太宗端拱元年（公元988年），内使阎文逊和苗忠又一齐请求重开古白河的运道，同时又请求开江陵城东的漕河，由师子口通入汉水。这些计划相当伟大，若能完全成功，则西晋以前纵贯南北的水路交通干线可以重现。但是施工的结果，江陵城东通师子口的漕河是成功了，古白河的运道却依然失败[2]。（附图三十　北宋古白河运道图）

阎文逊和苗忠所开的江陵城的漕河，当是恢复西晋杜预的阳口故道，只是入汉水处有所不同。阎文逊和苗忠所开的漕河由师子口入汉水。乐史曾经说过："荆州潜江县，汉山在县北二十里，自长寿县至狮子口，经县界。"[3]狮子口当是师子口。长寿县今为湖北钟祥县，在潜江县北。则师子口当在潜江县北二十里处。宋时潜江县在今潜江县西北，师子口更在今潜江县西北，然阳口亦在今潜江县西北[4]。两地的关系若何，师子口究竟在阳口的左方或右方，亦欠明了。不过两地相距应不甚远。也就是说阎文逊和苗忠所开凿的漕河，是依据杜预的旧规，仅在入汉水处稍稍有所改易而已。后来到真宗天禧（公元1017年—1021年）末，尚书郎李夷庾又"浚古渠，格夏口，以通赋输"[5]。所谓古渠当即阎文逊和苗忠所开的漕河，也即杜预所开

1　《宋史》卷四《太宗纪一》，又卷九四《河渠志四·白河》，又卷二五七《李继隆传》，又卷二七四《王文宝传》。

2　《宋史》卷九四《河渠志四·白河》。

3　《太平寰宇记》卷一四六《荆州》。

4　杨守敬《水经注图》。

5　《舆地纪胜》卷六四《江陵府上·景物上·漕河》。

附图三十

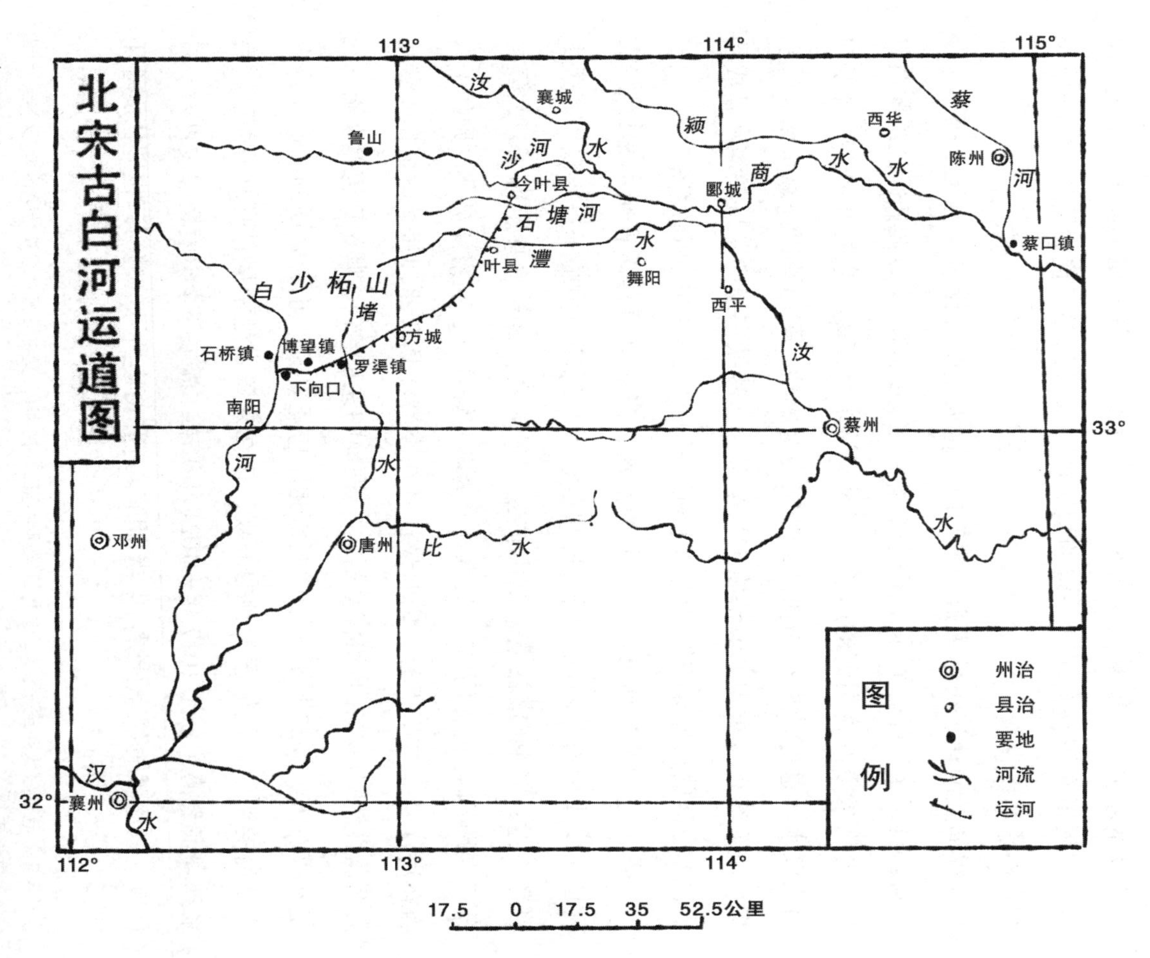
北宋古白河运道图
图例
州治
县治
要地
河流
运河
蔡河
陈州
蔡口镇
西华
颍水
商水
郾城
汝水
蔡州
西平
舞阳
襄城
沙河
今叶县
石塘河
澧水
叶县
方城
罗渠镇
少柘山堵
博望镇
下向口
石桥镇
南阳
白河
鲁山
唐州
比水
邓州
汉水
襄州
112°
113°
114°
115°
32°
33°
17.5
0
17.5
35
52.5公里

的阳口。前面曾经论述过：阳口也称为夏口。可见李夷庚所浚的古渠，虽说是阎文逊和苗忠所开的漕河，却还小有不同。实际上是恢复杜预的旧规，自阳口入于汉水，与师子口无关。这里还应该附带提一下，五代时南平高从诲在江陵城西引白彗河水入城，注于漕河[1]。白彗河为江陵城外的一条小水，高从诲所开的河水，只是由城外引入城内，再与漕河相接，是相当短促的。不过是为了便于运输漕粮至城西仓库而已。

## 江淮间的小运河

宋代在这几条主要辐射线运河之外，还开凿了许多规模较小的运河。其中最早的一条，要算太祖开宝年间（公元 968 年—976 年）在和州（今安徽和县）所开的横江渠了。这条横江渠的开凿是供给用兵于南唐的军运的[2]。其后，徐的为淮南江浙荆湖制置发运副使，又于泰州海安和如皋县间（泰州今江苏泰县。海安，宋镇，今亦旧名。如皋，今县）开凿一条漕河[3]。徐的为仁宗时人[4]。《元丰九域志》于泰州海陵县下记有运河[5]，当即徐的所开。徐的还曾治理泰州西溪河[6]。泰州东北有西溪镇[7]，西溪河当通至西溪镇。由泰州东行的漕河，经海安至于如皋。如皋以南，北宋时似未再见有开河的记载。度宗咸淳五年（公元 1269 年），李庭芝为两淮制置使，乃凿运河四十里入金沙、余庆场，兼浚他运河[8]。金沙场今为南通县治所在，余庆场当在其东。

1 《舆地纪胜》卷六四《江陵府上 · 景物上 · 漕河》引《皇朝郡县志》。
2 《宋史》卷二七〇《李符传》。
3 《宋史》卷三〇〇《徐的传》。
4 《宋史》卷四九三《蛮夷传》。
5 《元丰九域志》卷五《淮南路》。
6 《宋史》卷三〇〇《徐的传》。
7 《元丰九域志》卷五《淮南路》。
8 《宋史》卷四二一《李庭芝传》。

今图有余东、余西场，余庆场可能就在其间。余东、余西两场间相距就已超过四十里，更无论金沙场了。李庭芝当时开河当从通州起始。这里所谓四十里，并非连续开在一起，不过是记其施工的河段长度而已。余庆场之东为吕四场。范仲淹修捍海堤，即起于吕四场[1]，可知当时吕四场已经成陆。吕四场既西距余庆场不远，则李庭芝所开的河道可能已达到吕四场。当时两淮制置使驻节扬州，金沙、余庆河道的开凿主要是为了运盐。扬州亦赖盐为利。由通州运盐至扬州，必须由如皋、海安一道。似通州至如皋当时已有通航的河道。李庭芝曾兼浚他运河。这所谓他运河，至少应包括通州至如皋一段河道在内。在此之前，淮东提举陈损之已在光宗绍熙五年（公元 1194 年），开凿了由泰州海陵经过扬州泰兴（今江苏泰兴县）通入大江的河道[2]。

这里所说的由扬州通往泰州、海安、如皋、通州，再由通州向东通往金沙、余庆以至于吕四诸场，另由泰州通往泰兴以至于大江的运河，乃是扬州、楚州（治所在今江苏淮安县）间的运河以东的诸小运河最南的一支。

和这一支南北相对的则是由高邮经兴化而至于盐城（今县皆同名）的一支。这也是光宗绍熙五年陈损之所开的。据说当时高邮、楚州之间陂湖渺漫，茭葑弥满，这是金人占据淮北以后运河阻塞的必然现象。陈损之为此请求在这样渺漫的陂湖周围创立堤堰，并请求在由高邮、兴化至盐城县二百四十里的堤岸傍开一新河，以通舟船，并由盐城县再往东引，以入于海[3]。当时在这条河的沿流建立了十三座石础。石础为砖石甃砌的建筑物，以防流水和波涛的冲刷。其中一座在盐城县东三里，名为广惠，后来称为白波湫运河[4]。在陈损之兴修高邮、兴化河道之前，高邮县南，曾由扬州、楚州间的运河中引出一道小河，东至樊汉镇（高邮、泰州之间），又由樊汉镇

1 《读史方舆纪要》卷二三《通州》。
2 《宋史》卷九七《河渠志七 · 东南诸水下》。
3 《宋史》卷九七《河渠志七 · 东南诸水下》。
4 《读史方舆纪要》卷二二《淮安府》。

折而南行，达到泰州。这条河道后来也称运盐河。相传这是西汉时吴王濞所开的。吴王濞可能开过运河，东通海陵之仓，但不会远到此地。应该说，这是一条古河道，开凿时期已不考，宋神宗熙宁九年（公元1076年），发运使王子京才施工修复[1]。后来在樊汉镇北又修了一条河道，通到高邮、兴化间那条河道，使这南北两支小运河得以沟通。不过樊汉镇北这条河道开通，可能要迟至明代了。

这里还应提到另外两条小运河，一是扬州附近的白塔河，一是楚州附近的通涟河。白塔河在扬州东北六十里，南通扬子江，北抵运河。据说这是明宣宗宣德七年（公元1432年）陈瑄所开的[2]。然此河已见于《舆地纪胜》的记载[3]，不应迟至明代始行开凿，可能岁久淤塞，陈瑄只是疏浚而已。通涟河在今涟水县西北，它沟通淮水和涟水，是循着楚州附近的支家河而再加工开凿的[4]。这里本来有唐武后时所开的新漕渠，通涟河大概就是遵着新漕渠的遗迹而重新开凿的。

## 大江南岸的小运河

到了徽宗宣和末年，又在大江左近开过三条运河，使江上的航行少受许多风波之险。其中一条是在池州（今安徽贵池县）附近。由车轴河口的沙地凿入杜坞[5]。杜坞，河名，就是池口河，在池州城西。原来池州之西，大江趋向北流，再转而东下。在北流这一河段里，东岸多暗石，西岸则沙洲，

1 《读史方舆纪要》卷二三《泰州》。

2 《读史方舆纪要》卷二三《扬州府》。

3 《舆地纪胜》卷三七《扬州》作白獭河。

4 《宋史》卷九六《河渠志六 · 东南诸水上》，又卷三四三《吴居厚传》。

5 《宋史》卷九六《河渠志》。《河渠志》作“卢宗原复言……今东岸有车轴河口沙地四百余里，若开通入杜湖……”。池州江边无湖泊。《读史方舆纪要》卷二七，池州府贵池县大江条下引此作杜坞，并说杜坞河在贵池县城西。当从之。

颇不易行舟。这条运道开凿后，至池口再入江，可避免二百里风涛拆船之险。另一条是宣和六年（公元 1124 年）凿成的江宁府（治所在今南京）的靖安河。这是由靖安镇引江水，取道青沙夹，趋北岸，入仪征新河。这样可以安流八十余里，避免大江百五十里的风涛之险[1]。为什么要在这里开一条新河作为运道？因为当时在这里发现了一条古漕河的遗迹。这条古漕河就是引江水东流的，这条古漕河还见之于下蜀港[2]。下蜀港在句容县北，今名下蜀镇，沪宁铁路经过其地。这里的古漕河是什么时期凿成的？已无可稽考。不过可以看出，为了避免江上风涛之险，在江边开渠是早已有之的。其他一条是疏浚江东古河的故道。这是自芜湖（今安徽芜湖市）江边凿起，由宣溪、溧水至镇江再入大江的运道，可避免六百里江行之险[3]。溧水上承丹阳、固城诸湖，而下接荆溪，入于太湖。宣溪未知确地，当在芜湖县城与丹阳湖之间。这条江东古河大致就是春秋时伍子胥在江南所开的运河，也就是一般经学家所说的《禹贡》中江。宋代所疏浚的和伍子胥的故迹略有不同。伍子胥时吴国的都城在姑苏（今江苏苏州市），所以他由溧水直趋太湖。宋代则是希望由此穿过大江而入邗沟。这就要在过溧水之后，折而北行，再到润州（治所在今江苏镇江市）。由溧阳到润州，中间虽有长荡湖，在那时似尚未有直达水道。疏浚江东古河的工程，始于徽宗宣和七年（公元 1125 年）九月，钦宗靖康二年（公元 1127 年）二月金人已入汴京，接着还不断用兵于长江下游和太湖附近。大致这条运河并未开凿成功。后来到南宋时，这里还陆续开凿了一些小运河，也可以说稍稍完成江东古河东一段的规模。孝宗淳熙九年（公元 1182 年），就曾在常州（治所在今常州市）西南开凿了白鹤溪，在常州之南开凿了西蠡河[4]。白鹤溪是由金坛县北引天荒荡诸水，绕金坛县的东北，分为二流，其一东南流入于滆湖，其一东

---

1 嘉庆《大清一统志》卷七三《江宁府》引《宋纪略》。

2 嘉庆《大清一统志》卷七三《江宁府》引《建康志》。

3 《宋史》卷九六《河渠志六 · 东南诸水上》。

4 《宋史》卷九七《河渠志七 · 东南诸水下》。

至常州附近与江南运河相会。西蠡河乃是由宜兴县（今县）引荆溪水向北，经滆湖之东，而北至常州附近与江南运河相衔接。这条西蠡河后来就称为西运河[1]。应该指出，根据北宋人的记载，当时宜兴县已经有了运河[2]。宜兴县主要水道为荆溪，这是一条自然水道，与运河无关。当时宜兴县隶于常州，这里的运河可能是通往常州的。由宜兴县通往常州，应以西蠡河一途最为捷近。如果这样说法不错，则西蠡河的开凿不应迟至南宋时期。可能是南宋时西蠡河再经疏浚，因而记载上稍有讹误。至于连接溧阳和丹阳两县之间的金坛河，则是理宗时（公元 1225 年—1264 年）才正式开通的。金坛河是由溧阳县引荆溪水北至金坛县，更北由珥渎河（亦称七里河）至丹阳附近与江南运河相衔接。这条运河后来就称为金坛运河[3]，也就是现在的金溧漕河。丹阳县附近还有一条九曲河，西接江南运河，东北通于大江，亦称新河，据说“昔时由此通潮利漕”[4]。这条九曲河和金坛河都和江南运河相联系，联系处又相距很近，可能也是当时开凿的。

当时常州城西还有一条烈塘河。烈塘河之西就是唐代孟简所开的孟渎河。这条烈塘河为宋高宗绍兴（公元 1131 年—1162 年）中郡守李嘉言开浚的，也就是后来明代所谓的得胜新河[5]。得胜新河是由常州城西十八里引江南运河水北流入于大江，长凡四十三里。烈塘河再东为江阴县的运河。这条运河是由江阴县北的黄田港引江水，南至无锡县与大运河相合。据说这是宋仁宗皇祐（公元 1049 年—1053 年）中疏浚的，后至明成祖永乐中再加疏浚[6]，迄今犹畅通无阻。至于常熟县的至和塘，本是唐代的元和塘，这时还依

1 《读史方舆纪要》卷二五《常州府》。

2 《元丰九域志》卷五《两浙路》。

3 嘉庆《大清一统志》卷九〇《镇江府》。

4 嘉庆《大清一统志》卷九〇《镇江府》。

5 《读史方舆纪要》卷二五《常州府》。

6 《读史方舆纪要》卷二五《常州府》。

然畅通[1]。

这里还应该提到太湖南岸的吴兴塘和荻塘。吴兴塘在湖州归安县[2]。归安县为湖州治所所在地，就是现在的湖州市。吴兴塘据说为太守沈攸之所修，本用以灌溉[3]。沈攸之为刘宋时人。如果这样记载不错，则吴兴塘在南北朝时即已有了成效[4]。今江苏震泽县南有荻塘河，据说为唐湖州刺史于頔所开[5]，一说为宋庆历时所开[6]，自南浔镇至平望镇，与南塘河相合。南塘河即嘉兴县北的运河。明清时期，湖州府有运河，上源分余不溪和苕溪水流，东过南浔、震泽、平望诸镇与嘉兴的运河相合，所行即吴兴塘和荻塘的旧道[7]。这也可以证明这两塘的兴修虽以灌溉为主，然其规模较大，当易通行船舶，故后世径以运河相称。（附图三十一　宋代太湖周围及浙东诸运河图）

## 浙东运河的扩展

唐元和时，孟简不仅在常州开了孟渎，还在越州开了一条运道塘。这条运道塘在越州城北，而未知其起讫。到宋时，萧山和上虞（今县同名）

---

1 《读史方舆纪要》卷二四《苏州府》："崑山县，运河在城南，旧名崑山塘。北纳阳城湖，南吐松江，风涛驰突，为舟楫田庐之患。宋（仁宗）至和二年，县主簿邱与权修筑堤防，横绝巨浸，积土为塘，因以纪元为名。自是相继修浚。明亦属经修治。……今自（苏州）府城娄门而东北二十里，经沙湖，又东经彝亭及真义浦，交贯县城东，入太仓州界，（而合于娄江），皆曰至和塘。为运道所经。近志以为娄江，误也。"当邱与权始筑至和塘时，仅是注意防备水患，似尚未能成为漕运航道。其成为运道未知始于何时。可能明代已为通途。谨志于此，以备稽考。

2 《元丰九域志》卷五《两浙路》。

3 《元和郡县图志》卷二五《湖州》。

4 《宋书》卷七四《沈攸之传》："（泰始）四年，徽攸之为吴兴太守，辞不拜。"攸之既未为吴兴太守，何能再至其地主持修吴兴塘事，当是传说的讹误。

5 《读史方舆纪要》卷九一《湖州府》。

6 嘉庆《大清一统志》卷七七《苏州府》。

7 嘉庆《大清一统志》卷二八九《湖州府》。

附图三十一

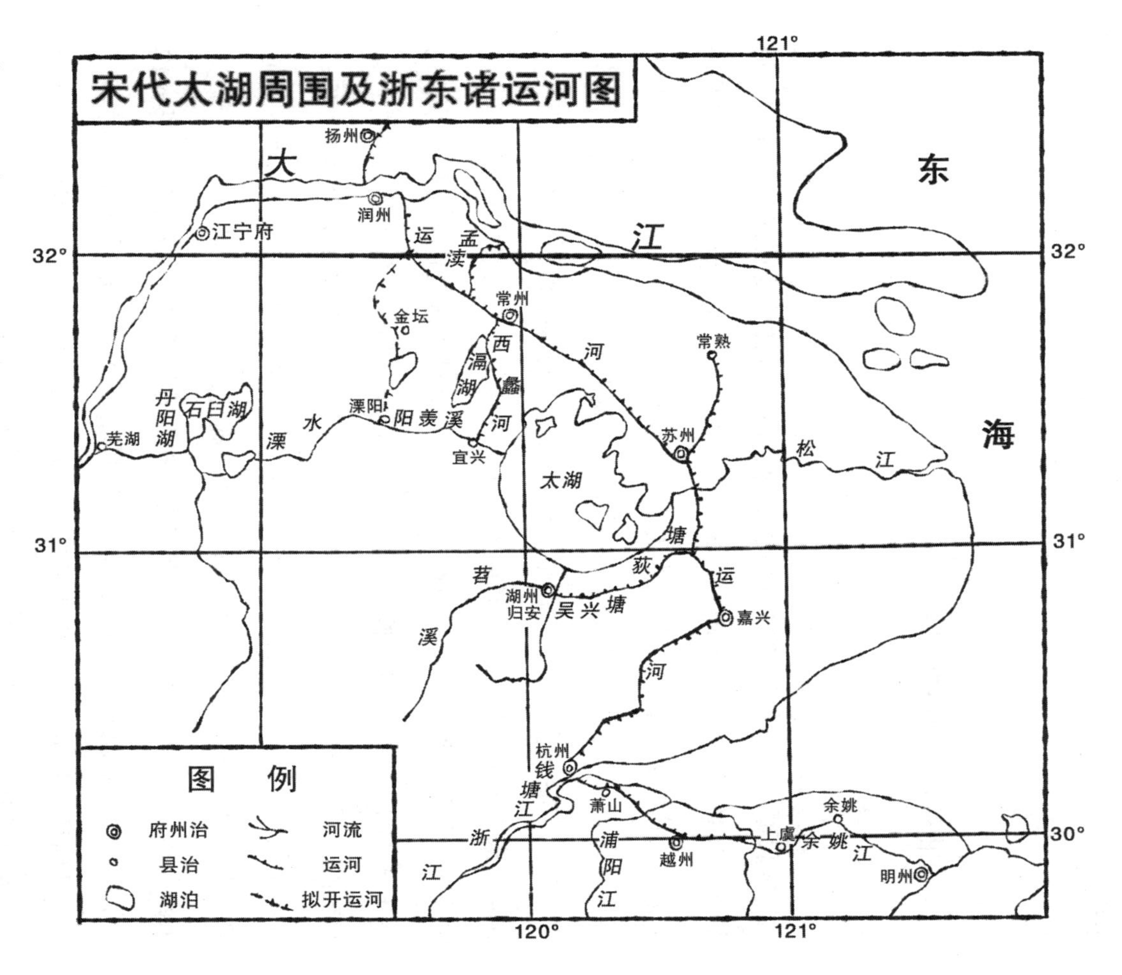
宋代太湖周围及浙东诸运河图
大
江
东
海
扬州
润州
江宁府
运
孟
渎
常州
金坛
西
滆
湖
蠡
河
溧阳
阳羡溪
宜兴
溧水
丹阳湖
石臼湖
芜湖
河
常熟
苏州
松
江
太湖
塘
荻
运
苕
溪
湖州
归安
吴兴塘
嘉兴
河
杭州
钱
塘
江
浙
江
萧山
浦
阳
江
越州
上虞
余姚
余姚江
明州
图例
府州治
县治
湖泊
河流
运河
拟开运河
32°
31°
30°
120°
121°

皆有运河[1]。萧山在越州之西，又西通到钱塘江。上虞在越州之东，更东与余姚江相接。余姚江下游流入鄞江，鄞江流经庆元府（今浙江宁波市）城下。这两段是否都是孟简所开的，尚难遽为肯定，然浙东运河的规模已经确定下来了。

## 河北的小运河和陂塘

宋代河北主要的运道只有一条御河，而御河又常受黄河的侵夺，不得安流。但宋人对于河北水利的讲求却是不遗余力，御河之外，还修了若干小运河。这些运河若以今日眼光看来，其价值可说是很小的，在当时却有莫大的意义。原来北宋最大的外患是辽人，这个塞外的游牧民族不断南侵，竟使宋人不能安枕。辽人利用他们优良的马匹倏然而来，又倏然而去，来的时候宋人无法防御，去的时候宋人又不能追击。假若是在秦汉时期，北边还可以修筑长城、边塞；可是宋人和辽人交界之地乃在河北的平原，而不在更北的山地，所以无修筑长城或边塞的有利地形。宋人另有办法，他们在沿边开了许多陂塘，利用深广浩渺的积水，来限制辽骑的突驰。宋辽以白沟河为界，这些陂塘就是沿着白沟河修成的。大体说来，这些陂塘是起于现今河北的徐水县附近，东经雄县、霸县，止于青县附近，断断续续，东西差不多成了一条直线，构成宋代平地的万里长城。这些陂塘既然是深广浩渺，所以在阻碍辽骑突驰之外，还可以利用来作漕运以供给边地军需。

那时所修筑的陂塘，由于地势的限制，不能修到太行山下。因为在现今徐水县和保定市之西，地势已渐高峻，陂塘的修筑到此几乎成了不可能的事情。远在太宗太平兴国六年（公元 981 年），就在这里引徐河和鸡距河

1 《元丰九域志》卷五《两浙路》。

水东入白沟河，以通关南漕运。接着在真宗咸平四年（公元1001年），自静戎军（今河北易县南，后改称安肃军）东引鲍河水经长城口之南，东入雄州（治所在今河北雄县）。又过了一年，为咸平五年，自静戎军东引鲍河水开渠入顺安军（今河北高阳县），又自顺安军之西引入威虏军（今河北徐水县）。这些渠道都可运输漕粮[1]。所谓关南乃指瓦桥关之南，静戎、顺安、威虏诸军也都在关南地区。关南正是沿边塘泺所在地。所谓关南之漕已可以证明沿边塘泺是能够通漕运的。徐河和鸡距河以及鲍河水等有关渠道的开凿，就足以补足沿边塘泺未能西至太行山东麓的高地的缺陷。这里所说的鸡距河通作鸡距泉。鸡距泉在今河北定兴县西。真宗景德元年（公元1004年），阎承翰就曾引保州（今河北保定市）赵彬堰徐河水入鸡距泉，以息挽舟之役[2]。可知鸡距泉的水源是相当旺盛的。鸡距泉水流出，也是可以称为鸡距河的。徐水和鸡距河水下游入于易水，再由易水入于白沟河。景德元年，阎承翰还在嘉山东引唐河，流三十二里至定州，酾而为渠，直蒲阴县东六十二里，会沙河，经边吴泊，遂入于界河，以达方舟之漕[3]。唐河即滱水。嘉山在今河北曲阳县东北，山下即唐河。当时定州的治所就在今河北定县。蒲阴县为今河北安国县。沙河由西北流来，与唐河相会合，边吴泊则在今河北高阳县北。这是说阎承翰所开的渠道是循唐河左侧，由定州附近，经边吴泊，代替了唐河的运输。这条渠道直入界河，也就是白沟河。和徐水、鸡距河的工程一样，也是补苴沿边塘泺的缺陷。在这些陂塘沟渠之外，那时又于御河之西、太行之东，开了几条运河，使北边的交通互相联络起来。太宗淳化二年（公元991年），自深州（治所在今河北深县）新砦镇开新河，导胡卢河（今滏阳河）分为一派，凡二百里，抵常山（今河北正定县），以通漕运[4]。这是沟通滹沱水和胡卢河两水的运河。不过这里略

1 《宋史》卷九五《河渠志五》。
2 《宋史》卷九五《河渠志五》。
3 《宋史》卷九五《河渠志五》。
4 《宋史》卷九五《河渠志五》。

有一点小问题。深州在常山之东，论地势应低于常山。滹沱水就是由常山流经深州的。而淳化二年所开的新河，不是引滹沱水入胡卢河，而是引胡卢河水入于滹沱水，这可能是当时记载的错误[1]。这条新河应是当时太行山东平原东西向运河中最长的一条。真宗咸平四年（公元1001年），又由镇州常山镇引滹沱水入洨河，以通赵州（治所在今河北赵县）[2]。这条新河也是可以转输漕粮的。太行山东平原宜于开凿运河，即此可见一斑。

## 中原运河的破坏

如果就运河整个的系统说来，宋代要比以前各代都来得整齐。若是没有外患，漕运是最便利不过的。可是当时的敌国却不容许宋人长久享受这种便利。辽、金两族的先后崛起，使宋人的北疆不能安静下去，最后金人又攻破开封，占领中原各地，高宗困守东南半壁，只支持住这残破的局面。在这种乱离的状态之下，昔日举国修治的运河，这时真成了不祥之物。尤其是在高宗仓皇南渡的时候，金人就利用运河的水道，以舟师随后追赶，高宗为了防止金人进一步的逼迫，就下诏毁坏运河水道，不仅毁坏沿河的堤岸，并且又毁坏运河的堰坝[3]。这次所毁坏的主要是邗沟的一段，因为这段正是紧要的去处，至于再往北去的汴河，宋人的力量已经无法达到，只好听其淤塞了。

1 按《宋史·河渠志》说："神宗熙宁中，内侍程昉请开决引水入新河故道，诏本路遣官按视。永静军（今河北东光县）判官林伸、东光县（今县）令张言举言，新河地形高仰，恐害民田。昉言，地势最顺，宜无不便。乃复遣刘琀、李直躬考实，而琀等卒如昉言，伸等坐贬官。"

2 《宋史》卷九五《河渠志五》。

3 《宋史》卷九七《河渠志七》："（高宗）绍兴初，以金兵蹂践淮南，犹未退师，四年，诏烧毁扬州湾头港口闸，泰州姜堰，通州白莆堰，其余诸堰并令守臣开决焚毁，务要不通敌船。又诏宣抚司毁拆真、扬堰闸，及真州陈公塘，无令走入运河，以资敌用。"在这样严密的防敌情形之下，运河的毁坏是太厉害了。

## 东南的运道系统

乱离的局面渐渐地缓和下来，南宋以临安（今浙江杭州市）为行都，就东南一隅复兴漕运。好在东南各处的漕路自隋炀帝开凿江南运河以后，一直维持不废。陆游入蜀，即取道江南运河，亲身经历，确实可据。据他所说，隋炀帝所始凿的渠道长约八百里，皆阔十丈，夹冈如连山，盖当时所积之土。他还说，当时“朝廷所以能驻跸钱塘，以有此渠尔”[1]。由这段话中可以想见当时朝野上下对这条运河的重视。像这样一条运河，既有一定的基础，当时政府又是这样的重视，中间仅须用点疏浚的工夫，仍然可以畅通无阻。那时又在浙西和浙东开凿若干段运河，依然构成了一个小规模的交通网。

金人停止南侵，江淮之间慢慢安谧，邗沟的故道又复疏浚利用。当时不仅疏浚而已，光宗绍熙（公元1190年—1194年）时，淮东提举陈损之提出一项建议说：“高邮（今江苏高邮县）、楚州之间，陂湖渺漫，茭葑弥满，宜创立堤堰以为潴泄，庶几水不至于泛溢，旱不至于干涸。”在他的请求下，兴筑了自扬州江都县（今江苏扬州市）至楚州淮阴县（今江苏清江市西南）三百六十里的堤堰[2]，使这条古老的运河重新能够发挥它的作用。陈损之还修筑了自高邮、兴化至盐城（今县皆同名）的新河，这在前面已经论述过了，这条新河的兴修，为南宋的水道交通增光不少。

1 陆游《入蜀记》。陆游在这部书中还说：“自京口抵钱塘，梁陈以前不通漕。”这样的说法不大靠得住。这里只取他以当时的人记当时运河的情形就够了。

2 《宋史》卷九七《河渠志七 · 东南诸水下》。

## 金人势力下的运河

南宋以临安为中心，构成一个小规模的交通网；而金人却以大兴（今北京市）为国都，利用御河以挽输中原的漕粮。金人所利用的御河不仅是宋辽交界的白沟以南的一段，并且恢复了隋炀帝的永济渠的下游。这是说旧日的永济渠除过沁水河口的一段仍然湮塞以外，全流差不多都已复通了。还有一宗工程值得提起的，即当隋炀帝开凿永济渠时，为了要达到那时涿郡所治的蓟县，还用了一段㶟水下游的水道。㶟水下游就是现在的永定河，不时摆动变化。金人恢复永济渠后，这一段改用潞水下游的水道，一直通到潞县（今北京市通县），并且还进而凿通了由潞县到金人都城所在地的大兴的运道[1]，为后来元人开通惠河的先声。

## 汴河的淤塞

宋、金对峙，运河分成两个系统，各自发达起来，而汴河却于靖康乱离以后，很迅速地淤塞了。宋、金修好后，两国报聘的使臣还都从汴河故道往来，只是这时的汴河早已断流了。楼钥于宋孝宗时奉使北行，沿途所见，最为清晰确实。他说："乾道五年（公元1169年）十二月二日，癸未，晴，风，东行八十里，虹县早顿……饭后，乘马行，八十里，宿灵璧，行数里，汴水断流。……三日，甲申，晴，车行六十里，静安镇早顿，又六十里，宿宿州。自离泗州，循汴而行，至此，河益堙塞，几与

1 《金史》卷一一〇《韩玉传》："泰和中，建言开通州潞水漕渠，船运至都。"所言即开凿这条运河事。参见《廿二史札记》卷二八《通惠渠不始于郭守敬条》。泰和为金章宗年号，自公元 1201 年至 1208 年。

岸平，车马皆行其中，亦有作屋其上。”[1]后来，楼钥使金归来，还是走这一路，于是又记其所见说：“（乾道六年正月二十日）车行六十里，至雍丘县……又六十里，渐行汴河中……（二十四日）宿宿州，汴河底多种麦。”[2]以此和从前汴河交通盛时的风帆上下舳舻相接的情形相比较，真是不可同日而语了。汴河既已淤塞，邗沟也就不能不受到影响。当汴河畅通时，邗沟北端的楚州与汴河南端的泗州同为沿运河的繁荣的都会，仅次于真州和扬州。到宋宁宗时，岳珂已经说：“楚州淮阴，夹漕河为邑，于泽国诸聚落尤为荒凉，开禧（公元1205年—1207年）北征，余舟过其下。”[3]淮阴距楚州治所的山阳县才数十里。如果说楚州治所的山阳居邗沟的北端，淮阴却是扼制邗沟和淮水会合的口岸，当较山阳县更为重要，曾几何时，竟荒凉到这样的地步!淮阴这样的荒凉，当时楚州虽还保持一个州的建置，也更无从繁荣起来。其实由靖康丧乱到乾道五年，不过四十四年，就是到开禧时，也不过七八十年，其间的变化竟如此之大!这样的变化，范成大也有相似的记载[4]，不过不大详细罢了。

这条汴河从南宋初年起，直到现在，再没有人把它恢复起来，历经隋唐两代及北宋的辛苦经营，就这样废弃了。

1 楼钥《攻媿集》卷一一一《北行日录》。

2 楼钥《攻媿集》卷一一一《北行日录》。

3 岳珂《桯史》卷一二《淮阴庙》。

4 范成大《揽辔录》。

# 第七章　大运河的开凿及其废弛

## 运河干线的改变

到了元代，运河与以前各朝时期的情况有显著的差异。旧日的运河在这一时期，大部分已经湮塞；所残余的几段，如江淮之间的邗沟，河北的御河，以及太湖附近的江南运河，都互相失去联系，而不能构成完整的交通网了。元代所开凿的运河固然还利用这几段旧日残余的遗迹，但它所表现的意义却已经不同了。

元代运河所以和昔日有差异，主要是因为国都已经变迁。以前各朝，只要不是在分裂或偏安的时期，对于国都的选择总是离不开长安、洛阳和开封，而当时的经济中心和富庶区域则是在东部或东南部，所以当时的运河是呈东西方向的。这东西方向的运河形成了国内主要的交通干线。其中虽有南北方向的，但这南北方向的运河原是辅助东西方向的主要交通干线的；若是失了辅助的功效，就要减少它的意义。到了元代，国都的选择离开了长安、洛阳和开封，而移到大都（今北京市），这在中国历史上是一个最大的变局。国都移了地方，所以运河也就跟着转了方向。元代的运河也是用来沟通国都和东南的富庶区域的，只因国都建在北部，所以开凿的运河自然采取南北方向，而不是采取东西方向了。若以现今的徐州市为中心，则国内主要的运河干线由东西方向改变为南北的方向，其间差不多成了一个九十度的直角。这个角度的变化，说明了过去关中和中原的繁荣已经由北部取而代之了。

元代的运河，不仅在方向上和旧日的有了差异，就是在开凿的技术上也和以前不尽相同。元代的运河在整个的系统中都采用了闸河的办法，这的确是一个特色。闸河是在河流水面不平衡的地方建闸堵水，使水面较低的地方借闸的力量慢慢升起，等到和水面较高的地方平衡，船舶就可以进入较高的水面。反之，把闸中积水慢慢放泄出来，船舶又可以降到较低的水面。这在地势高低不平而水流陡急的地方，是有莫大的功用的。本来这闸河的办法并不是自元代才有的，远在唐代中叶就已经有人用过，不过当时没有普遍罢了。唐代的李渤曾在湘、漓二水间的灵渠设立斗门，以通漕舟[1]。他所设立的斗门就是最初的闸，因为湘、漓二水间的地势不平，斗门的创设是有相当功效的。闸河的办法在唐代没有普遍推广，因为东西方向的运河根本不需要闸的补助。中国地势是西北高而东南低，所以，往东南开凿的运河，只要河身巩固就可由水口放水而自然贯通，不必再加其他的工程。到了宋代，闸河的应用渐广，但亦只限于邗沟和江南运河，而未及于整个的运河系统。元代的运河是南北方向的，并不像旧日把河身筑好，就可由水口放水，闸河的办法正是补救这个缺点的。

1 《新唐书》卷四三上《地理志七上》。

# 元代运河和黄河的关系

国内主要的运河向来是和黄河脱离不开关系的；或者是直接利用一段黄河的水道，或者是引用黄河的水流。黄河的下游常发生决口或改道的事情，也就影响到运河的运输，这在前面已经说过。西汉时，黄河决口，鸿沟就受了严重的影响，甚至有一部分因之淤塞；北宋时，黄河改道，御河的运输时断时通。元代运河是南北方向，中间又须叉过黄河，所以和黄河的关系更大；尤其是元初运河没有开凿成功以前，运道还曾利用过一段黄河。这样对于当时的黄河就不能不加以注意了。

自有文献记载以来，直至北宋时，黄河曾经有过几次改道，但都是东北入于渤海。从南宋初年起这种情况有了新的变化。高宗建炎二年（公元1128年），东京留守杜充决黄河，自泗入淮，以阻金兵[1]，这是南宋时黄河南渐之始。其实，黄河溃决后入泗入淮，在西汉时就已经发生过。那时黄河在东郡濮阳（今河南濮阳县）瓠子决口，黄水即由泗入淮。瓠子决口后十多年，才在汉武帝亲临督促下，堵口合龙，不再向南泛滥。杜充决河后，正值戎马倥偬之时，堵口自然不会有人提起；不仅旧口未能堵塞，新的决口，仍不断发生，因而再未恢复故道。金世宗大定二十七年（公元1187年），命沿河四府十六州及四十四县的长贰和令佐，并带句管河防事[2]。这四十四县的地区，有的在荥阳广武山以上，属于中游地区，不会有改道事，可以不计。而在广武山以下的三十余县，大致是分成三股：胙城、长垣、济阴（今山东菏泽县）、单父、虞城、丰县、沛县、萧县、彭城（今徐州市）为黄河主流流经的地方，新乡、汲县、卫县（今河南淇县）、白马（今河南滑县）、濮阳、郓城、嘉祥、金乡为主流以北的一股，延津、封丘、祥

1 《宋史》卷二五《高宗纪二》。《建炎以来系年要录》作“东京留守杜充闻有金师，乃决黄河入清河以沮寇”。清河即泗水。

2 《金史》卷二七《河渠志 · 黄河》。

符（今河南开封县）、开封、陈留、杞县、宁陵、宋城（今河南商丘县）为主流以南的一股。或谓金章宗明昌五年（公元 1194 年）黄河曾在阳武（今河南原阳县东）决口，东注梁山泺（在今山东梁山县梁山之下，已湮），又东分为南北二派，北派由北清河入海，南派由南清河入淮，再挟淮水同入东海[1]。其实章宗明昌五年并无河决阳武事，当时的都水监丞田栎曾经奏请：由于河水北趋，可于北岸墙村决河入梁山泺故道，依旧作南北两清河分流。朝议以栎所言无可用，遂寝其议[2]。可见并无其事。后来到了金、元之际，黄河曾经有过两次人为的溃决：一次在金哀宗正大九年（公元 1232 年），蒙古军进攻归德（今河南商丘县），决河灌城，水由城西南入睢水故道[3]；元太宗六年（公元 1234 年），南宋赵葵军入汴，蒙古决祥符县北黄河寸金淀水灌城[4]，这股水可能南入涡水，不过未见史籍记载。在这以后，可能还有变迁，如元世祖二十三年（公元 1286 年），黄河在开封、祥符、陈留、杞、太康、通许、鄢陵、扶沟、洧川、尉氏、阳武、延津、中牟、原武、睢州等十五处决口[5]。决口的地方这样繁多错综，显示出当时河道的分歧，而分歧处乃在原武、阳武以下。其中一股经中牟、尉氏、洧川、鄢陵、扶沟，由颍水入淮；一股由祥符、开封、通许、太康，由涡水入淮；一经陈留、杞县、睢县，由汉时汴渠故道入泗。后来成宗大德元年（公元 1297 年）的河溢临颍、郾城[6]，仁宗皇庆二年（公元 1313 年）的河决陈州，仁宗延祐三年（公元 1316 年）的河溢泰和，都在由颍水入淮这一股上。大德元年的河溢鹿邑，皇庆二年的河决亳州，都在由涡水入淮这一股上。世祖至元二十五年（公元 1288 年）的河决襄邑（今河南睢县），河溢睢阳（今河南商丘县）、

1 《禹贡锥指》卷一三下《附论历代改流》。

2 《金史》卷二七《河渠志 · 黄河》。

3 《金史》卷一一六《石盏女鲁欢传》。

4 《禹贡锥指》卷一三下《附论历代改流》。

5 《元史》卷一四《世祖纪十一》。《纪》中所说的最后一处为睦州。按当时黄河流域无睦州。此睦州当系睢州之误。

6 《元史》卷五〇《五行志一》。以下皇庆二年，延祐三年及大德元年诸条皆同此。

考城（今河南兰考县）[1]，成宗元贞二年（公元1296年）的河决宁陵[2]，大德元年的河溢归德、徐州、宿迁、睢宁[3]，英宗至治二年（公元1322年）的河溢仪封（今河南兰考县）[4]，都在由汴入泗这一股上。后来还经过一些较小的变化，到顺帝至正十一年（公元1351年），贾鲁治河成功，黄河才由封丘、开封之北，经今河南、山东两省之间，东至徐州入于泗水，再合泗水入于淮水，大体上是循着东汉汴渠故道东流的[5]。明代的黄河，灾难不绝，河道的改动虽也时有所闻，但这条由东汉汴河故道东流的河道仍是主流的所在。直到清文宗咸丰五年（公元1855年），黄河在铜瓦厢决口，又复改道[6]。现今黄河的水道就是咸丰年间改道的结果。

## 元初的运道

元人在灭金前，已经据有黄河以北各地，御河的首尾皆在囊括之中。御河在金时仍畅通无阻，元人既得河北，自然继续使它发挥作用。元世祖至元三年（公元1266年），都水监上言："运河二千余里，漕公私物货，为利甚大。自兵兴以来，失于修治。清州以南，景州以北，颓阙岸口三十余处，淤塞河流十五里，至癸巳年……修筑浚涤，乃复行舟，今又三十余年。"[7]癸巳年为窝阔台五年，其时为金哀宗天兴二年，宋理宗绍定六年。清州为今河北青县，景州为今河北景县，相距并不甚远，而颓阙岸口，淤塞河流，仅十五里，可知御河一向是畅通无阻的。御河自和沁水隔绝后，上

1 《元史》卷一五《世祖纪十二》。
2 《元史》卷一九《成宗纪二》。
3 《元史》卷五〇《五行志一》。
4 《元史》卷二八《英宗纪二》。
5 《元史》卷四二《顺帝纪五》。
6 《清史稿》卷一〇八《河渠志二 · 运河》。
7 《元史》卷六四《河渠志一》。

源仅能溯到河南辉县的百门泉水。百门泉水及淇水、洹水皆相当清澈，故可不虑淤塞。又自金至元，漳河和滹沱河于太行山东亦皆东北流，至今青县以下始与御河相会。漳河和滹沱河虽多泥沙，其会合御河处已近在海滨，故影响并不甚大。这里还应特别指出，御河在北宋时，由于黄河频繁决口改道，多受黄水波及，就难免时有阻阂。自南宋初年起，黄河向南移徙，御河自易畅通，直至元时，尚能受益[1]。

元人在元世祖至元十六年（公元1279年）灭宋以后，长淮以南尽入元的版图。长江下游三角洲及太湖流域本为富庶的地区，经南宋一百多年的经营，恃为立国命脉。元人既灭宋，这个富庶地区所产的粮食及其他财物皆须向北转运，输于大都。由于南北之间的运河尚未着手开凿，运输的水道就只能凭借黄河。那时黄河形成数派，分别由颍入淮，由涡入淮，还有由东汉汴渠故道再由泗入淮的。水运路程较为适中的，则是由涡入淮一道。宋金南北对峙时，由于汴河淤塞，邗沟交通也相应萧条下去，虽说是萧条，却并未阻断。元人既运输东南漕粮，邗沟当然仍是唯一的运输水路。这样，东南各地的漕粮运入邗沟之后，再由邗沟运入淮水，由淮水入黄河，更逆黄河而上，运至中滦（中滦，镇名，在今河南封丘县西南黄河北岸），由中滦陆运至御河岸上的淇门（淇门，镇名，在今河南淇县南），再由淇门沿御河而下，以至于大都[2]。这条运道固然大部分借着水运，只是绕路太远，中间还需要一段陆运，既费时间，又费人力，终非一条理想的运道，因之很有改良的必要。

1 近人朱偰撰《中国运河史料选辑》，其元代运河史料首列广济渠。广济渠在怀孟路，是引沁水以达于河。这条渠见《元史》卷六五《河渠志二》，是一条农田灌溉渠道，与运输无关。

2 《元史》卷九三《食货志一》。

## 济州河和有关的运道

至元十八年（公元 1281 年）着手开凿运河。当时的设想是恢复古代泗水的运道，使漕舟出邗沟后，不必再由淮水上溯黄河，就直接涉淮入泗。只是泗水乃发源于今山东泗水县，由今泗水县西流到今济宁县，才折而南流。那时的漕舟入泗以后，最北只能达到济州城（即今济宁县）南的鲁桥，无须再随泗水折而东行，因而就在济州城附近向北开凿了一段运河，沟通泗水和汶水。这段新开的运河长一百五十里，就称为济州河[1]。汶水北流在须城县（今山东东平县）的西北流入大清河。这大清河原是以前的济水故渎。

济州河的开通和东晋时桓温、刘裕先后所疏凿的桓公沟相似。桓公沟是沟通泗水和济水，济州河则是沟通泗水和汶水。沟通汶水实际上就是沟通大清河，而大清河也就是以前的济水。所不同的是桓公沟在西，济州河则偏东。桓公沟是循着巨野泽东畔北上，所引用的水流是薛训渚，南段还有由巨野泽流出的黄水。这些水本来就是流入泗水的。其北段是由薛训渚流下的洪水，洪水流入巨野泽，其流入巨野泽的地方接近济水北流的水口。由于就在巨野泽畔，地势较为平坦，南北的高差并不很大，故薛训渚泽水能够南北分流，并未显得有何困难。济州河开凿时，巨野泽已经逐渐湮塞，薛训渚当也早已消逝，更无黄水下注，这条桓公沟也就难得恢复。汶水本来有一条称为洸水的支流，由今宁阳县东北的堽城西南流，至今济宁市附近会洙水南流入于泗水。东晋时，荀羡北征前燕将慕容兰于东阿，曾自洸水引汶通渠，至于东阿。洸水为汶水支流，往北运输，当逆洸水而上。荀羡开这条新河，未闻有闸的设置，可能用力挽拽。这当然会有一定的难度。元人开济州河，不绕道洸水，再出汶水，未始不是出于避免逆水而上的原因。

---

1 《元史》卷六五《河渠志二》，《读史方舆纪要》卷一二九《川渎六 · 漕河》。

正是由于不能利用像桓公沟这样有利的条件，还要有意避免逆溯洸水的困难，所以只好引用泗水和汶水。泗水和汶水的上游固然都是由东向西流，可是到下游，泗水折而南流，汶水折而北流，相距愈远，地势高差也愈大，引水自然会感到不易。为了解决这样的问题，当时采取在河道里置闸设堰的办法，用以随时借以提高或降低水位，便利船只的通行。为了引汶水入于洸水，就在宁阳县东北三十四里的堽城设置堽城闸，使汶水由洸水河道流到济州城下。为了控制泗水，又在兖州城外设置兖州闸[1]，使泗水西南流到济州城下。当时在济州城设置有济州闸，汶水和泗水利用济州闸相连接。汶水不仅与泗水相会合，还要折而北流。济州闸有上中下三座，上闸距中闸三里，中闸距下闸二里。当时就利用这三座济州闸使汶、泗两水既能互相联系，又能各自分流。北流的汶水就是济州河。在这段济州河上，设有开河闸、安山闸和寿张闸。开河闸设置在开河水驿（今汶上县西南三十里）。安山闸设置在安山之下，寿张闸设置在寿张县（今梁山县西北）北。寿张闸距安山闸八里，安山闸距开河闸八十五里，开河闸距济州闸一百二十里。济州河由济州城北流，在寿张闸北会于大清河[2]。

汶水入大清河之后，当然随大清河入海。所以那时的运道是由济州河而大清河，沿大清河至利津县入于渤海，再经过一段海道，而至直沽，入于御河。这条运道比较原来绕行流经涡水故道的黄河是便捷了许多。可是又绕了一段海道，也费相当的周折。济州河入大清河的地方，北距御河仅有二百多里的路程。当时何以不直接沟通济州河和御河，而另外绕道渤海？可能还没有提出这样的设想，想不到再在这里开凿一条新河。

济州河开通了，运道和大清河相连，并由大清河入海，较以前是便利

1 《元史》卷六四《河渠志 · 兖州闸》："据新开会通并济州汶、泗相通河，非自然长流河道，于兖州立闸堰，约泗水西流，堽城立闸堰，分汶水入河，南会于济州。"按《读史方舆纪要》卷三二《兖州府》滋阳县泗水条云："元至元二十年，开会通河，乃修（薛）胄旧（薛公丰兖）渠为滚水石坝，引泗水入运。延祐四年，都水监阔阔始疏为三洞以泄水，谓之金口闸。"这里所说的金口闸当即兖州闸，也就是丰兖渠旧迹的恢复。

2 《元史》卷六四《河渠志一 · 会通河》。

了。不过也有些缺点：海口的潮汐起伏不断，影响到船舶的出入，而且容易损坏船只，尤其是海口常为泥沙所壅塞，更是妨碍运道的畅通。因此济州河只通行了四年，到至元二十四年（公元1287年）就停止了运输[1]。有的文献说，济州河的废弃为至元三十一年（公元1294年）事[2]。这样的说法是不恰当的，因为至元二十六年（公元1289年）已经修成会通河[3]。会通河修成后，济州河就能发挥更大的作用，怎么还能说到废弃？

## 会通河

由济州河运来的漕粮和其他物资，如果不经过大清河由海道北运，就要由寿张陆运，直至临清，下入御河。这段陆运的道路长二百多里，不仅较中滦到淇门为远，而且中间还需经过一些低洼之地。陆运已经是不方便了，低洼之地每当夏秋雨季，更是泥泞难行，所以公私皆觉困难。到了至元二十六年，寿张县尹韩仲晖和太史院令史边源就相继建言，请求开凿这段运河。新河由须城安山（在今东平县西，亦曰安民山，本为汶济合流处）到临清，全长二百五十余里，当时定名为会通河[4]。其所利用的水源还是汶

1 《元史》卷九三《食货志一》。

2 《元史》卷六五《河渠志二 · 济州河》。《新元史》卷五三《河渠志二》，把济州河列入开凿未久旋废不用的运河之中，这似乎稍有一点错简。固然在世祖至元二十一年（公元1284年）曾经罢过济州河，不过那时所罢的只是沿大清河至利津入海的运输，并不是罢去由任城到须昌这一段的运输。至于那一段罢去的原因，则是因为海口潮汐淤沙堆积，不利于行舟而已，于全流并没有多大的关系。其实，《新元史》在这一卷的会通河条下也曾经说过："元初遏汶入泗以益漕，汶始与洸、泗、沂合，犹未分于北。至元二十年，自济宁新开河，分汶、泗诸水西北流，至须城之安民山入济水故渎，而犹未通于御河。至是（按指至元二十六年）又自安民山西南开河，直达临清，而汶、泗诸水始通于御河焉。"济州河本用汶、泗诸水，汶、泗诸水既经过会通河而通于御河，是济州河并未废弃。《新元史》这样说法是不符合当时的实际情况的。

3 《元史》卷六四《河渠志一 · 会通河》。

4 《元史》卷六四《河渠志一 · 会通河》。

水，不过是济州河的延长而已。会通河本来只是指安山至临清这一段运河而言，后来却包括了济州河，甚至包括到沛县以南的泗水河段。英宗至治三年（公元 1323 年）都水分监就曾经陈言："会通河沛县东金沟，沽头诸处，地形高峻，旱则水浅舟涩，省部已准置二滚水堰。"[1]

济州河凿成后，为了控制水位，曾于沿河设闸，已见上文。会通河原来流经的地区，虽较为平坦，为了更便于通行船舶，也在沿河设闸。临清县北有会通镇闸，其南一百五十二里有李海务闸。李海务闸已在聊城县南。李海务闸之南十二里为周家店闸。再南依次为七级闸、阿城闸、荆门闸。这几处闸都在聊城和寿张两县间。荆门闸南就是原来济州河诸闸了。在济州城以南，还有赵村、石佛、辛店、师家店、枣林、孟阳泊、金沟、沽头、三汊口、土山诸闸。这些闸大部分是一名一闸，也有一名数闸的。譬如会通镇闸，实际上就是三个闸，称为头闸、中闸和隘船闸。合起来共有三十一个闸，由临清之北一直到沛县之南。《元史·河渠志》说："（会通河）首事于是年（至元二十六年）正月己亥，起于须城安山之西南，止于临清之御河，其长二百五十余里，中建闸三十有一，度高低，分远途，以节蓄泄。"这就有点不大妥帖，因为三十一个闸不皆在安山和临清之间。但这也可以说明到后来会通河一名不仅限于安山和临清之间的一段河道。（附图三十二　会通河和济州河图）

## 通惠河

自会通河开凿成功以后，元代主要的运河系统已经建立起来。不过还有一段运河，距离虽短，却相当重要。这段短距离的运河就是通惠河。通

---

1 《元史》卷六四《河渠志一 · 会通河》。

附图三十二

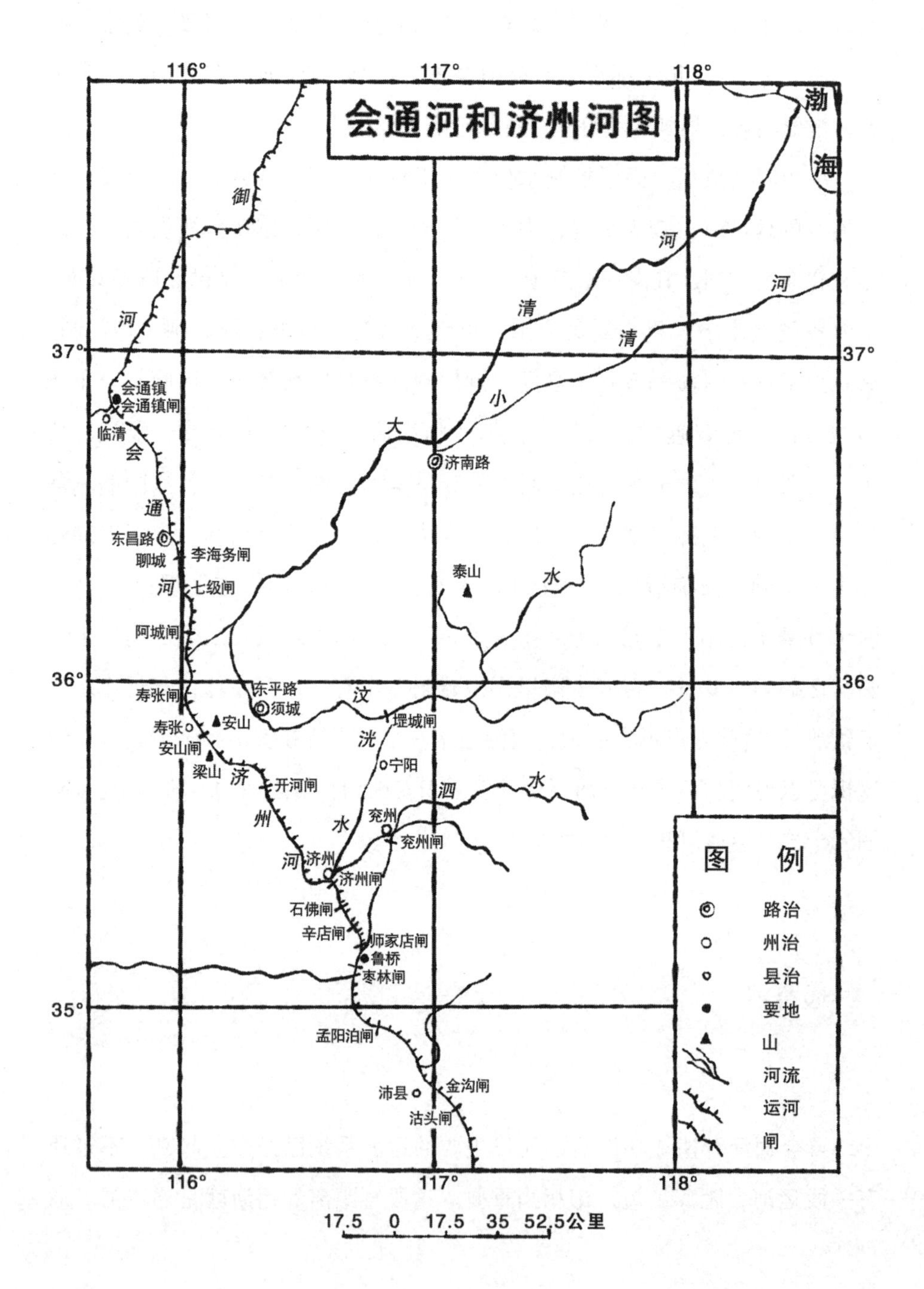

会通河和济州河图
116°
117°
118°
37°
36°
35°
渤
海
御
河
清
河
小
清
河
大
济南路
会通镇
会通镇闸
临清
会
通
河
东昌路
聊城
李海务闸
七级闸
阿城闸
寿张闸
泰山
水
东平路
须城
汶
堽城闸
寿张
安山
安山闸
梁山
济
州
河
开河闸
洸
宁阳
泗
水
水
兖州
兖州闸
济州
济州闸
石佛闸
辛店闸
师家店闸
鲁桥
枣林闸
孟阳泊闸
沛县
金沟闸
沽头闸
图 例
路治
州治
县治
要地
山
河流
运河
闸
17.5 0 17.5 35 52.5公里

惠河的名称和会通河相似，也容易混淆，实际上却是相离很远。前面已经说过，隋炀帝开凿永济渠时，目的是要通到当时涿郡所治的蓟县，也就是现在的北京市。当时是溯桑乾水而上，通到蓟县之南的。金时改用潞河水道，通到潞县（今北京通县）。这是因为桑乾水（金时称卢沟河）的水性浑浊，不利于行舟的缘故。由潞县到中都（金时都城，今北京市）还有一段陆路，颇费人力。章宗泰和（公元 1201—1208 年）中，韩玉才把这条运河开成[1]。金末迁都开封后，这条运河大概就随着湮塞了。元世祖中统三年（公元 1262 年），郭守敬向元朝的统治者面陈水利六事，其中第一事，就提到中都旧漕河，东至通州（治所即在潞县），引玉泉山水以通舟，岁可省雇车钱六万缗[2]。由郭守敬这段话看来，远在元灭宋前，韩玉的故河道早已湮塞了。郭守敬这项建议似乎没有被元朝统治者所接受，当时由东南各地运来的漕粮，运到潞县，依旧须借重车运。迟至世祖至元二十八年（公元 1291 年），郭守敬为都水监，再度提议恢复这条运河，得到许可，并于次年施工，至元三十年告成，即所谓通惠河。新河总长一百六十四里，沿河设坝闸十处，每处并设上下双闸，共有二十座。这十处闸为：

1. 广源闸，在城西瓮山泊引水渠下游。

2. 西城闸（后改会川闸），在和义门外西北，相当于今西直门外高梁桥所在之处。

3. 朝宗闸，在万亿库南。万亿库在和义门北水门以内，高梁桥河北岸，靠近大都城西城墙。

4. 海子闸（后改称澄清闸），在城内万宁桥下。

5. 文明闸，上闸在丽正门水关东南，相当于今正义路北口稍东。下闸在文明门西南一里，遗址在今台基厂二条胡同中间。深埋地下，已被发现。

6. 魏村闸（后改称惠和闸），在文明门东南。

7. 籍东闸（后改称庆丰闸），在大都城东南王家庄。

---

1 《金史》卷二七《河渠志 · 漕渠》，又卷一一〇《韩玉传》。

2 《元史》卷一六四《郭守敬传》。

8. 郊亭闸（后改称平津闸），在大都城东南二十五里银王庄。

9. 杨尹闸（后改称溥济闸），在大都城东南三十里。

10. 通州闸（后改称通流闸），上闸在通州西门外，下闸在通州南门外[1]。

郭守敬所开的通惠河和韩玉所开的漕河有些不同。韩玉所引用的是玉泉山的水流，东南流注入高梁河，再由高梁河开渠东至潞县。郭守敬所引用的则是昌平县白浮村的神山泉，再合双塔、榆河、一亩、玉泉诸泉水。这几处泉水都在今北京城西北[2]。郭守敬当时为了汇集这些泉水，还在大都西北修筑了一条长达六十里的白浮堰[3]。这些泉水通过白浮堰，至西水门入都城，汇为积水潭（今北京市什刹海），再由什刹海引出，循韩玉故河至通州高丽庄（今北京通县东南）入白河。积水潭由此就成为从通惠河来的河舟海船云集停泊的地方。

郭守敬所引用的水源虽和韩玉不同，其他却还和韩玉一样。因为通惠河开凿的时候，韩玉的故河早已湮为平地；而开凿新河，还可以掘出故河闸坝所用的砖石，前后规模若合符节，倒也不是一件容易的事情[4]。

大都在潞河之西，而卢沟河（今永定河，当时亦名浑河）则流经大都之南，两者相较，倒是卢沟河距离大都要近一点。当时不利用卢沟河，反来利用潞河，自然是由于潞河的水流稍缓而通惠河所接受诸山流下来的泉水更是清澈，舍近取远，是有相当理由的。

元末有人想改变郭守敬的成法，废弃通惠河，改由卢沟河中凿渠引水，以通舟楫，结果就完全失败了。改移运道事发生在元顺帝至正二年（公元 1342 年）。这一年有人建议于大都西山至通州开凿新河一道，以代替通惠河。这条新河起自通州高丽庄，直至西山石峡铁板，开水古金口，全长一百二十余里，深五丈，广十五丈，放西山金口水东流，至高丽庄合于御

1 《元史》卷一七《世祖纪十四》，又卷六四《河渠志一 · 通惠河 · 海子岸 · 双塔河 · 白浮瓮山》诸篇。参照侯仁之《历史地理学的理论与实践 · 元大都城与明清北京城》。

2 《元史》卷六四《河渠志一 · 通惠河》。

3 侯仁之《步芳集》第二十六页，北京人民出版社出版。

4 《元史》卷一六《世祖纪十三》，又卷六四《河渠志一 · 通惠河》，又卷一六四《郭守敬传》。

河。当时执政者同意开凿。左丞许有壬提出不同意见：其一，成宗大德二年（公元1298年），浑河水发为民害，当时曾将金口下闭闸板。五年间，浑河水势浩大，又将金口已上河身用砂石杂土尽行堵闭。其二，卢沟河自桥至合流处，自来未尝有渔舟上下，证明不可行船。况且通州距大都四十里，卢沟只有二十里，当时如果能行船，何不于卢沟立马头，百事近便，何必求之于四十里以外的通州？其三，西山水势湍急，夏秋霖潦涨溢，万一发生水患，灾害必巨，这就不能预先考虑防备。况且附近有故河道遗迹，当是金时作而复辍，也是一项证明。其四，地形高下不同，若不作闸，必致走水浅涩，若作闸节水，则泥沙浑浊，必致淤塞，每年每月都要专人挑浚，何时才能罢休。会通河开凿时，不用此水，而远取白浮诸泉水，不是没有道理的。可是执政者不听，强行开凿，到底失败了事[1]。许有壬这段话说得极为明白，卢沟河水究竟因为泥沙太多，水流太急，既不能作闸，又不能不作闸，所以根本不能开河行舟。郭守敬不用此水，其原因在此；明清两代因于郭氏成法而没有改作，其原因也在此。（附图三十三　通惠河图）

## 江南运河的疏浚和整治

江南运河自隋炀帝开通后，在各条运河中最为平安畅流。不过在元代也还曾经有过疏浚整治。较大的施工有两处：一为疏浚由镇江路（治所在今江苏镇江市）至吕城坝（今江苏丹阳县东南）的一百三十一里的水道。二为整治练湖（在丹阳县）。这是因为镇江这一段运河全借练湖水为上源。练湖经常积水，若运河浅阻，开放湖水一寸，即可添河水一尺，故整治练湖，当时列为江南运河的要务[2]。元时还曾在杭州（今浙江杭州市）城外治理

1 《元史》卷六六《河渠志三·金口河》。
2 《元史》卷六五《河渠志二·练湖》，又《龙山河道》。

过龙山河。这条短促的河道虽不属于江南运河，自宋时的滨江纲运却都是由此入城。元武宗至大元年（公元 1308 年），经过疏浚治理，乃与运河相衔接[1]。

附图三十三

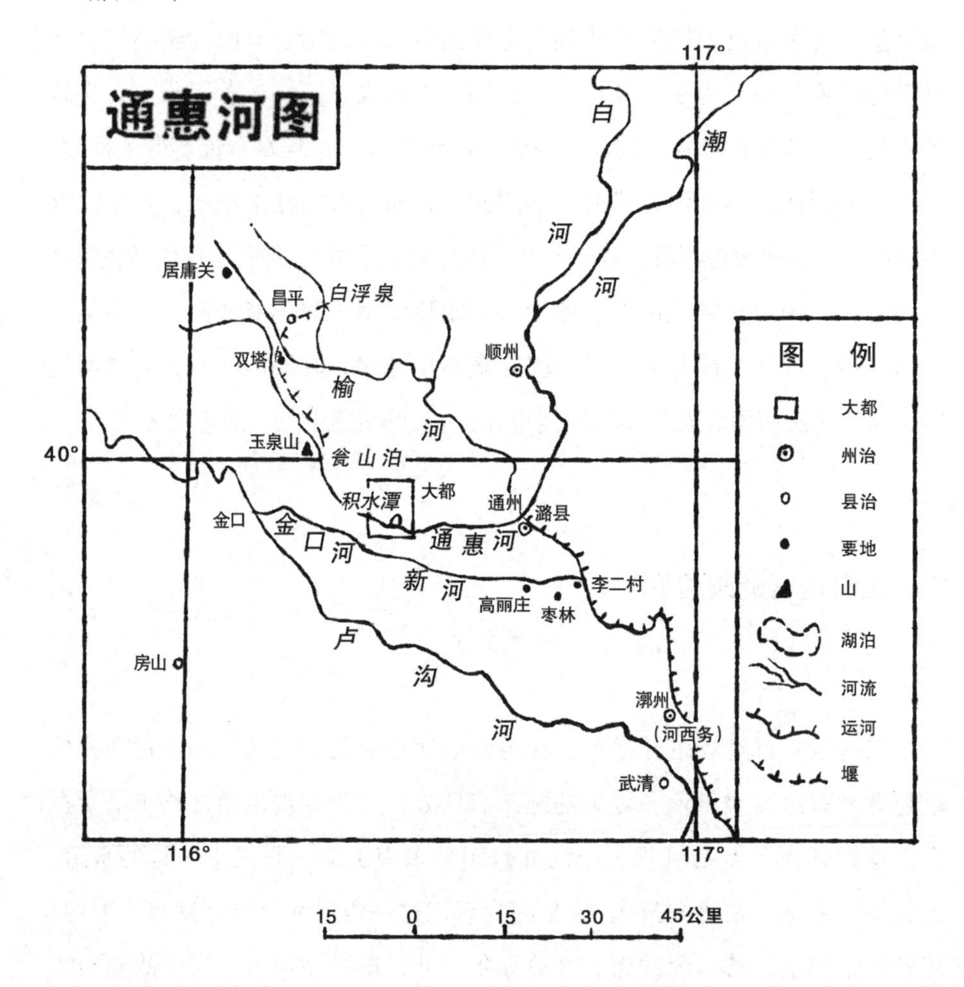


1 《元史》卷六五《河渠志二 · 练湖》，又《龙山河道》。

## 大运河的完成

通惠河开凿成功，由大都可以沿着运河直到钱塘江上的杭州。这条大运河也算是一条纵贯南北的水道，若比起西晋初年因杜预开凿扬口而成功地由蓟县通到南海去的那条南北水道，自然要短促很多，但这条大运河所经过的地方大多数都是富庶之区，所以功效反而要大些。这条大运河自元代开凿成功以后，明清两代继之，仅局部河段有所改变，全河规模却一直沿袭下来。

## 元代运河各段的名称

这条纵贯南北的水道，当时笼统称为运河，其实每一段开凿的历史彼此不同，其名称也就随地而异。这些名称，前面已经提到一点，不过还有再加以说明的必要。由大都到通州的一段，自然是称为通惠河，但另外还有称为阜通河或坝河的。由通州到直沽是白河，这本是一段自然水道，为了运输的便利，在技术方面也陆续施工不少。由直沽到临清，本是从前的御河，这时还因用旧名，御河的源头是在辉县的苏门山，全流虽还畅通，而实际构成纵贯南北运河水道系统的，却只是临清以北的一段[1]。临清以南为会通河和济州河。会通河和济州河本是大运河的两个河段，后来会通河的名称不仅包括济州河，并且向南直到沛县的河段，也都包括在内。这是在前面已经说过了的。再南直到扬州，都称为扬州运河。大江以南由镇江到常州的吕城坝，则称为镇江运河[2]。至于吕城坝以南到杭州的一段，当时似乎

1 《元史》卷六四《河渠志一》，《新元史》卷五三《河渠志二》。

2 《元史》卷六五《河渠志二 · 扬州运河 · 练湖》。

只泛泛称为运河，未见其他称谓[1]。

## 河运与海运

元代朝野对于开凿运河是这样的积极，可是元代的漕运却不能完全倚赖运河。元代的运河主要是采取闸河的办法，闸河水面的高低升降，需要一定时间，漕舟因而常被稽延；而且闸河内的水量是有一定的，通行的船舶的载重，如果超过规定的数量，就感到困难。元代曾先后制定若干条例，严加限制船舶运载量，从元初开河时起，就只许行百五十料船。这样的规定，长期没有变更过，实际上有的人并未遵行。仁宗延祐二年（公元 1315 年），省臣即诉苦，说是运河浅涩，大船充塞其中，阻碍余船不能来往。原来虽有规定，可是权势之人和富商大贾贪嗜货利，造三四百料或五百料船于河驾驶，以致阻碍官民行舟。因此就于沽头闸（在今江苏沛县南）旁别置小闸，又于临清附近也置同样小闸，禁约二百料以上船入河行运[2]。在沽头、临清两地设闸，乃是为了限制载重超过限制的船只进入济州河。济州河由于河道流经地区地形高差很大，设闸较多，船只往来就更困难，所以限制也就綦严。其实这样的规定并不能完全杜绝弊病。到了泰定帝泰定四年（公元 1327 年），御史台臣又说："原立南北隘闸各阔九尺，二百料下船，梁头八尺五寸，才可以入闸。愚民嗜利无厌，为隘闸所限，改造减舷添仓长船至八九十尺，甚至百尺，皆五六百料，入至闸内，不能回转，动辄浅搁，阻碍余舟。这是因为隘闸之法不能限其长短。"按照规定，过闸船梁，只能有八尺五寸，船长只能有六丈五尺，这是容载二百料的船只，今

1 《元史》卷六五《河渠志二》未专论吕城坝以南运河河段，似未有特称。
2 《元史》卷六四《河渠志一 · 会通河》。

后应于隘闸下岸也立石，过长不得入闸[1]。这样限制不能不算是很严厉了。可是当时由运河运到大都的漕粮，数目上实在有限得很，漕运大部分还是着重海运。由元初创办海运起，所运来的漕粮年有增加：世祖至元二十年（公元 1283 年），运到的有四万余石；过了十二年，到至元末年（至元三十一年，公元 1294 年），就增加到五十余万石；成宗末年（大德十一年，公元 1307 年），又增加到一百六十四万余石；武宗末年（至大四年，公元 1311 年），又增加到二百七十七万余石；仁宗末年（延祐七年，公元 1320 年），又增加到三百二十四万余石；到了文宗天历二年（公元 1329 年），就增加到三百三十四万余石，这大概已到了最高的程度[2]。海运的一再增加，就反映出运河的漕运是如何的不振。其实世祖至元季年，河运就已经显出有一定限度，而两度停止，一次是在至元二十年（公元 1283 年），一次是在至元二十四年（公元 1287 年）。至元二十年，济州河的开凿已经告成。前面说过，济州河是沟通泗水和汶水的。沟通了这两条河水，运道还须由大清河入海。在入海的地方，漕舟要等候潮水涨起，才能入河，船只就不免受到损坏。这时由南方起运的海船，已经先后到达，这一点使河运就无足轻重。河运既有困难，因而就告中止。到了至元二十四年，开始设立行泉府司，专掌海运诸事，并增置万户府二，总为四府。这一年又罢东平河的运粮[3]。这里所说的东平河，实际就是济州河，因为济州河经过东平（今山东东平县），所以也称东平河。济州河这两次停止运输，其时间都相当短促，且在会通河开凿以前，关系虽然不大，已经可以看出当时运河漕运的趋势了。

1 《元史》卷六四《河渠志一 · 会通河》。
2 《元史》卷九三《食货志一 · 海运》。
3 《元史》卷九三《食货志一 · 海运》。

## 海　运

海运的开始，并不是肇自元人，远在春秋之时即已有之。鲁哀公十年（公元前485年），吴国伐齐国的南鄙，徐承率舟师将自海入齐，为齐人所败，吴师乃还[1]；吴晋黄池（今河南封丘县西南）之会时，越师沿海溯淮，以绝吴人的归路[2]，应是经营海运的最早记载。海滨之人熟悉水性，自不能舍海运之利而不加以利用。杜甫《出塞》诗咏唐时海运的情形说："渔阳豪侠地，击鼓吹笙竽。云帆转辽海，粳稻来东吴。越罗与楚练，照耀舆台躯。"[3]又《昔游》诗中说："幽燕夙用武，供给亦劳哉。吴门持粟帛，汎海凌蓬莱。"[4]这种大规模的运输，由东南越海以达幽燕，早在唐代已经有了。可是以举国之力经营海运，是不能不推元人独步的。元代利用海运早在初平江南之时。那时掠获宋人的库藏图籍，都是由海道运至大都，而漕粮却还是利用河运。后来漕粮接济不上，才又设法恢复海运（世祖至元十九年，公元1282年）。初期的海运是由刘家港（今名浏河，在江苏太仓县东北）入海，沿海岸北上。至元二十九年（公元1292年），因沿海岸北上的险路很多，乃另开辟新道。新道是由刘家港开洋，至撑脚沙，转沙嘴，至三沙洋子江，过匾担沙大洪，又过万里长滩，放大洋至青水洋，又经黑水洋，至成山，过刘家岛，至芝罘、沙门二岛，放莱州大洋，至界河口。较沿海岸北上的路程要稍近一点。一年之后，又改了一条新道，是由刘家港入海，至崇明州三沙放洋，东行入黑水大洋，取成山，转西至刘家岛、沙门岛，过莱州大洋，入界河。第三次所改的道路最为捷近，顺风的时候，十多天就可以达到。只是这条道风涛太大，常常湮没舟船，淹毙人命。不过这些

1 《左传》哀公十年。

2 《国语·吴语》。

3 《分门集注杜工部诗》卷一五。

4 《分门集注杜工部诗》卷一九。

事情不是当时政府所顾虑的，当时政府所最顾虑的事情是怕漕粮也随着损失了。后来损失的漕粮，规定由运官赔偿，海运依然维持着不废[1]，差不多到了元亡的时候。

## 胶莱运河

在实行海运的初期，还开凿过胶莱运河。胶莱运河亦称胶东河，是引胶水开凿的。胶水出胶州（治所在今山东胶县）西南，北流至胶州东北，再南北分流。南流者自胶州麻湾口入海，北流者至掖县海仓口入海。海运是要绕过成山的，道路既远，风波又大，横过山东半岛而开凿一条运河，当时很有这种需要，至元十七年（公元1280年），就因姚演的建议着手开凿[2]。这条运河开凿成功之后，运输的能力倒也相当巨大。至元二十二年（公元1285年），规定每年由江淮运到漕粮一百万石，其分配的情形是海运十万石，济州河运三十万石，而胶莱运河独运六十万石。胶莱运河的运输力量虽大，但所费的工款也多，所以这一年就罢胶莱运河的漕运[3]。罢去这里漕运的措施似乎并不彻底，所以过了三年，司海运的人又再度请求罢去[4]，以后就再没有恢复过。这大概是因为海运改了道路，自刘家港入海，直趋成山，再不沿海岸北上的缘故。到了明代，虽还有人提起这条水道，并且还几次着手整理，但是都没有成功。（附图三十四　胶莱运河图）

1 《元史》卷九三《食货志一 · 海运》。

2 《元史》卷一一《世祖纪八》。

3 《元史》卷一三《世祖纪十》。

4 《元史》卷一五《世祖纪十二》。

附图三十四

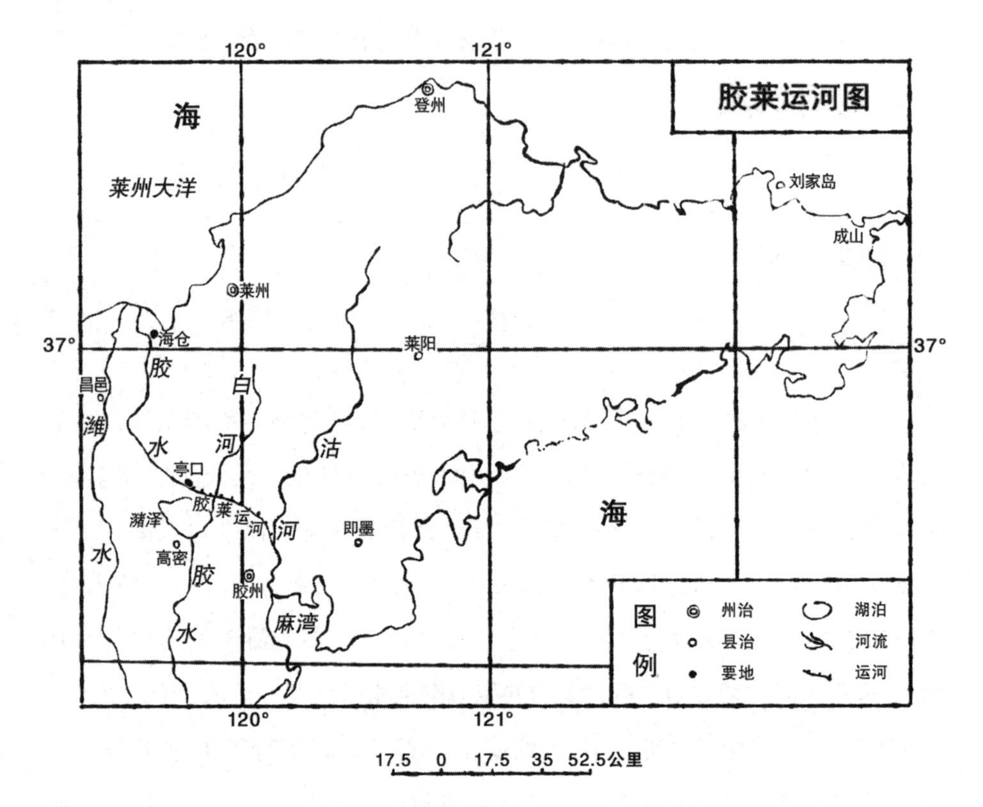


## 贾鲁河

元代所开凿的运河，除了上述这几条以外，还有一条值得提起的，这就是贾鲁河。由于这是贾鲁倡导和开凿的，所以被称为贾鲁河。这条河大概是元顺帝至正十一年到十三年（公元 1351 年—1353 年）之间开凿的，因为贾鲁于至正十一年受命以工部尚书总治河防，十三年就死了，施工开河可能是在这三年之间。至于是哪一年肇始的，就无可考了[1]。

1 《元史》卷一八七《贾鲁传》。

这条贾鲁河的上源可以溯到京水河。京水河又有三源：西源始自河南密县的圣水峪，中源始自河南荥阳县的暖泉冰泉，东源始自郑州的九仙庙。三源相合，至京水镇，名为京水河，又北受须、索二水，曰双桥河[1]。这条河本来是由中牟县流往开封市的，贾鲁引水经祥符县（今开封县）朱仙镇西，又南经尉氏县北，至扶沟县（皆同今县名）南，与洧水相合，下游至西华县合于颍水[2]。当时仅以郑州至朱仙镇一段称为贾鲁河[3]。今贾鲁河的名称就不限于这一段，而是包括合于洧水的一段。这条贾鲁河原来经过朱仙镇，流经尉氏县时，是靠近其东的通许县的，今则近尉氏县而远于通许县，而且也远离朱仙镇了，这样的改道至迟在清嘉庆年间（公元1796年—1820年），当时就已是这样的了[4]。（附图三十五　贾鲁河图）

当时以贾鲁河为名的河流并不只是由郑州至朱仙镇间这一段，就是山东曹县西南至黄陵冈和单县附近的黄堌之间也有一条贾鲁河[5]。两河的开凿大约是同时的事情。

那时黄河在曹县白茅决口。灌注附近各县，北侵安山，冲入运河，南北漕运一时俱坏，贾鲁受命治河，又开凿这条水道，使黄河的水流有所归泄，因此后人就都称为贾鲁河。其实，它们并不衔接，也丝毫没有关系。

说起郑州和朱仙镇间的贾鲁河，使人回忆到宋代的天源河和惠民河。贾鲁河所流经的地方恰是天源河的故道。天源河是东越汴河而流入广济河。贾鲁河则是折南而入宋代惠民河的故道。这时黄河南流，广济河早已不复存在。就是惠民河也因汴河的淤塞而失去了上源；下游固然还有溴、洧等

---

1 《行水金鉴》卷一七《河水》引《目游四海记》。

2 嘉庆《大清一统志》卷一八六《开封府》。

3 《行水金鉴》卷一七《河水》引《目游四海记》。

4 嘉庆《大清一统志》卷一九一《陈州府》。

5 《行水金鉴》卷一七《河水》引《谷山笔麈》："贾鲁河自黄陵南达白茅，放于黄堌等口，即今贾鲁河故道也。白茅在曹县，黄堌在单县。万历丙申，黄堌河决，由贾鲁河故道出符离集等处，盖即元人所挑矣。"又前引《目游四海记》说："仪封县东北有黄陵冈，与山东曹县接界。贾鲁于黄陵冈开黄河故道，今为黄河要害。贾鲁河在黄陵冈南二里。曹县西南有黄陵冈，贾鲁开黄河故道始此。西北有贾鲁河，嘉靖前犹为运道，自黄陵塞而此河遂填，其南为大河洪流矣。"

水流入，究竟水量太少，不能容载舟船。贾鲁河的开凿又恢复了过去惠民河的旧规模，依然成为一条重要水道。

附图三十五

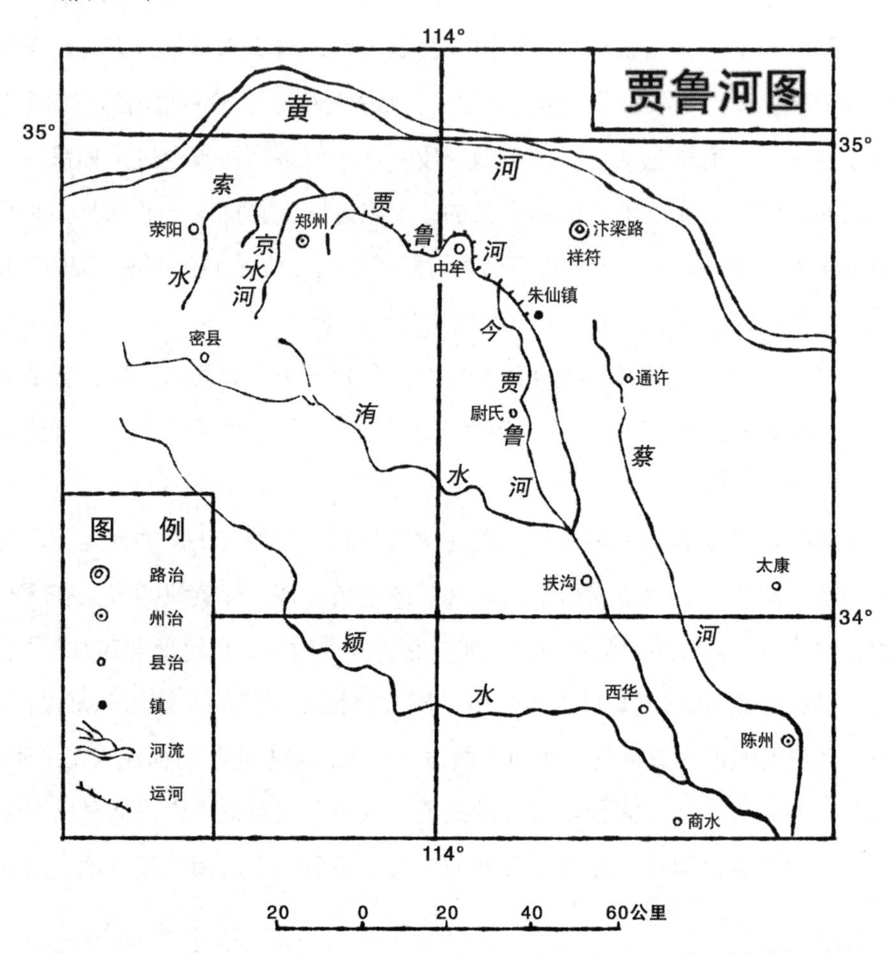


## 贾鲁河和朱仙镇

这条贾鲁河的畅通，形成了朱仙镇的繁荣。朱仙镇的盛衰亦与贾鲁河有莫大的关系。当惠民河全流贯注时，由陈、蔡以至于淮南各地运来的漕粮或货物，自惠民河直入汴河，运到开封城下。贾鲁河迁就水源，只经过朱仙镇，不再绕道开封，所以朱仙镇就成了一个南船北车的衔接地，而日趋于发达。或者有人要问，既然贾鲁河上源到郑州，为什么繁荣的地方不是郑州而反在朱仙镇？这答复是很简单的。郑州在今日是一个交通的中心，但那时交通中心还是在开封，朱仙镇正是由贾鲁河滨到开封的最近地方。后来贾鲁河上游慢慢淤塞，朱仙镇也就随着衰落，昔日的繁荣，由其南的周家口来代替了。贾鲁河本来只是指郑州和朱仙镇间的一段水道，一般人习惯把朱仙镇以下的惠民河也称为贾鲁河。朱仙镇以上的河道既然已经淤塞，于是贾鲁河的名称就移到朱仙镇以下旧日的惠民河了。

## 元代大运河旁的经济都会

元代大运河纵贯南北，由大都直抵杭州，其间越过黄河和大江，联系当时的政治中心和经济中心，沿途各地就必然会形成一些经济都会。其时马可波罗由大都前往扬州和泉州，曾走过这条运河的绝大部分路程[1]。对于沿途的临清、兖州、邳州、淮安、宝应、高邮、真州、瓜州、扬州、镇江、常州、苏州等处皆留下很深刻的印象。这些都会中货物的繁多，商业的发达，皆受到马可波罗的称道；尤其是运河中往来如织的舟楫，更引起他的注意。根据这样的记载可以略知当时大运河沿岸经济都会的盛况。不过这些都会也不能一概而论。高邮、宝应二地夹处于扬州和淮安之间，似不易得到更多的发展。瓜洲只是江边一个埠头，其西为真州，其北为扬州，隔江又与镇江相对，似也难与之相比拟。瓜洲之所以见称，乃是当地聚有谷稻甚多，预备运

1 《马可波罗行纪》第一三〇章至第一五一章（冯承钧译，中华书局本）。

往汗八里城（按即大都）的缘故。马可波罗在这里未提到济州和徐州，可是却提到东平之南的临州和邳州附近的西州，颇疑译音有所舛误。济州居济州河的南端，为汶水受堽城坝之阻遏，西南流与泗水相会的地方，而徐州又为泗水入黄河之处，行船大小各有不同，商旅往来不能不在这些地方多事稽留，当地的经济因之也会得到发展。马可波罗对于大运河南端的杭州多事描述。杭州不仅与苏州等同在太湖周围，而太湖周围本是富庶的农业地区，杭州还是南宋的故都，宋元之际，破坏不至过于严重，故马可波罗所见依然是一片繁荣景象。据马可波罗描述，杭州各街道上有不计其数的店铺，在此之外，还有大市十所，沿街小市无数。每个大市都有高楼大厦环绕，大厦之下就是各种商店。这样的大市，一周中有三天为集日。每逢集日，一般都有四五万人来赶集。像这样的繁荣景象确是为一时所少有的。

据《马可波罗行记》所载，马可波罗南行取道于河间府，再南经过景州[1]。这是说他没有由大都东行，顺通惠河，再入御河。这一条路上的通州和河西务都是较为重要的经济都会。通州控制着通惠河和白河汇合的地方，形成了漕运的一个枢纽。再往南去就是河西务了。论情形仿佛和贾鲁河上的朱仙镇相似。朱仙镇是一个车船相接的地方，故相当繁荣。河西务则是一个海运、河运相接的地方，其繁荣当在意中。元世祖至元二十五年（公元1288年），内外分置漕运司二，其在外者于河西务置司，领接运海道粮事[2]。由这宗事看来，河西务地位的重要是相当明显的。由河西务往南，现在的天津，那时已是白河和御河汇合的地方，不过不是海运的终点，还未显出它的重要意义，仅是靖海县属下的海津镇而已[3]。（附图三十六　元代大运河及沿河经济都会图）

---

1　河间府，冯承钧虽译为哈寒府，然谓其实为河间府。并说："哈寒之为河间，亦自有其理由，盖其对音较近，而涿州河间间，昔亦有道可通，且自大都东南行者，无沿今平汉铁路之理由，不自通州循运河行，即取道河间也。"按此所谓平汉铁路即今京广铁路。

2　《元史》卷九三《食货志一 · 海运》。

3　嘉庆《大清一统志》卷二四《天津府一》。

附图三十六

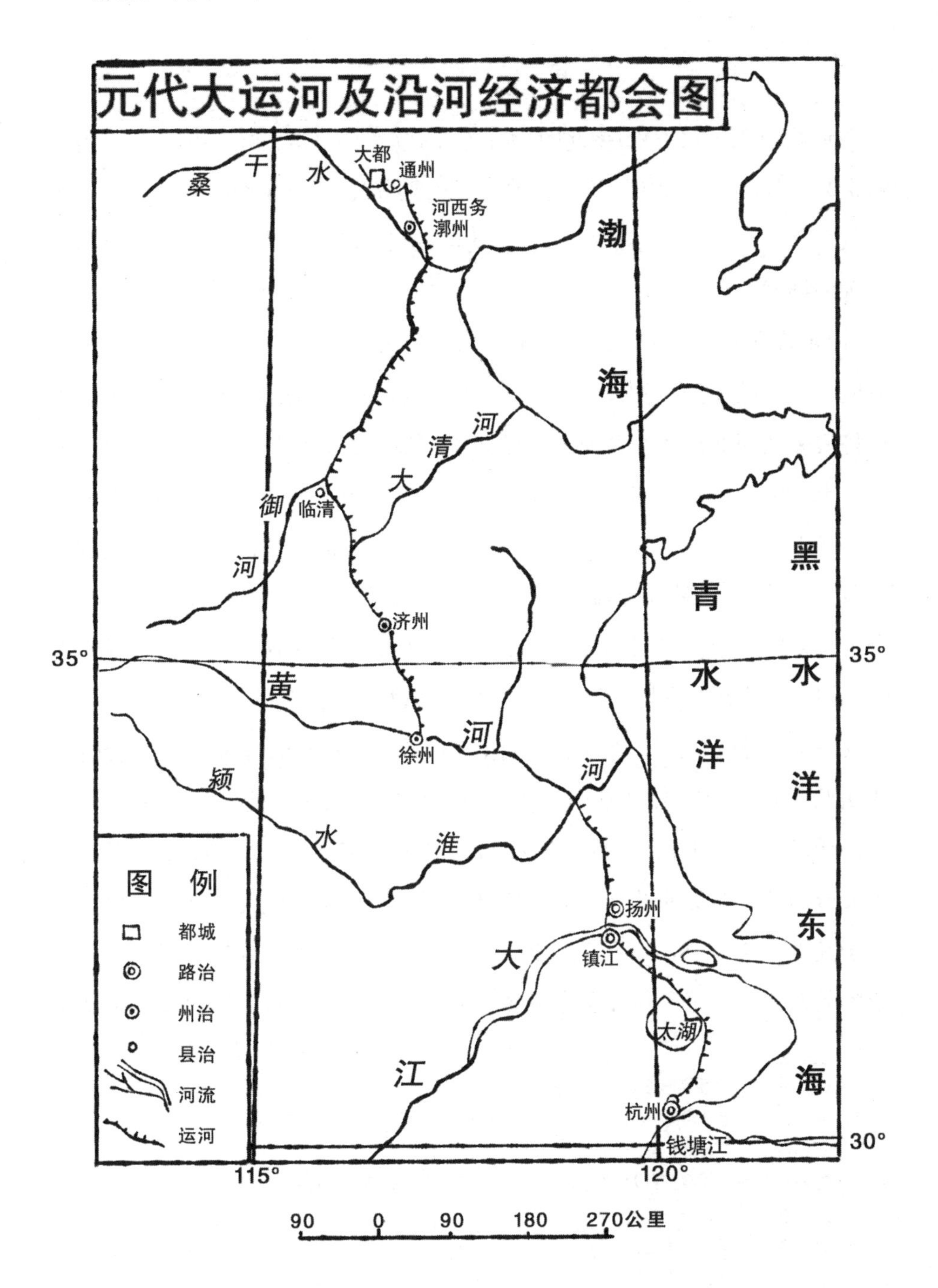

元代大运河及沿河经济都会图
桑
干
水
大都
通州
河西务
漷州
渤
海
河
清
大
御
临清
河
济州
黑
青
水
洋
水
洋
35°
35°
黄
河
徐州
颍
河
水
淮
图例
都城
路治
州治
县治
河流
运河
扬州
镇江
大
东
太湖
江
海
杭州
钱塘江
30°
115°
120°
90
0
90
180
270公里

## 元明之际运河的厄运

元明之际，这条纵贯南北的运河受到几次大的厄运，终于不通了[1]。当元顺帝时，黄河一再冲决，济宁、曹（今山东曹县）、郓（今山东郓城县）间漂没千余里，东北一直灌入运河[2]。运河的河身本来很浅，如何能禁得起这种种的摧残？顺帝至正十一年（公元1351年），贾鲁奉命治河，自黄陵冈（今山东曹县西南废黄河北岸）至归德府哈只口（今河南商丘县东），归入故道[3]。当时能把黄河决口堵塞住，就很不容易了，哪能再有余力疏浚这条行将失去效用的运河？黄河虽说已归于故道，灾难还仍不时发生。顺帝至正二十二年（公元1362年），河决范县[4]。范县在今河南范县东南。二十三年，河决东平寿张县[5]，寿张县在今山东梁山县西北。二十五年，东平须城、东阿、平阴三县河决小流口，达于清河[6]。须城县在今山东东平县。东阿县在今山东东阿县南。平阴县今仍为山东平阴县。黄河在这些县决口，说明当时黄河流经这几个县境。至正二十六年，黄河曾北徙，上自东明、曹、濮，下及济宁，皆被其害[7]。东明在今河南东明县南，曹州治所为今山东菏泽县，濮州治所在今山东鄄城县南，济宁路治所在今山东巨野县。这里所说的“河北徙”，稍欠明确，未悉所徙在何处。然这一年济宁路黄河溢[8]，范县和寿张县分居济宁路的西北和东北，则济宁路也当为黄河流经的地区，故黄河溢于其地。这样说来，至正二十六年的黄河似无显著的变迁。据说今山东定陶县西三十五里，菏泽县东五里，郓城县西二十五里，旧濮州（今鄄城

1 《明史》卷八五《河渠志三 · 运河上》。
2 《元史》卷四一《顺帝纪四》，又六六《河渠志三 · 黄河》。
3 《元史》卷四二《顺帝纪五》，又六六《河渠志三 · 黄河》。
4 《元史》卷四六《顺帝纪九》：“河决范阳县。”元代濮州有范县，此衍“阳”字。
5 《元史》卷五一《五行志二》。
6 《元史》卷五一《五行志二》。
7 《元史》卷五一《五行志二》。
8 《古今图书集成 · 山川典》卷二三三引《山东通志》。

县北）东六十里，皆有黄河故道，当是其时的遗迹[1]。

这里逐一举出元顺帝至正二十二年以后黄河流经的地方，正是要借此说明明初漕运的道路。明太祖洪武元年（公元 1368 年），黄河又在曹州双河口决口，东南流入鱼台县（今鱼台县西南）[2]。双河口在今菏泽县东五里[3]，正是元末黄河流经的地方。鱼台县傍运河，由黄河流出的洪水自会灌入运河。这就使已趋于淤塞的运河更濒于危殆。这一年，徐达率师北征，漕舟就不能溯运河而上，于是另由鱼台县南四十里的塌场口至济宁西二十里的

1 嘉庆《大清一统志》卷一八一《曹州府》。《大清一统志》说："金元以后，河自今仪封县界流入，经曹县，东北流经定陶县东南，府治东南，又东北流经郓城县西，东去濮州六十里，又北经范县西，又东北流入兖州府阳谷县界。"仪封县在今河南兰考县东北，曹州府治即今山东菏泽县。《大清一统志》说这里是金元以后的黄河河道，实甚笼统。金元时黄河河道变迁最繁，不能概括为这一条。金时曹、单二州皆有河决事（《古今图书集成·山川典》卷二三二引《兖州府志》），曹、濮二州间亦有河决事（《金史》卷九七《康元弼传》），其时黄河的流向与《大清一统志》所说的不同。元时，曹州治所的济阴县曾屡有河决事，且涉及修河堤事，如泰定帝泰定二年（公元 1325 年）的修河堤（《元史》卷二九《泰定帝纪一》），文宗至顺元年（公元 1330 年）的河决（《元史》卷六五《河渠志二·黄河》），顺帝元统二年（公元 1334 年）的河决（《古今图书集成·山川典》引《续文献通考》），至元五年（公元 1339 年）的河决（《古今图书集成·山川典》引《淮安府志》），至正五年（公元 1345 年）的河决（《元史》卷四一《顺帝纪四》），所言仅济阴一县，未能由此见到这里黄河的流向。《元史》卷五〇《五行志一》："泰定元年（公元 1324 年），曹州楚丘县、开州濮阳县河溢。"《元史》卷三七《文宗纪》："至顺三年（公元 1332 年）十月，楚丘县河堤坏。"《元史》卷四一《顺帝纪》："至正四年（公元 1334 年），河决曹州。"开州治濮阳，今河南濮阳县。曹州治济阴，楚丘县则在今山东曹县东南。濮阳、济阴、楚丘三县，由西北至东南成为一线，颇疑当时黄河是顺此线由西北流向东南。苟如此，亦与《大清一统志》所说的黄河流向不同。因此，可以认为《大清一统志》所说的"金元以后"，只是泛说，实际上乃是论述到元末至正后期的一股黄河河道。

2 《明史》卷八三《河渠志一·黄河上》。

3 嘉庆《大清一统志》卷一八一《曹州府》。《大清一统志》说："明洪武初，徐达于今（曹州）府治东五里之双河口，分支流通运。"按：当时黄河是由曹州双河口决口东南流的，徐达所开的运道，只是始于塌场口，是不能远至双河口的。

耐牢坡，开河通泗济运[1]。这是利用了当时新形成的黄河一段水道从事运输的。塌场口就在当时的黄河岸上，所以由其地开河，向北通到济宁以西的耐牢坡，和泗水相接。

徐达在这里开河通泗济运，并不是仍旧利用济州以北旧运道，而是开辟新改道的黄河河道。徐达这次开河，是为通漕以饷梁晋[2]。黄河由曹州东南流正可溯水而上，漕运至曹州，再分运至梁晋各处。这段黄河河道形成未久，有的地方不免水位过浅，有的地方却有壅塞，当时不断派人至巨野、曹、濮各处，发民疏浚，俾通粮漕[3]。这样的重重阻遏，可以想见当时漕运的艰辛。

既然漕运如此艰辛，接济东北各地戍兵的漕粮只好仍仿照元人的成法，由海道运输了。还在太祖洪武元年（公元1368年）时，就募水工，发莱州（今山东掖县）海洋仓，饷永平卫（今河北卢龙县），其后海运饷北平、辽东，遂为定制[4]。

运河的厄运并不就此而止。洪武二十四年（公元1391年），黄河在原武（今河南原阳县）决口，大溜经开封东南行，过陈州（治所在今河南淮阳县）、项城、太和、颍州（治所在今安徽阜阳县）、颍上而东至寿州（治所在今安徽寿县）正阳镇入淮[5]。另外一股，由旧曹州、郓城两河口，漫东平之安山，于是运河遭受了极严重的损害。东平安山是会通河的枢纽所在，

---

1 嘉庆《大清一统志》卷一八一《曹州府》。按《明史 · 河渠志》说："塌场者，济宁以西，耐牢坡以南，直抵鱼台南阳道也。"或据此谓塌场口乃在今鱼台县城附近南阳湖畔。今鱼台县旧为谷亭镇。谷亭镇在旧鱼台县东二十里。塌场口如在南阳湖畔，是当时亦在运河岸旁。而运河中的水流就是泗水。这样，徐达何必在此施工，开河通泗济运？《明史 · 河渠志》，嘉靖九年，河决曹县，分为两支。其一支自胡村寺东北又分为二支。此二支中的一支，"东北经单县长堤抵鱼台，漫为坡水，傍谷亭入运河"。《行水金鉴》卷二三引《续文献通考》："是年，河由单县侯家林塌场口，冲谷亭。"若塌场口在南阳湖畔，则嘉靖九年的黄河决口，经过塌场口如何还会冲谷亭，然后才入运河？可见以塌场口在今鱼台县城附近南阳湖畔之说，未为确论。《读史方舆纪要》卷一二九《川渎六 · 漕河》："塌场口在（旧）鱼台县南四十里"，是为得之。

2 《明史》卷八五《河渠志三 · 运河上》。

3 《列朝诗集甲集》卷二一黄哲《河浑浑诗序》。

4 《明史》卷七九《食货志三 · 漕运》。

5 《明史》卷八三《河渠志一 · 黄河上》。

经过河水的淹没，会通河就随着绝流了[1]。至于黄河大溜南趋，更予运河以很大的影响。在元时，黄河是循着东汉的汴渠故道东南行，所以由徐州到淮阴间一段运河实际就是利用黄河的水道。明初，徐达开塌场口，运河借用黄河的水道，更北展到鱼台县境。黄河水道在运输上说来并不是怎样的良好，但是省去一段开河的工程，倒未始不是节省人力的办法。这时黄河大溜南趋，旧日的水道不通，所遗留下来的河床却是满堆着淤沙，不用说，运河也不能借用这段水道了。好在明初的国都是建于江宁，这时无须再运大量的漕粮到北方去，已经淤塞的运河就继续淤塞下去。

## 胭脂河

明太祖建都江宁，这是六朝以来的古都，位于东南富庶之区，运道自成一个系统。大江上下，淮南和江南的运河，构成了主要水道交通干线。这样的交通网络，在运输上应该毫无困难。可是明太祖还锦上添花地另外开了一条短促的运河，这便是溧水县西的胭脂河，是用来沟通石臼湖和秦淮河的[2]。这条运河虽甚短促，对于当时的漕运便利甚多。以前，两浙的漕粮，除过一部分循太湖以东的运河运到镇江，再转入大江，直达京师以外，其余的大抵都是运到太湖之中，再由太湖经过东坝西入石臼湖，又借陆运转运到当时的京师。陆运当然艰苦，不如水运容易。江宁城中本有一条秦淮河，秦淮河的上源和石臼湖只隔着一个胭脂冈，太祖时开凿的就是这个胭脂冈。这条小运河开成后，不仅两浙的漕粮可以直达京师，就是大江上游运来的米粟，也可以或由芜湖转入黄池河，东入丹阳湖，或由当涂

1 《明史》卷八五《河渠志三 · 运河上》。

2 《明史》卷一三二《李新传》：“（洪武）二十六年，督有司开胭脂河于溧水，西达大江，东通两浙，以济漕运，河成，民甚便之。”洪武二十六年为公元 1393 年。

附图三十七

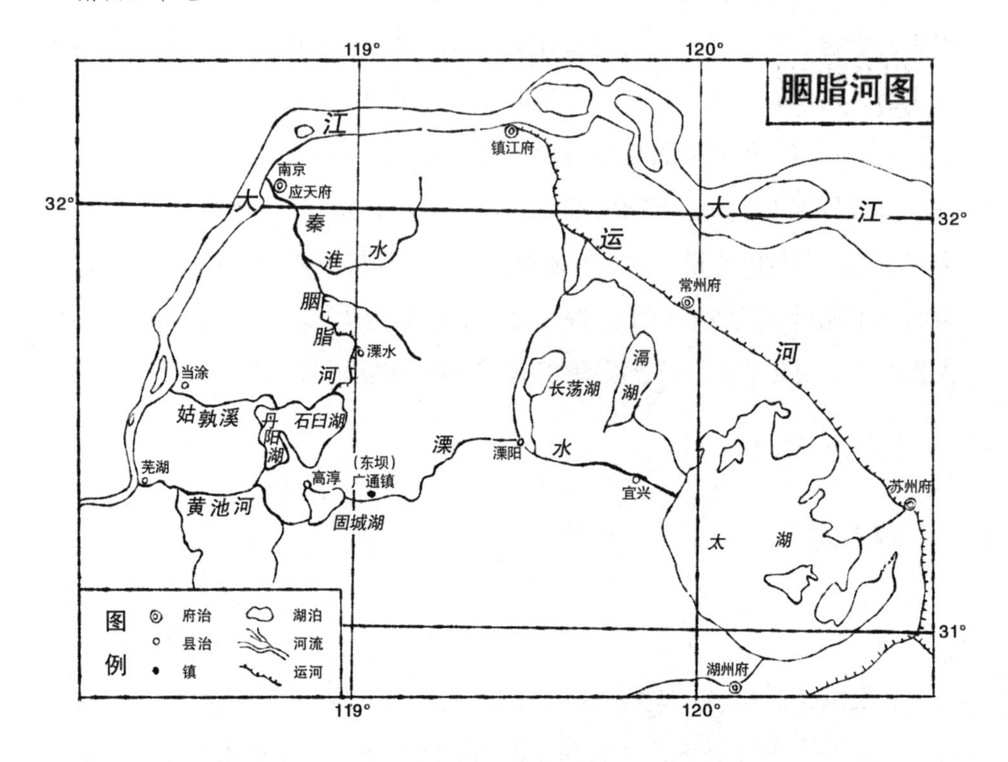


转入姑孰溪，东入石臼湖，都能经过胭脂河，再转输到南京。这也是一条便捷的道路。不久之后，成祖把国都迁到北京，这条胭脂河的运道也就不为人所注意了。（附图三十七　胭脂河图）

## 迁都北京后的运河

成祖把国都迁到北京，运河的系统又改变了一个局面。这时会通河已经淤塞，海上运输虽还继续维持，规模也并不很大；所以就参照元初的故事，设法由黄河上运，再由卫河（即御河）顺流而下，运到北京。由于黄河频繁决口泛滥，这样的运道也时有变迁，这时不仅不能采取贾鲁所治理的黄河的运道，也不是洪武初年徐达所开辟的塌场口运道。前面已经说过，黄河自洪武二十四年在原武决口，就由开封东南行，至寿州入淮。这是黄河一个大变迁。经过这样的变迁，贾鲁河故道遂淤，塌场口的运道也早已废置。不过变迁还未了结。洪武三十年（公元 1397 年）八月，黄河又在开封决口。这一年冬，蔡河徙于陈州[1]。蔡河本来是要经过陈州的。既然本来经过陈州，为什么这一年又要徙于陈州？《明史·河渠志》说："先是，河决由开封北东行，至是下流淤，又决之而南。"这显然可见，黄河这次决口，是夺蔡河河道而南经陈州城下的。蔡河本来是经过开封之南的通许县，再向东南流。这是说，这次黄河决口所行的新河道，较之洪武二十四年（公元 1391 年）的河道稍稍偏西了些。这条新河道距西华县较近，所以永乐元年（公元 1403 年），西华县的沙河水溢，就能冲决堤堰，以通黄河[2]。

永乐初年漕粮北运的运道就是利用这样一段黄河的。黄河水流本急，沿流都会遇到艰险的去处，陈州之下就有跌坡之险。当时为了避免这段险滩，改取沙河水道[3]，到陈州的颍岐口（今河南淮阳县西南），才又折入黄河。更溯黄河，至新乡八柳树（今河南新乡县西南），再以车运赴卫河[4]。这段陆运的道路比起元初来，是要短一点，但也是相当艰险。在绕道黄、卫运输之前，有人建议在卫河的上游开凿一段水道，使它和黄河间的距离差不多只有百步，可以省去陆运的若干麻烦。当时的执政的人只是考虑了一下，

---

1 《明史》卷八三《河渠志一·黄河上》。

2 《明太宗实录》卷二三，永乐元年九月。

3 嘉庆《大清一统志》卷一九一《陈州》："沙河：自淮宁县（今淮阳县）南受古黄河水，又东受蔡渠水，又东经项城县东北，又东经沈丘县新安集南，又东受枯河水，又东经界首集南，又东入安徽颍州府太和县界，盖即蔡颍分流也。"《大清一统志》还说，这条沙河也就是宋胡宗愈因古丈八沟所开的沙河。按今图（《中华人民共和国地图集》，1957 年版），河南项城县与安徽阜阳县间尚有沙河。

4 《明太宗实录》卷二一，永乐元年六月。

并未实际开凿[1]。好在不过几年，会通河就疏浚成功，运道不必再绕这样一个大圈子，凿卫就黄的事情也就没人提起了。

## 会通河的疏浚

明代疏浚会通河之役，是启始于成祖永乐九年（公元1411年）。在这以前，建议恢复这条运河的人，倒也不少，只是都没有实现。唯一的原因是当时的国都还在江宁，北边对粮食还一时感不到恐慌。到了建都北京以后，虽有海陆兼运，而海路多险，陆路亦艰，仍然解决不了困难的问题。在这种情形下，极易令人联想到元时运输的旧事。永乐九年，济宁州同知潘叔正就正式建议，疏浚会通河故道。成祖于是命工部尚书宋礼等主其事。由济宁到临清，共疏浚三百八十五里。宋礼以会通河的水源主要是汶水，要想全流永通，应该对汶水善为处理。会通河流经的地方，以南旺的地势最为高昂。其地在今汶上县西南三十五里。如果把汶水引到南旺，使之南北分流，则会通河全流就可畅通无阻。元代治会通河也是使用汶水。那时是在宁阳县东北建筑堽城坝，遏汶水流入洸水。洸水流至济宁，与泗水相会合。这个会合处远在南旺之南。要引汶水至南旺，就不能再使它流经洸水的河道。宋礼采取汶上老人白英的建议，仍在宁阳东北建筑堽城坝。新建的堽城坝和元时已完全不同。元时是要借这条坝引汶水入洸水，这时则是要借它遏绝汶水入洸之路，使汶水继续西流。可以想见，元时的堽城坝是建筑在汶水的河道上，明时的堽城坝则建筑洸水分汶的地方。汶水由堽城坝西流，是恢复了汶水的旧道。旧道是要在东平州（今东平县）折北入

1 《明太宗实录》卷一八："（永乐元年三月）沈阳军士唐顺言：'卫河抵直沽入海，南距黄河，陆运才五十余里，若开卫河，距黄河百步，置仓廒，受南方所运粮饷，至卫河交运，公私两便。'乃命廷臣议，未行。"

于大清河。宋礼根据白英的建议，在东平州东六十里戴村的汶水河道上筑起一条戴村坝，汶水受到阻遏，改趋西南流，至于南旺，储入蜀山、马踏二湖以济运。由于南旺地势最高，汶水就由这里分流，六分北至临清入卫，四分南过济宁入泗。这一年，又疏浚黄河故道，使黄河归入元明之际的旧水道，这样由塌场口至徐州的一段又可以利用黄河的水道了[1]。（附图三十八明初淮河和卫河间运道图）

## 闸漕的特色

明代的会通河亦称闸漕。这是说，由于沿河地势高低不同，必须于各地设闸才能使船只顺利航行。明代的会通河自南旺分水北至临清三百里，地降九十尺，南至镇口（今江苏徐州市北）三百九十里，地降百十有六尺。这样高低不平的地势，只有就地设闸。明代于南旺至临清一段河道上设闸二十一座，于南旺至镇口一段河道上设闸五十四座。后来又开泇河二百六十里，设闸十一座[2]。因为沿河设闸繁多，所以这段运河也就称为闸漕。其实在这段运河上设闸，并不始于明代，元时已经有所设置，设闸数目也很多，这是在前面论述过了的。不过明代更为繁多，因而闸漕之名就成为专称了。

---

1 《明史》卷六《成祖纪二》，又卷八五《河渠志三 · 运河上》，又卷一五三《宋礼传》，又卷一五七《金纯传》。按，《河渠志》说："（宋）礼用汶上老人白英策，筑坝东平之戴村，遏汶使无入洸，而尽出南旺。"戴村坝只能遏汶使不再由故道北流，与入洸无关。《宋礼传》说："（礼）乃用汶上老人白英策，筑堽城及戴村坝，横亘五里，遏汶流，使无南入洸而北入海"，于义为长。

2 《明史》卷八五《河渠志三 · 运河上》。

附图三十八

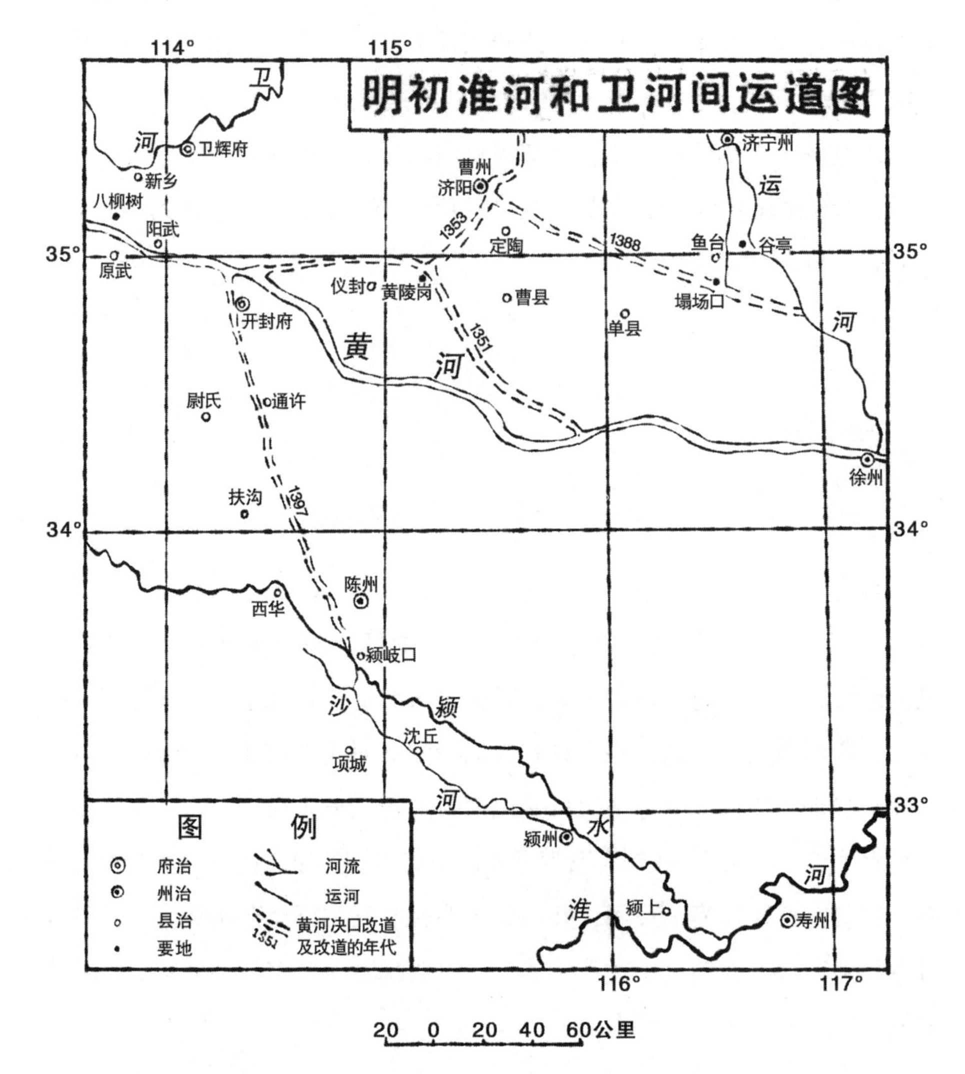


## 陈瑄治河

会通河疏浚告成，海运和黄、卫之运一时俱罢。这时，平江伯陈瑄总董漕运诸事，运道不便的地方他都设法整理。他虽没有大规模的开凿过新的运河，但他的整理故道却为功甚大，给后世留下不少成规。永乐十三年

（公元 1415 年），他因淮安之北运、淮汇合之口诸坝阻碍漕舟，就在淮安城西管家湖凿渠通鸭陈口，以入淮水，免去漕舟越坝的困难。这本是宋时乔维岳所开的漕渠故道，只是年久淤积罢了。自此以后，他继续施工。他因徐州附近有吕梁之险，就在其西别凿一条四十里的长渠，蓄水通漕。他因高邮湖中风涛甚大，就于湖滨筑起一条长堤，又于堤下凿渠四十里，使运河和湖水分开，漕舟不必再冒湖上的风涛之险。另外，他又在泰州开凿白塔河，使运河通江之途不必限于扬州一处。他对于运河水道的整理，原不仅区区这几端，不过其他都是有关于工程技术上的问题，这里不必详细列举了[1]。经过宋礼恢复会通河和陈瑄的整理运道，东南的漕舟就可平夷北上而了无阻碍了。

## 通惠河的疏浚

明初对于运河的整理是这样的致力，但有一宗事情却令人不解。元时的运道本是由东南各地直达京师，而明初的运道只是到了通州就停止了，通州以西则改用车运，旧日的通惠河却一任其淤塞，而不加以利用。成化、正德之间，才先后疏浚了几次，可惜用工不大，成效也小。其最为症结处，应是水源问题。元时引西山白浮诸泉汇于积水潭。这些渠道水潭都在宫城外，故漕舟得入城内。明初，北京城扩大，积水潭已被隔在禁城之北，漕舟远来，竟无停泊的地方。且由积水潭流出之水须经过禁城，然后从金水河南出，其间启闭蓄泄，也不是外人所能掌握的，因而故道不可复行。又元时引白浮泉，是往西逆流，如果不往西逆流，就得经过明朝的皇陵，当时的执事者又恐怕妨碍地脉。至于所引的一亩泉，要通过白羊口山沟，两

1 《明史》卷七《成祖纪三》，又卷八五《河渠志三 · 运河上》，又卷一五三《陈瑄传》。

水冲截，难以引用。有这些困难处，所以恢复通惠河就感到不易。后来到世宗嘉靖六年（公元1527年），御史吴仲才大加整理，舟楫复通[1]。吴仲所用力的，只是整理若干闸坝，水源问题终未得到很好解决，加之北京城扩大后，用水量也大有增加，运河水量更难得有所改善[2]，因而说不上发挥更大的作用。（附图三十九　明代京师附近各运河图）

附图三十九

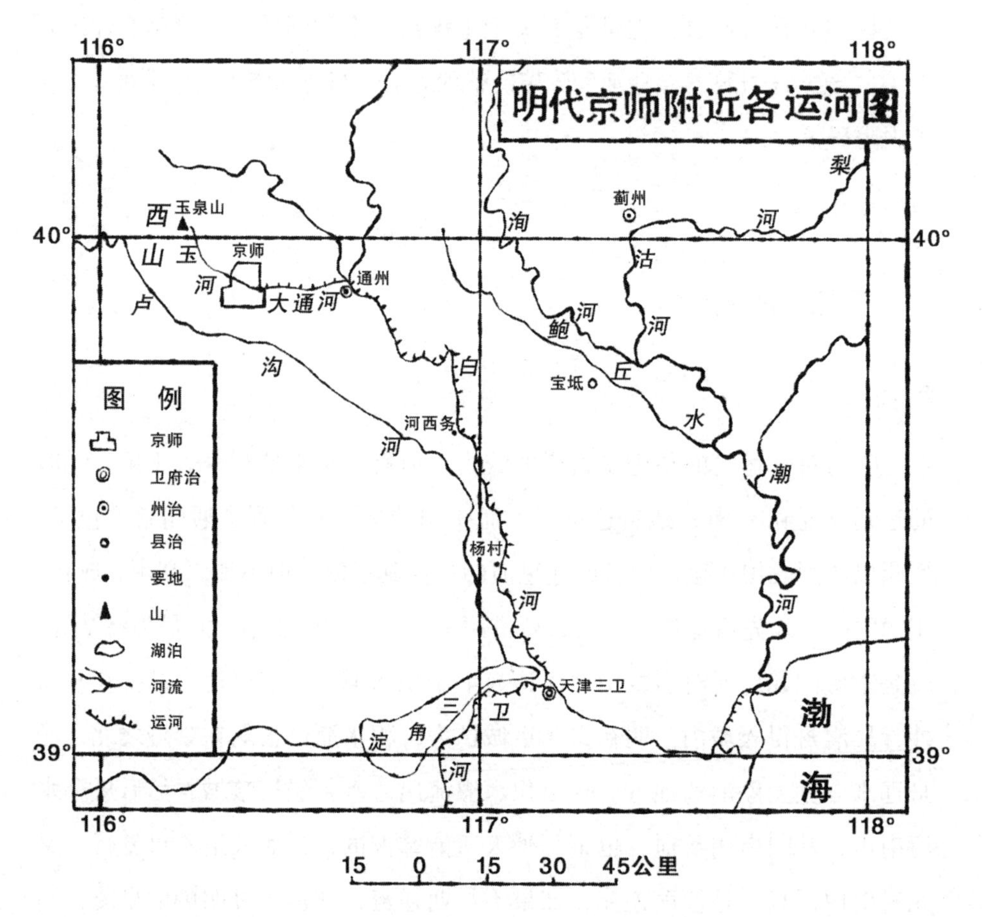


1 《明史》卷八六《河渠志四·运河下》。

2 侯仁之《历史地理学的理论与实践·北京城市发展过程中的水源问题》（上海人民出版社出版，1979年）。

## 明代运河各段的名称

明代纵贯南北的运河，其起讫流经地区和元代大致差不多，不过在名称上彼此却有差异的地方。明代运河的名称相当复杂，随地异名，随水异名，且有因其性质而异名的。名称虽多，水道却只是一条。由北而南，自京师汇昌平西山诸水东至通州入白河的为大通河，这是元时的通惠河，因为流经大通桥下，所以改称大通河；由通州而南，至直沽会卫河入海的，为白河；由临清而北会白河入海的为卫河；由临清南过济宁而至徐州的为汶水及洸、泗诸水；由徐州以南至于淮水的为黄河；江淮之间的为淮扬诸湖之水；大江以南，则为松、苏、浙江转运之道。在淮、扬至京口以南的通常称为转运河；由张家湾（在北京通县南十五里）到天津，又称为通济河；由天津到山东，则称为北河；由丰、沛到黄河，通常称为中河；江淮之间的通常称为南河。另外，又有白漕、卫漕、闸漕、河漕、湖漕、江漕、浙漕之分。白漕是指白河，卫漕是指临清以下的卫河，河漕是指徐州以南的黄河，湖漕是指江淮之间淮扬诸湖，江漕则指运河入江分往上下二方（江漕不仅指运河而言），浙漕则指浙江诸处的水道。至于闸漕乃是就山东境内的运河而言，因为这段运河设闸最多，所以就有闸漕的名称。若是举全河而言，则通常都称为漕河，运河一名用的反而不多，这正如长城在明代被称为边墙一样。自然，习俗还有因袭元代的旧称的，那就不能一概而论了[1]。

1 《明史》卷八五《河渠志三 · 运河上》。

## 明人对于运河的重视

明代对于这条运河的重视和倚赖，远超过于元代。元代主要的漕运是取道于海上，运河只居于辅助的地位。元代重视海运，但海运最盛的时候，每年所运的漕粮并没有超过四百万石。明代的情形正是相反。明代在成祖迁都北京之初，虽还实行过海运，而同时还有运河，海运的数量也不过和运河相当。及疏浚会通河成功，废止了海运，也废止了由黄入卫的河运，整个的南北运输都倚赖这条运河了。明初漕运没有定额，随时视需要的程度而变更，所以没有确实的数目。宪宗成化八年（公元 1472 年），才规定每年须运足四百万石，其后即以为常[1]。这个数字超过了元代海运的最高额。由运输数量的增加，可以证明明人对于运河的管理和培护是要比元人为周密。明人对于督漕官吏倚畀最殷，而其责任亦最重，这是关系国家的安危不能不如此的。成祖永乐年间，以陈瑄为漕运总兵官，总治全河。英宗初年，于济宁中分运河为南北二段，各以侍郎一人主之。到了成化七年（公元 1471 年），更分运河为三段，沛县以南为一段，德州以北为一段，山东独为一段，各委监司专理，而别设总督漕运一员，以统筹全局。此总督漕运之大员，通常称为总河，其地位相当崇高，由此也可以看出那时对于运河的重视和依赖了[2]。

## 会通河的灾患

这条纵贯南北的运河正和黄河成交叉状态，和唐宋以前的规模完全不

1 《明史》卷七九《食货志三 · 漕运》。

2 《明史》卷七三《职官志》，又卷八五《河渠志三 · 运河上》。

同。黄河易决，运河易淤，本已难治，以易决的黄河，来影响易淤的运河，其困难更多。元代的国运不过九十多年，中叶以后，这种危机已经萌芽，每次黄河决口都直接促成运河的淤塞，明洪武时会通河就干脆不通了。成祖疏浚会通河后，运道得以恢复，自为一时的好现象，但同时却为会通河种下一个祸根，使会通河永远脱离不了黄河的纠缠，结果竟影响了黄、运两河的命运。

这话是怎样讲呢？元代因为运河水量过小，无法大批运输漕粮，才改取海道。明代把整个漕运都委之于运河。固然明人对运河管理周密，使运河的运输功效增加。其实明人在这里还取了一点小巧，这点小巧正是日后运河的祸根。所谓运河水量过小，实际是指会通河。会通河的水源只靠汶水和其他几条小河，而又南北分流，两下接济。这么一点水量，自然不能通行较大的船舶。明人想增加会通河的水量，就设法引用黄河水流，以补不足。那时自开封到东阿，原有一条旧汉河，明人就利用这条旧汉河引黄河之水接济会通河，使漕舟得以畅行无阻。此事在宣宗宣德五年（公元 1430 年）。这一年，陈瑄上言："临清至安山河道，春夏水浅，舟难行。张秋（今山东东阿县西南六十里）西南旧有汉河通汴，朝廷尝遣官修治，遇水小时，于金龙口（今河南封丘县西南二十里）堰水入河，下注临清，以便漕运。比年缺官，遂失水利，漕运实难。乞仍其旧。"

这样的请求得到了允许，就利用黄河水来补助运河的不足[1]。到了宣德十年（公元 1435 年），督运粮储总兵官及各处巡抚侍郎与廷臣会议军民利益及正统元年（公元 1436 年）合行事宜时，又指出："沙湾（今山东寿张县东北三十里，北去张秋十二里）张秋运河，旧引黄河支流，自金龙口入焉。今年久沙聚，河水壅塞，而运河几绝，宜加疏凿。"[2]这样，旧汉河的黄河水又继续流来。可是祸福互倚，一时的便利正是日后河患的原因。

黄河决口冲毁会通河，始于英宗正统十三年（公元 1448 年）。这一年，

1 《明宣宗实录》卷一一，宣德五年十月。
2 《明英宗实录》卷九，宣德十年九月。

黄河在荥阳附近决口，东北过曹、濮，沿旧汉河而下，冲至张秋，溃决沙湾，运道大坏。这时救护运道比较堵塞决河更急。决河不塞，充其量不过是冲没些人畜田庐；运道不通，则京师根本动摇。当时朝野上下都注意到张秋沙湾这一带地方，反把荥阳决口放下不问了。张秋附近的运河浚好又塞，堵好又决，直至孝宗弘治七年（公元 1494 年）才完全成功，前后差不多快要五十年了。运道复通之后，因为纪念这次功绩，就改张秋为安平，想见其时对于这事的欢欣情形了[1]。（附图四十　明代会通河中段图）

## 徐州以南运道的艰难

会通河受黄河的骚扰是这样的厉害，徐州以下的运河因为借用一段黄河水道，其害更是频繁。上游稍有决口，这里就受到影响。若是黄河改道，那运道就要立刻阻塞。永乐九年（公元 1411 年），恢复会通河的时候，黄河也重归明初的故道。过了五年，黄河又由开封决口，东南夺涡水至怀远入淮，仅余一小股仍自徐州东行。这时南行者为大黄河，东行者为小黄河。小黄河的水势一年不如一年，至宣宗宣德六年（公元 1431 年），御史白圭就请浚金龙口以下的河道，引河水至徐州以通运路。可知这段黄河的水量是如何的不足。正统十三年（公元 1448 年），河决荥阳，东汜张秋之时，又有一股向东南漫流，自原武经祥符（今河南开封县）、扶沟、通许、洧川、尉氏、临颍、郾城、陈州、商水、西华、项城、太康诸州县入淮，自然徐州的黄河故道又淤塞了。这次决口，不久又堵塞住。以后同类的灾患还不断发生。弘治时，治张秋决口，为要根本避免会通河受黄河

1 《明史》卷八五《河渠志三 · 运河上》：正统十三年，沙湾溃决，不久复塞；景泰三年（公元 1452 年），复决，明年决口毕工；寻又溃决，至景泰六年（公元 1455 年），始复竣工；弘治二年（公元 1489 年），张秋又决，至七年（公元 1494 年），方得合龙。

附图四十

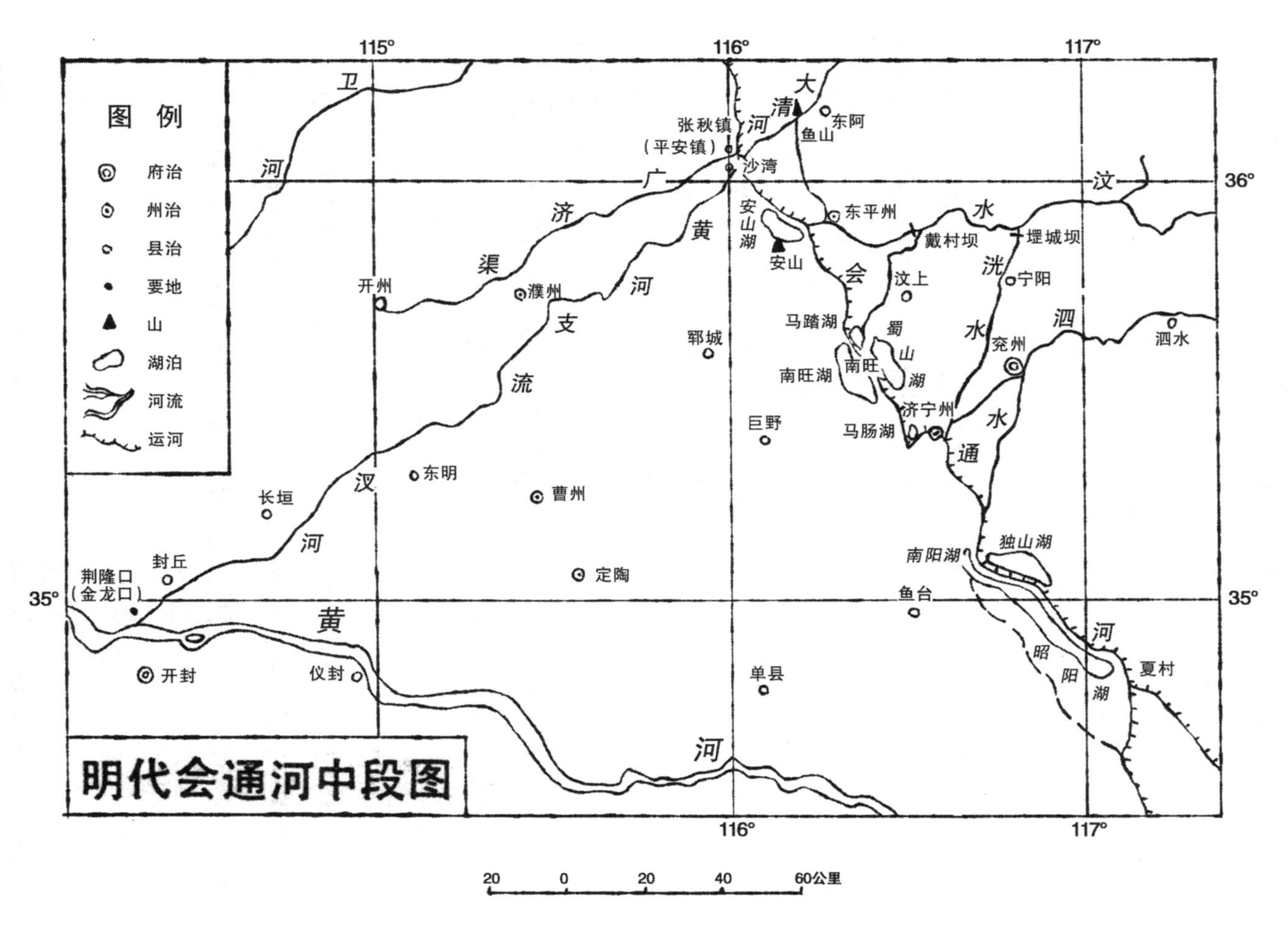

明代会通河中段图

的骚扰，就把旧汊河也一块堵住，于是黄河大溜就全由徐州东下，水大势猛，徐州以南的运河就难有平安通航的日子[1]。

## 徐州附近运河的改道

因为要想避免徐州附近运河受黄河的骚扰，所以这段运河也曾数次改道，不再利用黄河水流。最初计划在这里改凿新河的是世宗时的都御史胡世宁和总河盛应期。嘉靖五、六年间（公元1526年、1527年），黄河决口于曹、单（今山东曹县、单县）等处，沛北皆为巨浸，东溢逾漕河（即运河）入昭阳湖，沙泥聚壅，运道大阻[2]。胡世宁就建议：在昭阳湖东，滕、沛、鱼台、邹县间，别凿一渠，南接留城（今江苏沛县东南），北接沙河（今山东邹县东，入昭阳湖），不过百余里，厚筑西岸，以为湖障，令洪水不得漫入运河[3]。盛应期也建议：在昭阳湖东开凿一条新河，自湖东汪家口南经夏村（今山东微山县），至沛县留城口合于故河。这条新河全长一百四十里。如果这条新河开成，运道可以改在昭阳湖东，有昭阳湖为屏蔽，就不至于受黄河的侵入。可是正在开凿之时，怨渎言上闻，遂半途中止[4]。

过了三十年，到了嘉靖四十四年（公元1565年），黄河又在沛县决口，上下二百里运道俱淤[5]。次年，尚书朱衡受命兼理河漕，才重理旧迹，再事开凿。朱衡为了早日竣工，曾经亲履其地，调查研究，了解到盛应期所开的新河自南阳以南，东至夏村，又东南至留城的故址尚在[6]，因而请开南阳、留

1 《明史》卷八三《河渠志一 · 黄河上》。
2 《明史纪事本末》卷三四《河决之患》。
3 《明史》卷八三《河渠志一 · 黄河上》。
4 《明史》卷八五《河渠志三 · 运河上》，又卷二二三《盛应期传》。
5 《明史》卷八三《河渠志一 · 黄河上》。
6 《明文》卷二二三《朱衡传》。

城上下[1]。经过一些争议，新河终于告成，漕道因得暂告平安[2]。由于新河的开凿成功，原来南阳湖和昭阳湖以西一段旧道就失去了作用，而日趋于淤塞。

徐州附近的运河第二次改道，是东移于泇河。泇河二源：一源出山东费县南山谷中，一源出山东峄县君山，所谓东西二泇河者是也。二源合流，过泇口镇（在江苏邳县西北三十里）会沂水，至宿迁县入黄河。引泗水入泇合沂以济运的计划，原起于翁大立。穆宗隆庆三年（公元1569年），黄河在沛县决口，运道淤塞，漕舟阻于邳州（今江苏邳县北）不能进。大立这时为总河，他就主张开泇河以通运道。他所提出的计划是循子房山，过梁山，至境山，入地浜沟，直趋马家桥，其间上下八十里，可开一道新河[3]。境山在今徐州市北四十里，与梁山相连[4]。子房山虽无可考，距境山当非过远。当时只是为了避秦沟、浊河之险[5]。大立提出他的计划时，恰值黄河水落，漕舟复通，遂遭搁置。第二年，黄河又在邳州决口，大立再提出他原来的计划，欲开泇河口以远河势，却又没有实现[6]。神宗万历三年（公元1575年），总河傅希挚复请开凿泇河，以避黄河之险，也没有成为事实[7]。万历二十二年（公元1594年），总河舒应龙乃在韩庄（今山东枣庄市峄城西南六十里）开渠以泄湖水，这就是所谓韩庄新河[8]。这条新河长四十余里，在性义岭南，可引湖水由彭河注于泇河[9]。经过这次开凿，泇河上游才和运河沟通，但全流还未通行。二十六年（公元1598年），刘东星为总河，也曾致力于此，功未成而东星病卒[10]。又过了几年，到了万历三十二年（公元1604年），总河李化龙始彻底开凿，由沛县夏镇李家口引水合彭河，经过韩庄湖口，再合

1 《明史》卷八五《河渠志三 · 运河上》。
2 《明史》卷二二三《潘季驯传》。
3 《明穆宗实录》卷三七，隆庆三年九月癸酉。
4 嘉庆《大清一统志》卷一〇〇《徐州府》。
5 《明史》卷八五《河渠志三 · 运河上》。
6 《明史》卷八五《河渠志三 · 运河上》。
7 《明神宗实录》卷三五，万历三年二月戊戌，又卷三六，三月丁巳。
8 《明神宗实录》卷二七七，万历二十二年九月戊戌。
9 《行水金鉴》卷一二七引《山东全河备考》。
10 《明史》卷八五《河渠志三 · 运河上》，又卷八七《河渠志五 · 泇河》，又卷二二三《刘东星传》。

泇、沂诸水，而出邳州直河口，长凡二百六十余里[1]。这条新河开成，运道远离徐州附近的黄河，省去许多因黄河决口淤塞而引起的麻烦。这时漕舟还有经过徐州城下的，但仅有三分之一，其余都改就泇河，慢慢地徐州运道也就废弃了。这条泇口河自翁大立创议之后，至李化龙告成，前后三十多年，实在可以说是明代运河的一宗重要工程。此后，对于泇河水道还不断地加以整理。熹宗天启五年（公元 1625 年），漕储参政朱国盛又由邳州直河口东岸的马颊口起，开凿一条新河，至宿迁的骆马湖口止，全长五十七里，上属泇河，下达黄河，以避刘口、磨儿庄、直口之险，名为通济新河。第二年，总河李从心又在骆马湖附近补开了十里新河，由陈沟入黄河[2]。陈沟在宿迁县西二里[3]，为骆马湖和黄河相联系处。当时漕舟经通济新河，入骆马湖，再由陈沟达于黄河。自从这两次施工改道后，终明之世，这段运道总算还没有出过太大的危险[4]。（附图四十一　明代徐州附近运河图）

## 闸河旁的湖泊

开凿运河是要补助自然水道的不足。当其施工时，要尽量利用有关的自然水道，就是附近的湖泊也都可以利用，这样可以省去若干开凿的力量。春秋时期吴楚两国开凿运河，就是采取这样的办法。吴王夫差时的邗沟，更向东北绕道于射阳湖中。

运河附近的湖泊既可利用作为运输的航道，也可用以调节运河中的水量，江南运河侧旁的练湖就是起到这样的作用。元代开凿的济州河，利用汶

1 《明神宗实录》卷二九二，万历三十二年正月乙丑；《明史》卷八七《河渠志五 · 泇河》，又卷二二八《李化龙传》。

2 《明史》卷八五《河渠志三 · 运河上》。

3 《读史方舆纪要》卷二二《邳州》。

4 《明史》卷八五《河渠志三 · 运河上》。

附图四十一

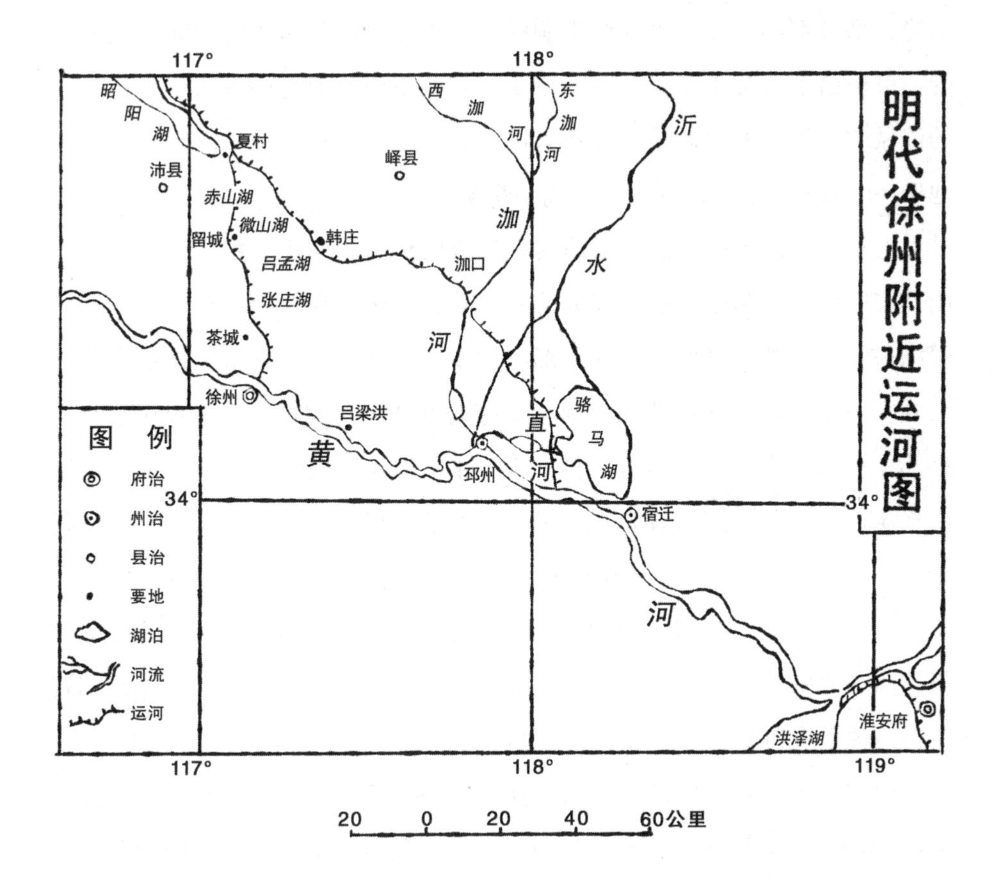


水和泗水助运。泗水中下游当时已作为运道，引泗水入济州河，南流的水量就相应减少。当时为了节制水量，在沿河各处广建闸坝，所以后来这段运河就有闸河之称。元代漕粮大部分由海道运输，这段河道中的水量问题还不显得突出。明代漕运完全惟运河是赖，这就不能不引起当时人的重视。

泗水本来是由曲阜、兖州西南流，至鲁桥又折而东南流。元人开济州河，就是由鲁桥向北，经济宁、东平而入于大清河。济州河的西侧就是以前的巨野泽，当时是称为梁山泊的。巨野泽之东有一个茂都淀。东晋桓温所开的桓公沟就是由巨野泽和茂都淀之间穿过的[1]。由于黄河泛滥，元时梁山泊绝大部分都已干涸，茂都淀干涸的时候当更早。济州河就是穿过茂都淀的。鲁桥已下的泗水聚集原巨野泽东南和蒙山西侧流来的各条小水，原来的流域中可能也有过湖泊。即令有湖泊，也不会是很多的。由于有这样的地形，因而这里还可以恢复和形成一些湖泊。

永乐年间，宋礼疏浚会通河时，这里已经有了昭阳、南阳、马踏、蜀山、安山诸湖。昭阳湖在今江苏沛县东北，南阳湖在今山东鱼台县东，马踏湖在今山东汶上县南旺之北，蜀山湖在今南旺东南，安山湖在今山东梁山县安山东北。今马踏湖已干涸，安山湖也已扩大为东平湖。宋礼当时于这几个湖旁设立斗门，名为水柜。漕河水涨溢出，就储到这几个湖中，漕河水浅时，则引湖水注入河中[2]。其实当时还有南旺、马场、蜀山诸湖。南旺湖本为梁山泊积水所汇。永乐中开会通河时，于湖中筑堤，分南旺湖为二。其西仍为南旺湖，其东又分为二湖，南为蜀山湖，北即马踏湖。漕河水道就由南旺湖和蜀山湖之间穿过[3]。这几个湖中以南旺、安山、马场、昭阳四湖与漕运关系最为密切，有四水柜之称。而蜀山湖畔亦设斗门，也称为水柜。

南阳湖东北有独山湖。南阳、独山两湖和其南的昭阳、微山两湖合称为南四湖。南阳和昭阳两湖明初即已有之。独山湖本为南阳湖的别名，后来却成运河左侧一部分的专名，它和微山两湖形成较晚。世宗嘉靖七年（公元1528年），盛应期拟开昭阳湖左的新渠时，胡世宁就曾经说过，昭阳湖东岸滕、沛、鱼台、邹县地方之中，地名独山；并谓别开新河，当经过这些地方[4]。盛应期和胡世宁所倡议的新河，就是绕南阳湖和昭阳湖之左，而至于留城与旧漕道相合的新河。这条新河紧濒南阳湖，而独山湖更在新河之左。论形势，它颇似南旺湖和蜀山湖，因为漕道也由这两湖中间穿过。

1 《水经 · 济水注》。

2 《明史》卷八五《河渠志三 · 运河上》。

3 嘉庆《大清一统志》卷一六六《兖州府》。

4 《读史方舆纪要》卷一二九《川渎六 · 漕河》。

这独山湖的形成分明是新河开凿后，邹泗诸水汇集的结果。

微山湖的形成更晚。盛应期和胡世宁倡议的新河至嘉靖四十四年（公元 1565 年）为朱衡开通时，已有微山湖。微山湖而外尚有赤山、张庄、韩庄、吕孟诸湖。韩庄湖最东，其西为张庄湖，微山湖与赤山湖更在其西，通谓之吕孟湖[1]。这些湖泊都是黄河泛滥后积水未退形成的。其初虽连绵广远，长达八十余里，却都不大。穆宗隆庆（公元 1567 年—1572 年）和神宗万历（公元 1573 年—1620 年）之际，黄河还一再决口，遂使这几个湖泊连成一片。寖假成为南四湖中最大的湖泊，湖的范围也向南扩展。嘉靖年间所开的新河，其南段一部分已沦入湖底，化成洪波。就是留城也成为滨湖之地。为了使漕路不受阻遏，因有泇河运道的开凿，这在前面已经论述过了。这条新河凿成，不仅避开微山湖的风涛，并且避开徐州附近吕梁洪的险滩[2]。

由这里可以看出：这段运河旁的湖泊自有其特点，和其他地方不尽相同。其他地方和运河有关的湖泊大都是自然形成的，而这里由于汶、泗两水的水量较小，不能负荷漕运的压力，才蓄水济运（像微山湖的形成，乃是由于黄河的泛滥，这不是当时人预料所及的），所以应是人为的不臧，不能尽诿之于自然的变化。这段运河正是由于水源不足，不能不恃这些湖泊为之调剂；但湖面风涛也使漕舟不能一直在湖中航行。这样远不得，又近不得，就形成了运河傍湖泊的局面。运河傍着湖泊，这在江淮之间的宝应、高邮、邵伯诸湖旁也是一样的，不过那里只是为了避免湖上的风涛，与水源的多寡却没有多大关系[3]。

1 嘉庆《大清一统志》卷一六六《兖州府》。

2 《明史》卷八五《河渠志三 · 运河上》，又卷八七《河渠志五 · 泇河》。

3 《明史》卷八五《河渠志三 · 运河上》，又卷二二三《刘东星传》。

## 南河的整理

明代黄河不仅侵扰会通河和徐州附近的运河，并且还影响到江淮之间的南河（明人称这段运河为南河）。当时受影响最大的有两个地方：一个是淮安附近的运口，一个是洪泽湖东的高家堰。在黄河还没有南徙时，运河的水面一向是较高于淮河，为防止运河水量泄流过多，常在运口建坝筑堰，以为节制。黄河南徙，其入淮之口，又和运口相值，黄河水流急速，水面亦高，时常会冲入运口，使之淤塞。洪泽湖东的高家堰，据传说是东汉末年陈登所筑的，用以保护湖东的高邮、宝应诸地。黄河夺淮入海，淮水不能畅流，于是潴于洪泽湖中。好在洪泽湖附近都是洼地，湖身不愁不能扩大。洪泽湖继续扩大的结果，这湖东的高家堰也只好加高培厚，使其不至于毁决。若是高家堰不幸毁决，湖东各地一定完全淹没，运河也就一块完了。旧日江淮之间的运河，本来最为平安无患，即使偶然有点淤塞，稍加疏浚，就可恢复旧观，这时却成了险工，而使人们为之焦灼不安。对于淮安运口的整理，早在成祖永乐之时，陈瑄即已开凿过新渠。万历十年（公元 1582 年），督漕尚书凌云翼以运口多险，乃别开永济河四十五里，由清江浦南窑湾起，历龙江闸，至杨家涧，出武家墩，东入于淮水，较前稍觉平夷。至于高家堰，明人对于这条捍拒洪泽湖的大堤的培护是不遗余力的。为了减轻高家堰的压力，平日就设闸放水，使东入运道中的诸湖。这样一来，运道中的诸湖面积就自然增大，因而发生筑堤、避风、防洪诸问题。筑堤、防洪固然重要，当时对此不敢放松一步，至于避风的问题，却也是大费周折。运河初凿的时候，利用湖泊，省去许多开凿的工程。这些湖泊容受经过高家堰泄出的水流，湖面不能不增大；湖面增大，当然多风，这是自然的道理。若要避免风波之险，使漕舟平安，那只有舍去湖中原有的水道，而另开新渠了。最初开的渠，是陈瑄在高邮湖旁所开的月河，至弘治二年（公元 1489 年），户部侍郎白昂又开康济河。这康济河在高邮的甓社湖东，长凡四十里。这种开渠的方法，当时名为复河。万历十三年（公元 1585 年），总漕都御史李世达又开宝应月河，以避汜光湖之险。这条月河长千七百余丈，即所谓弘济河也。万历二十八年（公元 1600 年），总河刘东星又开邵伯月河十八里，界首月河一千八百余丈。于是江淮之间的南河才完全脱离了沿途湖泊的束缚，而成南北直达的水道[1]。南河入江之口原在扬州，自陈瑄凿泰州白塔河后，运口东移，以连接由常州孟渎河过江的漕舟。白塔之东，泰兴附近，又有北新河，南与常州的得胜新河相直，漕舟入北新河后，由泰州坝达扬子湾，直入运河，较白塔河尤为便利。稍后又复疏浚扬州附近的瓜步运口，终明之世，东西三道交互并用，尽得其利。（附图四十二　明代南河图）

## 胶莱运河的恢复和失败

明代海运只是在开国之初的很短时期。海上运输虽多风涛覆舟的危险，可是却省去开凿运河的困难。明代的运河常为黄河侵扰，漕粮易致中断。每当运河出险，漕舟不通，就有人主张恢复海运；但运河复通以后，海运也就无人提起。明代的海运和元时有点不同。元人海漕出江以后，即横海直趋成山，再至直沽。明人的海运却是采取元代初年的办法，沿海岸北上。正因为这个缘故，重凿胶莱河的事就时常有人提起。大致主张重凿胶莱河，总是和恢复海运之议在一起，这两宗事情实在是一宗事情。海运总没有恢复，重凿胶莱河到底也没有成功。最初建议重凿胶莱河的是英宗正统六年（公元 1441 年）的昌邑县人王坦，没有得到反响。到了嘉靖十七年（公元 1538 年），山东巡抚胡宗缵才兴工疏浚。过了一年，副使王献又继续开凿

1 《明史》卷八五《河渠志三 · 运河上》，卷八六《河渠志四 · 运河下》，又卷二二〇《李世达传》，卷二二三《刘东星传》。

附图四十二

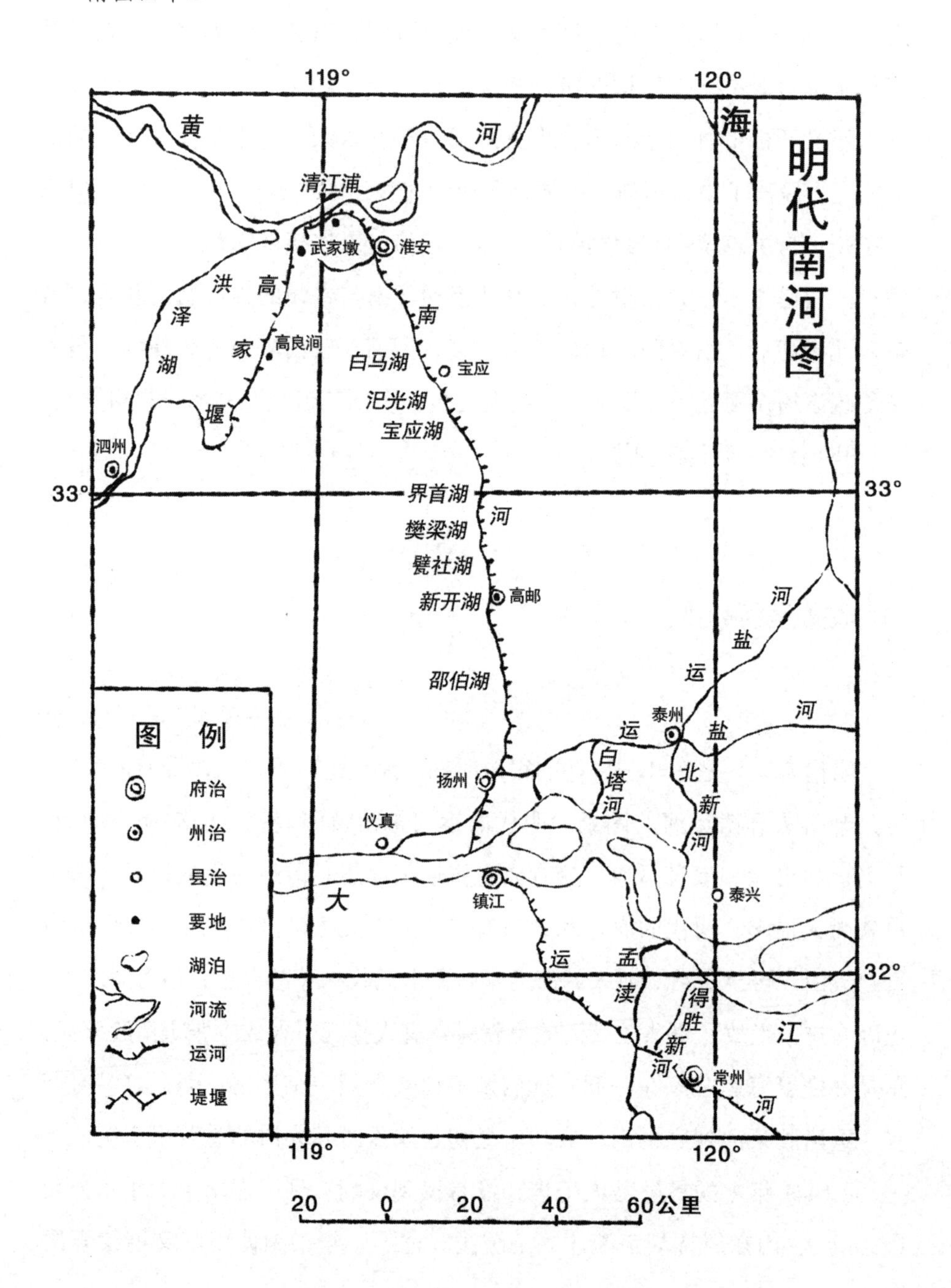

明代南河图
119°
120°
33°
32°
黄
河
海
清江浦
武家墩
淮安
洪
高
泽
家
湖
堰
高良涧
南
白马湖
宝应
汜光湖
宝应湖
泗州
界首湖
河
樊梁湖
甓社湖
新开湖
高邮
邵伯湖
河
盐
运
泰州
运
盐
河
白
塔
河
北
新
河
扬州
仪真
泰兴
大
镇江
运
孟
渎
得
胜
新
河
江
常州
河
图　例
府治
州治
县治
要地
湖泊
河流
运河
堤堰
20　0　20　40　60公里

其中最艰巨的工程马壕（在胶县附近薛岛之西），全功未成，王献迁去，这开河的事也就搁置起来。王献之后，建议开河的人还是不少，如嘉靖三十一年（公元 1552 年）的李用敬，隆庆五年（公元 1571 年）的李贵和，以及万历三年（公元 1575 年）的刘应节和徐栻等，也都没有实行。直至思宗崇祯十六年（公元 1643 年），尚书倪元璐才又主张转运漕粮由胶河口用小船运至分水岭，然后再用车轮盘运四十里，以入莱河，顺流出海。但是这一年明室就亡了，倪元璐的计划没有得到实现的机会[1]。

## 蓟运河

明代在计划恢复胶莱河之外，还开凿过蓟运河。明代东北边防蓟州（今河北蓟县）实为重镇。其间屯戍军士所需的粮秣泰半是由海道运输。到了会通河疏浚成功，海运罢去，运往蓟州的粮秣改由直沽出海，溯潮河而上，直抵蓟州城下。这段海道虽说是并不甚远，却也免不了风涛之险。英宗天顺二年（公元 1458 年），就由沽河开凿运河，沿海岸东北行，以达潮河。这条运河只有四十多里，原算不得巨工，可是蓟州为边防重镇，粮秣不能稍有间断，所以常常疏浚，不使淤塞[2]。后来这条运河失了效用，一般人就把由蓟州流来的潮河改称蓟运河，其实这潮河乃是一条自然的水道，并非人工开凿的运河。

1 《明史》卷八七《河渠志五 · 胶莱河》。

2 《明英宗实录》卷二九八，天顺二年十二月："先是直隶大河卫百户闵恭奏：'南京并直隶各卫岁运蓟州等卫仓粮三十万石，驾船三百五十只，用旗军六千三百人，越大海七十余里，风涛险恶，滞留旬月。及有顺风，开船行至中途，忽又值风变，人船粮米多被沉溺，实非漕运之便。臣见新开沽河，北望蓟州，正与水套沽河相对，止有四十余里。河径水深，堪行舟楫，但其间十里之地阻隔，若挑通之，由此儹运，则海涛之患可免，虽劳人力于一时，实千百年之计也。'……从之。"

## 清代运河因明之旧

由明到清，朝代虽然变更，建国的规模却是一仍旧贯。明代以北京为国都，清代也因袭着前朝的设施。国都既没有迁移，交通网自然也和旧日一样。整个清代二百多年间，对于这条贯通南北的运河，只有培护修补的工程，而没有大的改变，偶然也有改道的地方，那都是限于百八十里上下的工程，属于整理河道技术方面的事情，与整个河流没有多大关系。

## 黄河和淮水对于运河的影响

清代对于运河的培护修补是继续明人未竟的功绩。明代末叶，运河的巨工是萃于黄河和淮水交汇的地方，也就是黄、淮、运三条河流分合的地方。其主要原因还不是黄河在那里作怪。所以治黄，也就是治淮，归根还是使运河中的运输畅通无阻。清初连年培修这段运堤，疏浚这段运道，也都是为了这个缘故。最初改正运河水道的是世祖顺治十五年（公元1658年）河督朱之锡开凿宿迁石牌口迤南二百五十丈的新河。这是开凿泇口河入黄河的水道。清初运道由黄河入泇河的地方是由董口而上。这时董口淤塞，之锡就另外开凿这条新河。新河虽只有一里多路，对于当时的漕运却十分便利。至圣祖康熙十七年（公元1678年），靳辅为河督时，因堵塞高邮县南清水潭的决口，就在潭西开了一条月河，其长八百四十丈，称为永安新河。过了二年，靳辅又在骆马湖开凿了四十里的皂河，上接泇河，下达黄河，改正了顺治时朱之锡所开凿石牌口新河。又过一年，皂河口即告淤塞，靳辅又在皂河迤东地方开支河三千余丈，漕舟改由张庄入泇北上。这是当时有名的张庄运口。再过五年，为康熙二十五年（公元1686年），靳辅又开凿中河。这一役可以说是清代运河的巨工。中河是由张庄运口起，经骆马湖过宿迁、桃源（今江苏泗阳县）到清河县（今江苏清江市）西的仲家庄。这条中河的开凿，使运道避去黄河一百八十里之险，而运河的面目也有不少改变。明代开凿泇河，本是想使运河不再借用黄河的水道，这个理想迄至明亡并未完全实现，河漕仍是一段艰辛的水道。中河的开凿，运道借用黄河的水道仅有几里，河漕一名到这时差不多算是废除了。中河后来还经过三次修改：一次是在康熙三十八年（公元 1699 年），这时于成龙为河督，以中河南逼黄河，不容易筑堤，乃由桃源的盛家道口起至清河上，改凿新中河六十里；第二年，张鹏翮为河督，以盛家道口水道弯曲，新中河又浅狭不适于行舟，乃折衷靳辅、于成龙两家的办法，改取旧中河的上段和新中河的下段，重加修浚，以通漕舟；下至康熙四十二年（公元 1703 年），又移仲庄运口于杨庄。从此，运、黄二河，始完全分开了[1]。（附图四十三 清代徐州附近运河图）

淮北运河的水道不再借用黄河，减少许多纠纷。其实这只算解决了一部分问题，黄、淮、运三条河流交汇处的情势仍极端严重。黄河水流迅急，入淮之处距淮安运口很近，所以黄水最容易冲入运道，使运河淤塞。当时一般治河的专家解决这个问题的措施，除过在运口筑坝阻止黄水以外，更利用淮水的清流来刷去这块地方的淤沙。要利用淮水刷沙，淮水的水位一定要比黄河高，水势也应该猛。为达到这个目的，一面加高洪泽湖东的高家堰，使湖水增高，一面束紧水口，使湖水流出来的势猛。如此设施，有时竟还不能济事，洪泽湖的水位稍低时，黄水就倒灌到湖中来了。偏偏事不凑巧，到了高宗乾隆五十年（公元 1785 年），淮水上游干旱，洪泽湖也随着涸了；又值黄河猛涨，黄水反来倒灌入湖。等到洪泽湖灌满了，淮口也一块儿淤塞了。淮口既淤，高（邮）宝（应）附近的运河大受影响，只好实行借黄济运了。借黄济运本是冒险的办法，这时无可奈何，

1 《清史稿》卷一〇八《河渠志二 · 运河》。

附图四十三

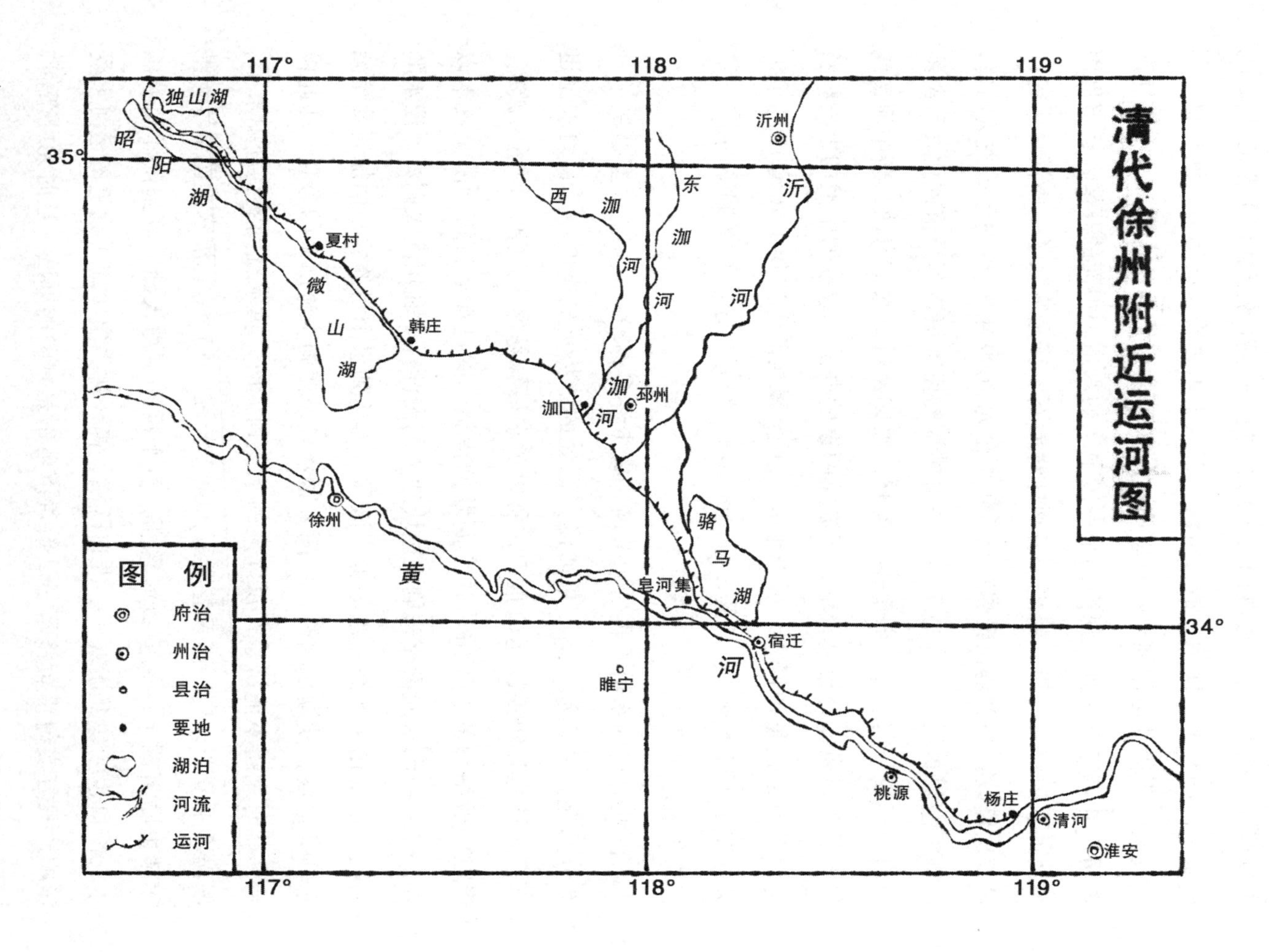
清代徐州附近运河图
117°
118°
119°
35°
34°
独山湖
昭阳湖
夏村
微山湖
韩庄
西泇河
东泇河
沂河
沂州
泇河
泇口
邳州
骆马湖
皂河集
宿迁
徐州
黄河
睢宁
桃源
杨庄
清河
淮安
图例
府治
州治
县治
要地
湖泊
河流
运河

明知饮鸩止渴，为了暂救目前，也就顾不得许多。后来淮水恢复原状，而淮口仍然淤塞，仅有一部分东流，力小势弱，究竟敌不过黄河的猛烈。至于留在洪泽湖中的余水，东流不得，于是改而南流入江。当时一般人也常想把这借黄济运的局面改过来，无如淮水太小，要想利用来刷沙济运，那是根本不可能的。有一个时期，还引用淮口东流的淮水，折入黄河，试行避免借黄济运，可是危机已成，一时也难于挽救了。道光初年，高、宝附近运河的河身已淤高一丈数尺，原来河面宽三四十丈处，这时只宽十丈至五六丈，原来河底深一丈五六尺处，这时只潴水三四尺，甚至有深不及五寸的。河身如此，漕运就不容易了。等到无有善策的时候，大家又想起了海运，想以海运再来代替河运，这不啻对于运河宣告了死刑。虽还有些人竭力支持，不使运河漕运就此停止，而河运实在也到了奄奄一息、无可救药的时候了[1]。

## 卫河下游的问题

在清代，临清以北的运河也时常发生问题，不过比较起黄、淮、运三条河流交汇的地方，是缓和得多了。临清以北的运河本是卫河的下游，水源靠河南辉县苏门山的百门泉水。远在明代，已感到卫水过小，不足以行舟。英宗正统十三年（公元 1448 年），就设法引漳入卫，以补其不足[2]。隆庆、万历之间，漳水北徙，流入滏阳河，入卫一股遂绝。康熙三十六年（公元 1697 年），漳水忽然又分一股南流，仍在馆陶入卫。四十七年（公元 1708 年），漳水全流都由馆陶流入卫河。往日感觉水源不足，这时反觉得太多了。为了不使临清以下运河冲决，就在德州（今山东德县）哨马营、恩

1 《清史稿》卷一〇八《河渠志二 · 运河》。
2 《明史》卷八七《河渠志五 · 漳河》。

县四女寺等地开凿引河，以杀水势。究竟这段运河的问题还不太多，水量过大的时候，多开几条引河，就可以平安无患了[1]。

## 黄河北流和运河的阻塞

这条纵贯南北的运河和黄河结下不解之缘，煞费治河人士的苦心，最后黄河改道，运河的命运也就告一段落。黄河改道，是文宗时的事。咸丰五年（公元 1855 年），黄河由铜瓦厢（今河南兰考县西北）决口，过张秋而下，夺大清河故道入海，这在黄河本是一大变故，也是运河一大变故。以前运河的险工都出于黄淮交汇的附近，山东境内的运河却一向安流，没有什么危险。这次决口，淮水南北的运河没有什么大难，运河的险工也就由淮安附近移到张秋附近了[2]。

山东境内的会通河本是由汶上引汶水北流，至临清入于卫河。黄河决口，东流过张秋入海，汶水当然也为黄河挟去，张秋以北到临清这段运河竟无水源可以利用了。当时有些人想仿照南旺分汶的办法，使卫河在临清附近南流，以解决这段运河无水的困难。然而卫河水量不大，并不能两面兼顾，后来还是利用黄河，再在这里实行借黄济运。不料这饮鸩止渴的办法，竟一再施用，淮安附近的运河因此而阻塞重重，张秋以北的运河又要照样行事，其结果也就可想而知了。同治十一年（公元 1872 年），穆宗访求整理这段运河的策略于直隶总督李鸿章，李鸿章就倡言治运实无他策，穷则变，变则通，现在沿海一带轮船甚多，不如舍弃运河，改用海运。穆宗听从他的意见，以大部分漕粮改由海上运输，只留下一小部分仍由河运，以维持运河的一线生机。海运在道光时已有人倡议恢复，咸丰初年，太平

1 《清史稿》卷一〇八《河渠志二 · 运河》。
2 《清史稿》卷一〇七《河渠志一 · 黄河》。

天国崛起，运道不通，东南漕粮都由海上运输，没有什么不便，况且轮船通行，和元人的海运更是不同，所以李鸿章因势倡导，海运就代替河运而兴了[1]。

借黄济运虽不是什么好办法，当时只是救目前之急，没有想到黄水竟有时是无水可借的。德宗光绪十三年（公元1887年），黄河在郑州决口，大溜南侵，由贾鲁河、颍水而入淮水，正河断流，给运河以很大的考验。黄河正河既已绝流，运河自然不能再利用黄河的水流了。幸而第二年黄河决口即告合龙，运道才得勉强复通。光绪二十七年（公元1901年），李鸿章奏请南北漕粮全数改折，于是海运、河运一齐停止。自此以后，政府再不借运河来转运漕粮，也就不大注意运河的通塞。旧日运河的功效到这时也就暂告结束了[2]。

## 惠济河

清代在整理培护这条纵贯南北的运河以外，对于其他交通水道的致力也相当可观，但是大部分是疏浚旧有的渠道，如河南的贾鲁河、广西的灵渠。至于新开的渠道比较重要而值得提起的，并不很多，只有乾隆六年（公元1741年）开凿的惠济河倒是一宗较大的工程。这条惠济河是由河南中牟分贾鲁河之水由沙河会乾涯河，以达江南的涡水，长六万五千余丈[3]。这里所说的沙河，当为宋代金水河的故道。据说金水河故道至清代已无遗迹[4]。然除金水河故道外，别无他水可当沙河的。乾涯河在开封城外[5]，当即所谓乾

1 《清史稿》卷一〇七《河渠志一 · 黄河》。
2 《清史稿》卷一三三《河渠志二 · 运河》。
3 《清史稿》卷一三五《河渠志四 · 直省水利》。
4 嘉庆《大清一统志》卷一八六《开封府》。
5 《清史稿》卷一三五《河渠志四 · 直省水利》。

河。乾河由祥符县（今开封县）南门外城壕起，至高家楼入惠济河，流程相当短促[1]。惠济河经由当时的祥符、陈留、杞县，更经睢州（今河南睢县）、柘城，至安徽亳州（今亳县）入于涡水[2]。自今开封市以下，尚未湮废，不过功效并不很大，没有发生什么显著影响。（附图四十四　惠济河图）

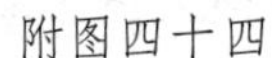

附图四十四

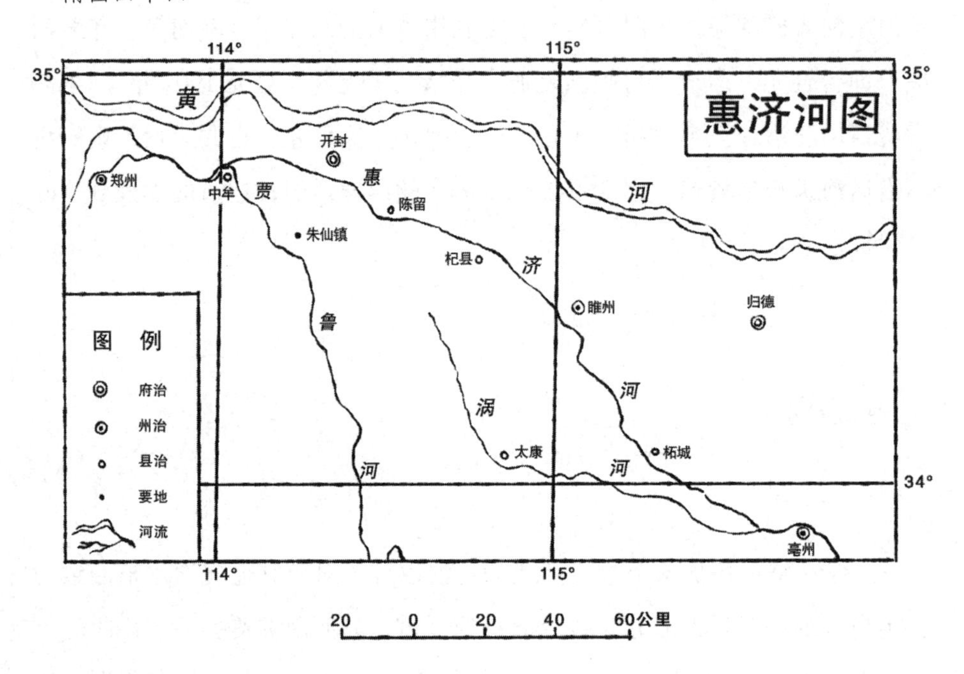


## 明清时期江淮之间诸小运河

明清时期江淮之间的小运河主要集中在江北运河以东，即所谓里下河的地区。这里地势低下，河流繁多，具备着兴修运河的良好条件，两宋时

1　嘉庆《大清一统志》卷一八六《开封府》。

2　嘉庆《大清一统志》卷一八六《开封府》。

期就已经在这里多所建树。明清继之，兴修更多。如前所说，两宋时期所兴修的河道主要是南北两支：南支由扬州修起，经泰州、海安、如皋、通州，东至于金沙、余庆，更东可能至于吕四场。北支由高邮修起，经兴化而至于盐城，又东入于海。其中还有以泰州为中心，西北经樊汉与江北运河相接的运盐河，东北经秦潼达到西溪镇的西溪河。明清时期的小运河就是在这样的基础上兴修的。（附图四十五　明清时期江淮之间诸运河图）

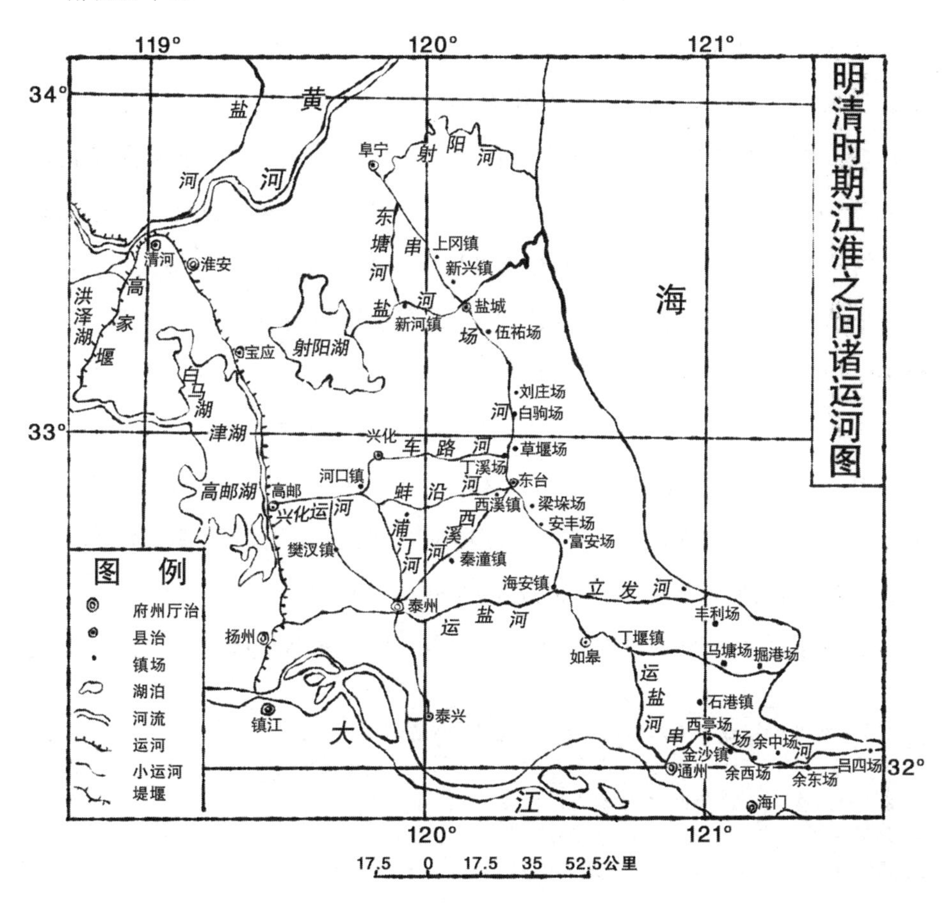

明清时期在这个地区兴修的主要小运河，乃是流经阜宁、盐城、东台、如皋、通州诸州县间的河道。这里的河道南北虽一线相连，却各有名称，有的称为串场河，有的称为运盐河，其实都应是小规模的运河。由泰州东北的西溪镇向东北流，经东台、河垛二场为串场河，再北流历丁溪、草堰、白驹、刘庄二场，又经伍祐场至盐城县入海。盐城县北亦为串场河，经新兴场、上冈镇，至阜宁县，经射阳湖入海。由西溪镇南出的，历梁垛、安丰、富安三场为阔河，又南行至海安镇[1]。海安镇以南则为运盐河。运盐河经如皋至通州，在如皋、通州之间由北到南先后分出立发河、黄浦溪、石港河，皆东流入于海。流至通州后，又分为三支：一自城西南入于大江；一自城东南，向北通金沙河，又东经旧海门县入海；一自城东北流经西亭场，为西亭河，又东至吕四场为串场河，东入于海[2]。

这几段串场河、运盐河和另外一些小运河，在这个地区形成几个中心，上面所说的通州就是一个，泰州和兴化也都是这样的中心。泰州本在扬州通往海安的运河的中间，其北有通往西溪和樊汉二镇的运河，这是宋代已经修成的。这一时期在西溪和樊汉二镇之间又添了一条浦汀河，北通兴化县的海陵溪。城南的济川河，南经泰兴县入于大江[3]。这条济川河大致就是南宋时陈损之所开的河道。兴化县除兴化运河和浦汀河外，又有蚌沿河和车路河。蚌沿河是由兴化县西南河口镇分兴化运河东流，至西溪镇与流经东台的串场河相会合，车路河则是由兴化县东流，至丁溪场和串场河相会合[4]。就是盐城县也有由西流来的盐河。这条盐河之南，尚有一条官河，北流入盐河。盐河在新河镇分出一支，会东塘河东北流，于阜宁县南亦流入串场河[5]。这条盐河使盐城县和其西各地的交通更加便利。

这些小运河的开凿时期多已不可详考，所可知者仅盐城县南北的串场

1　嘉庆《大清一统志》卷九六《扬州府》，又卷九三《淮安府》。

2　嘉庆《大清一统志》卷一〇六《通州》。

3　嘉庆《大清一统志》卷九六《扬州府》。

4　嘉庆《大清一统志》卷九六《扬州府》。

5　嘉庆《大清一统志》卷九三《淮安府》。

河为明时所开[1]，通州的运盐河为明穆宗隆庆年间（公元 1567 年—1572 年）所开[2]。就是这两宗事，还须稍作一点说明。盐城县南北的串场河，各有不同的名称，县北的一段河道称为旧运河，县南的一段河道却称为新运河[3]。这正显示出，两段河道虽同修成于明代，但前后仍稍有不同。至于通州的运盐河，如前所说，分支很多，其中一支乃自城东北流经西亭场，又东流贯诸盐场，至吕四场为串场河。按当地盐场分布，西亭场之东为金沙场，再东为余庆场。则这条支河应为南宋时李庭芝所开的。前面还曾说过，李庭芝既于这里开河，当无不开如皋至通州一段河道之理。恐明代隆庆年间的施工，至少有一部分是疏浚，而不是新开。或谓李庭芝所开的为串场河。这条串场河在通州东北，串吕四、余东、余西及金沙、石港诸场，出丁堰闸，会于运盐河，一从立发河进口，串丰利、掘港、马塘三场，亦出丁堰闸，会于运盐河[4]。丁堰闸在如皋县东南运盐河畔，如运盐河果开于隆庆年间，李庭芝就是开了串场河，也将无由和如皋以至扬州相联系的。

这里还可以顺便略一提及海州的官河。海州的治所在今江苏连云港市西，已在淮水之北。官河在海州之南，其源头可以上溯到安东县（今涟水县），现在也称运盐河。这条官河据说就是唐垂拱年间所开的漕河[5]。

这里的小运河大都以运盐为主，也兼防洪和灌溉。所谓防洪是以备宣泄江北运河中的余水。洪泽湖东高家堰万一出了事故，这些小运河也可作排洪之用。所以这里的人对于这些小运河时加疏浚，虽已历多年，迄今都还能畅通。

---

1 嘉庆《大清一统志》卷九三《淮安府》。

2 嘉庆《大清一统志》卷一〇六《通州》。

3 《读史方舆纪要》卷二二《淮安府》。

4 嘉庆《大清一统志》卷一〇六《通州》。

5 嘉庆《大清一统志》卷一〇五《海州》。

# 明清时期大运河旁经济都会的发展

明清时期大运河旁的经济都会在元代已形成的基础上不断得到繁荣和发展。固然在元代末年大运河曾经断续阻塞，漕运也不能不另外改变道路。长期的战争破坏，人口减少，土地荒芜，甚至像后来的山东、河南等处，竟然“多是无人之地”[1]。经过一段休养生息的时期，社会上的生产力得到恢复和发展，大运河也得到更为完善的整治，逐渐发挥出它的作用。明宣宗宣德年间（公元1426年—1435年），为了解决京师的粮食问题，曾规定江西、湖广、浙江民运一百五十万石于淮安仓，苏、松、宁、池、庐、安、广德民运二百七十四万石于徐州仓，应天、常、镇、淮、扬、凤、太、滁、和、徐民运二百二十万石于临清仓[2]。这样沿河设仓，也能助长经济都会的繁荣和发展。也就是在宣德四年时，为了增收北京顺天府、南京应天府并直隶、苏州等府州县镇市诸色店肆门摊课钞时，特别提出顺天、应天、苏州、松江、镇江、淮安、常州，扬州、仪真、浙江杭州、嘉兴、湖州，福建福州、建宁，湖广武昌、荆州，江西南昌、吉安、临江、清江，广东广州，河南开封，山东济南、济宁、德州、临清，广西桂林，山西太原、平阳、蒲州，四川成都、重庆、泸州，共三十三处[3]府州县，皆增旧税十倍[4]，可见这三十三处府州县都是当时最为重要的经济都会。在这三十三处府州县中，位于大运河沿岸就占了十一处，就是顺天、德州、临清、济宁、淮安、扬州、镇江、常州、苏州、嘉兴、杭州。这是说，大运河侧畔于全国重要的经济都会竟占有三分之一，就不是一些普通的事例了。

运河的两端为北京和杭州。北京就是顺天府所在地。帝王的都城自和

1 顾炎武《日知录》卷一〇《开垦荒地》。

2 《明会要》卷五六《漕运》。

3 按《明宣宗实录》卷五〇，宣德四年正月乙丑。

4 《明宣宗实录》卷五〇，宣德四年正月乙丑。

一般城市不同，工商业经济都能获得发展。仅以当地的庙市为中心的市场来说，规模更为庞大。庙市有一定的集市日期，列肆之长往往逾于三里。市中商货应有尽有，至于珠宝、象牙、玉、珍错、绫锦等特殊的货物，皆是由滇、粤、闽、楚、吴、越等处运来[1]。若不是运河的运输，则京都的肆市就难得如此生色。在运河另一端的杭州，也是“三百六十行，各有市语”[2]，可以想见其间熙熙攘攘的盛况。还应该指出，杭州的丝织业极为发达，这也助长了这个经济都会的繁荣。

运河沿岸的经济都会自来以扬州最为繁荣，隋炀帝开凿运河的目的之一也是能够通到扬州。唐宋时期，扬州的繁荣更为国内各地所少有。明清时期，扬州虽也间遭兵燹，然时过境迁，仍能再现繁荣。扬州的盐业的发达应为促成繁荣的一个因素。市廛之中，绸缎和香料皆为大宗销售货物。绸有绸庄，缎有缎行，每货皆先至行庄，然后发铺。而香料之佳，全国各地皆难与之比拟[3]。大江南北多园林，足以觇一地的富庶，扬州园林更为当地生色不少[4]。

苏州也是运河沿岸有名的经济都会，由于经济繁荣，城市人口迅速增长。苏州阊门外黄家港，明时尚为旷地，到了清代，居民近乎千家，房屋鳞次栉比[5]。据说乾隆年间，城内已有十万户人家[6]。乾隆为清代盛世，经济普遍显得发展，苏州位于运河沿岸，交通素称便利，更显得富庶殷实。当时有一位擅于绘画的徐扬，曾据苏州的城池街肆以及运河上往来的船舶，绘制成《盛世滋生图》。据统计，这幅图上共有二百三十余家有招牌的店铺，可以分为大小不等的五十个行业。从这些商店所贩卖的商品种类来看，不仅包括国内川、广、云、贵、闽、赣、浙、苏、鲁等南北九省的土特产，

---

1 刘侗《帝京景物略·城隍庙市》。

2 田汝成《西湖游览志》卷二〇。

3 李斗《扬州画舫录》卷九《小秦淮录》。

4 钱泳《履园丛话》卷二〇《园林》。

5 徐熙麟《熙朝新语》卷一六。

6 《皇朝经世文编补》卷二三《吏政·守令下》，沈寓《治苏》。

而且还有国外输入的洋货[1]。苏州市场的货物虽来自川、广等九省以至于国外，运货的船只却不能不假道于运河。也可以说，正是苏州濒于运河，才能聚集这样繁多的货物，助长这个经济都会的发展。

也还应该说，苏州能够富庶繁荣，除过当地盛产米粮外，丝织业的发达也应是其中的一个原因，当地所产的丝织物正是借着运河运销各处。苏州之南，吴江县盛泽镇的发展就是具体的说明。盛泽镇在明弘治年间只不过是一个普通村落，到清初康熙年间已有居民万余家[2]，这些居民乃尽逐绫绸之利[3]。当时苏州附近各县像盛泽这样以纺织为主要产业的市镇尚非少数，只有盛泽最为发达，这不能不说是盛泽近于运河的缘故。

运河的南段如此，北段亦然。北段的临清、济宁的繁荣，都为当时与后世所称道。济宁不仅为“水陆交会、南北冲要之区”[4]，而且也是“江淮百货走集”的地方[5]。济宁濒会通河，会通河在明代是被称为闸河的。闸河的段落是北至临清，南出茶城口，在临清与卫河相会，到茶城口与黄河相会，地势始逐渐平衍。临清茶城口间地势高低悬殊，不能不设闸以升降运河中的水位。济宁以北的南旺尤为高亢，故济宁以北设闸亦最密，济宁又为泗水会合运河之处，船只往来也较他地为艰辛，由江淮运来的货物就不能不在这里停留和集散，这就促进了当地的繁荣。至于临清，由于是卫河和运河交会的地方，较之济宁更为优越，所以旧志说“连城依阜，百肆堵安；两水交渠，千樯云集；关察五方之客，闸通七省之漕”。还说它“东南一水，连江引湖，南北襟喉扼要之地”[6]。它能够成为一个经济都会，正是有这样的凭借的。

也还有些城市本来就是经济都会，由于运河改道，不再经由其地，不

---

1 李华《从徐扬〈盛世滋生图〉看清代前期苏州工商业的繁荣》（刊《文物》1964 年第 1 期）。

2 康熙《吴江县志》卷一。

3 乾隆《吴江县志》卷三八《生业》。

4 嘉庆《大清一统志》卷一八三《济宁州》引《旧志》。

5 《山东通志》卷四〇《疆域志三 · 风俗》。

6 嘉庆《大清一统志》卷一八四《临清州》引《通志》和《州志》。

仅显出萧条，最后还失去经济都会的地位，徐州的变化就是一个明显的例证。运河本来流经徐州城下，由于泇河水道的开凿，漕舟过徐州城下骤然减少，于是徐州的繁荣立时就受到影响。所以当地志书对它的评论就只说“河潆西北，南注以达于淮；襟带江淮，枕联河洛”，而不再提到运河了。

宣德四年，明政府所规定沿运河应增收诸色店肆门摊课钞的府州县镇市中，没有提到河西务，可能这是县以下的镇市而不在涉及之列。如前所说，河西务的繁荣是与海运有关。明代以河运为主，并未多倚海运，河西务的繁荣可能受到影响。不过它仍是沿运河的一个镇市，不应就此萧条下去，只是不能和临清、济宁等处相比拟了。

# 第八章　大运河的残破及恢复

## 大运河阻塞的关键

这条纵贯南北的大运河，自元代开凿成功后，明清两朝不断维修改进，运输相当发达，已成为当时全国交通的枢纽。可是自清代末叶，以至民国时期，运河却日趋残破，从前的船舶相接、风帆上下的盛况已不易重睹，而且一些河段也已断断续续地淤塞了。全国解放之后，大力恢复航运，运河必将远远超过前代的旧绩。但迄今将近百年的运河的残破的情况及其阻塞的关键，还有略一回顾的必要。

近百年来运河所以破坏淤塞到这样的地步，原因当然很多，履霜薄冰也不是一朝一夕的缘故。这些有关的情形及其演变的过程，前面已经大概提到，但最重要的是在清德宗光绪二十七年（公元 1901 年）李鸿章奏请废漕折色的时候。当时田赋折色，自然无需漕运，因之运河也就失去了原有的意义。固然运河的运输不仅只限于漕粮，而漕粮究竟要占主要的成分。

当时政府所以一再培修运河，并且有时候以全力赴之，就完全是为了漕运的便利；至于商旅的往来，仅是分了一点余惠，只好算作附带的作用罢了。漕运罢去之后，政府对这方面不加注意，一任其自生自灭，到了淤塞的时候，商旅也就裹足了。所以要说到近百年来运河的厄运，这废漕折色实在是使运河淤塞的关键，是不能忽视的。

运河的代替者最初是海运，轮舶的发明与东来实在使运河为之减色。运河中普通所行驶的只限于二三百料的小船，若是较大的船只，就超过运河水量的载重力。即使这二三百料的小船，也需要盘闸掖挽，才得通行，费时费力，如何能望海上轮船的项背？这还是在运河安流的时期；如果沿河出了险情，那就更难于估计。海运代替了运河的运输，实在是必然的事情，何况彼此的道路还是差不多平行的。

海运而外，和运河竞争的是铁路。京津铁路（即京山铁路的北京、天津间一段）建筑于光绪二十二年（公元 1896 年），这是和旧日的通惠河、白河平行的。接着又兴建津浦铁路，于民国元年（公元 1912 年）南北通车，和由天津到扬州的运河平行。大江以南的沪宁铁路和沪杭甬铁路，又和江南运河取平行的形式。这两条铁路于清末兴筑，沪杭甬铁路在那时虽未完全通车，而沪杭之间则早已竣工。这时的运河已经是残破不堪，而铁路交通又是迅速易达，既和运河平行，自然夺去运河的运输。海运代替运河的地方还仅限于几个海口，及距离海口较近的地方，而铁路则因为和运河邻近的关系，沿途都可和运河竞争。例如京津铁路不绕道通县，仅以一条支路联系于北京和通县之间，所以通县的繁荣就远不如以前了。运河岸上的河西务、张家湾等地，就更不容易为人们所提起。津浦铁路不过临清，临清也就比旧日萧条了。若是以河南的道口（今滑县城）的兴衰来观察，其影响更是明显的。道口不在这条运河沿岸，但居于卫河的上游，其繁荣确是受运河之赐。在铁路未兴筑时，由天津运往河南各地的货物，都是经卫河上运；由河南各地运往天津的货物，也是经卫河下运，而道口正是一个集散地。所以道口的繁荣很可以隔着黄河和朱仙镇或周家口相对称。不料京汉铁路（今京广铁路北段）通车以后，道口就受了严重影响，旧日的繁荣立刻变为萧条；虽还有一条道清支路（清化镇，今为河南博爱县。抗战时，新乡至道口一段已拆毁）通到这里，也无济于事了。

## 民国年间大运河的残破

在这样重重竞争和自然淤塞的情形之下，运河的命运也就可想而知。民国年间，这条大运河更是残破不堪，在这里由北而南来检查一下，可看到运河残破到什么样子。由北京到通县，是旧日的通惠河或大通河，河道犹存，而船舶早已绝迹。由通县到天津，是旧日的白河或通济河，现今称为北运河，因为年久失修，河身淤高，沿河浅处甚多，水小的时候不能通行舟楫，水大的时候又常常溃决。民国年间，这里还出了几次险情，当时只把决口堵住，河身的整理就无人过问了。1939 年，北运河的一次空前的大溃决，洪水不仅吞没村庄八百一十四座，还浸入通县城[1]。由天津到临清，这原是卫河的水道，现今通称为南运河。这段南运河虽为运河的一段，实在自成一个局面。卫河的水源远出于河南辉县，水流虽有时大小不定，还没有断流之虑。临清以南的运河不通了，卫河还可以转输河南各地的货物。河北境内的运河要以天津以南这段南运河的情形为最好，直到抗战以前，还可以通行载重千担以下的民船；由天津到德州有时候还可以航行吃水较浅的汽船。

由临清以南到台儿庄，完全在山东境内，总称为山东运河。山东运河因为黄河贯穿于其间，也分为南北两部分。黄河之北，临清以南，名为北运河；黄河之南，台儿庄以北，名为南运河。这南运河与北运河只限于山

1　刘乐堂《北运河的今昔》（《北京日报》1959 年 7 月 26 日）。

东运河之中，和通县天津间的北运河、天津临清间的南运河名称虽同，而实际上则完全不一样。山东运河是全运河中最残破的一段。其所受的水源大部分是依靠汶水。汶水于南旺分流，接济南北。自黄河改道，夺大清河入海，汶水北流的一部分就随黄河东行，而临清南至黄河之间遂成了无源之河。清末借卫济运，以卫河力小而没有通行。借卫不成，就只好借黄济运。由于黄河中多含泥沙，黄水入运，使运河更趋于淤塞，其后就干脆不通了。当时山东想恢复这段运道，开工疏浚，其用力之大，实在等于平地开河，当然十分困难。黄河以南的南运河因有可靠的水源，情形要比较好一点，只是这段运河完全是闸河，水源固不缺乏，但是要调剂得宜，才可以畅通。自漕运停后，失去修理，闸坝废圮，水流渗漏，反致涸竭。由黄河岸上到安山间的一小段，因为距离黄河过近，受黄河的侵扰，河身已经淤塞，不能复通。由安山以南至袁口镇（在汶上县西，南旺之北）的一小段，因为汶水的挹注和东平湖的潴水，还可以通船，但也仅限于一百担以下的民船，较大的船只就无法通行了。由袁口镇往南，经南旺至柳林闸，其间有三四十里已因水涸而不通。这当然是因为南旺地势过高，水源不继，闸坝不良的缘故。由柳林闸再往南，直至夏镇，这一段湖泊甚多，水大的时候可以通行一百担到二百担的民船，尚能维持局部的交通，水小的时候也常随处淤浅，使舟行涩滞。至于夏镇以南，到台儿庄的一小段，这时也因水涸而中断了。这样说起来，山东运河已经有一半淤塞，其余的一半虽还能维持交通，可是也很勉强了[1]。

由台儿庄起，直到江都县南的瓜洲，这是江北运河。江北运河因有淮水中隔，也分成两部：淮水以北、台儿庄之南，名为中运河；淮水以南、瓜洲之北，则名为里运河。里运河因在淮水以南，所以也有人称之为淮南运河。这段江北运河在黄河改道以前，是著名的常出险工之地。黄河改道

1 李仪祉《华北水道之交通》（刊《水利月刊》第二卷第五、六期），山东建设厅《鲁省水利建设之成绩》（刊《水利月刊》第三卷第五、六期），汪胡桢《整理运河问题》（刊《水利月刊》第七卷第一期）。

北行，免去了祸患的根源，所以全流渐归于安谧。比较起来，中运河的情形是远不及里运河良好。中运河的水源主要来自南旺以南的一半汶水，也受南四湖，特别是微山湖的挹注，实际上却仰仗着沂、泗、泇诸水。泗水在济宁即已注入运河，为次于汶水的运河水源。泇河由今山东苍山县南流，至江苏邳县北泇口镇注入运河。沂水由山东临沂、郯城流来，也在邳县北注入运河。当运河尚未残破之时，这沂、泗、泇诸水确实是维护着航运的畅通。这几条水道几乎是汇集了鲁南沂蒙山区的绝大部分的水流。既然都注入运河，所以在夏秋洪水暴涨的时候，常有冲毁堤岸的危险。平常又以闸坝失修，潴水不多，航行易受影响，不过一百担至二百担的民船尚可通行。若是涨水期间，宿迁、淮阴之间倒还可以通行吃水较浅的小汽船。至于里运河，则在大江以北各段运河中是最好的。里运河所受黄河的冲淤本来相当严重，黄河北行，灾患顿免，所唯一顾虑的是淮水过量的侵入。在清末、民国时期，淮水未能整理，运河的灾难也难得根除。好在里运河不仅是一条南北的通道，也是两淮盐场所产的食盐分往各处的输运线，所以对这段运河经常进行疏浚和培护；如果不是亢旱之年，千担以下的民船通行无阻，而吃水较浅的小汽船亦可往来行驶，交通尚称方便[1]。抗战时期，黄河在河南花园口决口，向东南流入淮水，灌注到洪泽湖中，又由洪泽湖南入大江，里运河自然会受到若干影响。

这条大运河系统之中，以江南运河最为完善，除了镇江京口受江潮的冲入和杭州钱塘江岸海潮的侵扰而稍有些淤塞以外，只有丹阳西北的练湖需要时常疏浚。练湖为丹阳、镇江、武进等处运河的水源，旧日对蓄水注意最切。在亢旱时候，练湖中放水一寸，运河中即增水一尺，其相互调节，功用至大。但是练湖必须时加疏浚，并防止湖滨居民侵占湖地，才可使湖水不竭，而运道常通。江南运河所感到的困难仅是这几个地方，而这几个地方又都是较易施工。其余的地方则船舶互通，与自然水道无异，而其波

1 李仪祉《华北水道之交通》，汪胡桢《整理运河问题》，及江苏省水利局《苏省江北运河工程概要》（刊《水利月刊》第一卷第一期）。

平浪静，较之自然水道还要再上一筹。钱塘江南沿海而东，还有一段浙东运河，自杭州通到剡溪。因为经过钱塘江南岸的西兴，所以有人称之为西兴运河。这段运河的开凿，远在南宋的时候，但却并不在这条纵贯南北的运河系统之中。浙东运河和江南运河很相仿佛，然而没有口门淤塞的毛病；虽是一条运河，已经仿佛成了自然的水道了[1]。

## 大运河的需要

固然海道的开通和平行铁路的修筑使运河受到严重影响，但是运河故道仍应尽快恢复。或者有人要问，既然有了海道和平行铁路，不是已经抵补了运河的作用，为什么还要设法恢复运河？并且运河的废弛又是受了海道和平行铁路的影响，就是再把运河恢复起来，环境依然如此，难道不会重回到残破的局面？其实这只是一方面的理由，不能因此而一任运河继续废弛，不加以整理。旧日对于运河所以那样注意，是为了漕运；同时，所有沿岸的农产品和工矿产品也都待运河来运输。海运自然最为经济，但海运所能及的只限于海口附近的地方，而上海、天津之间轮舶可以寄碇的港湾也不过是连云港、青岛、威海卫、烟台等处；以这有限的几个海口，吐纳运河沿岸各地的货物，显然不足。这几个海口，有的距离运河沿岸还是太远，其作用并不能尽量发挥起来。要以运河沿岸各地的货物来迁就可以吐纳的海口，当中免不了再假借其他方式的运输。就以青岛来说，如果山东运河沿岸的货物由青岛转运，那就必须假途于胶济铁路；这样，运费就得增加，而没有纯粹由海上运输那样经济了。再说运河沿岸各地的货物不一定都要出口，或者仅限于沿岸运输，因此，海上的交通也就自然难于完

1　武同举《江南运河今昔观》（刊《水利月刊》第九卷第三期）。

全解决问题。

铁路行车迅速，比较起运河中的行船，诚然优越，可以补救海运的缺点；然而计较到运费，运河却是经济得多。运河既已残破不堪，不能和铁路相提并论。若运河恢复，而且河身加宽，便能增加运输量，那么，运河和铁路平行，在时间和运费上可以互相调济。行旅需要迅速，自可舍舟乘车；货运需要省费，就应该遵循水道。双方只有互相调济功效，而没有彼此冲突的地方。西欧各国铁路的交通不能不说是极端发达，但是各国在铁路以外，还积极地注意运河，不仅对于旧有的培护改良，新开凿的更是时有所闻，其中不乏和铁路平行的，可知运河和铁路的关系是如何的密切。他山之石，可以攻错，西欧各国已有的经验很可取以为法。

运河中的水源若非清流，是极易淤塞的。欲期全流畅通，自须随时疏浚。这条大运河淤塞的原因，主要是由于漕运停止；海运开通和平行铁路的修筑，使当时政府对于运河漠视。应该是漕运可废，运道实不可废；也不能因为漕运不恢复，运河就没有恢复的必要了。要知旧日的运河固然是以漕运为主，漕运之外，并不是再没有别的功效，只是以前以漕运为重，一般人的眼光也都限于这一点，倒把其他的事情都忽略了。运河沿岸物产富饶，山东煤矿尤为著名，产品皆须向外输送，而南北各地的货物亦需要通过运河运输交流。这就不宜使运河长期残破下去，亟应早日图谋恢复。不仅恢复到明清时期的旧规，而且应超过明清时期，达到当前世界各国的水平。

## 大运河的恢复

新中国成立以来，万象更新，经济建设事业蓬勃发展，交通更日新月异。铁路、公路不断增辟和延长，航空路线普及国内各地，就是国际间的交往也日益频繁。可以通航的江河，风帆上下，往来交错，海上的艨艟巨舰尤其络绎不绝，一派兴盛繁荣的景象。大运河既有悠久的历史渊源，更是交通方面不可缺少的环节，当然也应发挥其应有的作用。

如前所说，大运河到了清末民国时期，由于漕运停止，不见重于当世；衰世政权更说不上发展交通事业，促进有关建设，为人民群众谋利益，所以直到解放以后，才逐步改变了面貌，使残破不堪的大运河渐次恢复。新中国成立后，建设京杭大运河，并使之成为水运交通的干线，就成为既定的国策，有关方面都在群策群力，促其早日得到成功。大运河纵贯南北，不仅与长江、黄河交错，而且和淮水、海河的关系尤为密切。自黄河南行，夺淮入海，大运河的问题就较前大为增多。黄河北徙侵扰，种种积疴待理。尤其是洪泽湖，由于黄、淮的浸灌，更是浩渺无涯。洪泽湖水位失调，淮水下游就难保能够畅流入海，而白马、高邮、邵伯诸湖也就易于泛溢。大运河由扬州往北，陆续循着这几个湖的东岸凿成；这几个湖若有泛溢，大运河就必然会陷于停滞。海河流域同样对大运河有所影响。大运河自临清以下，所用的是卫河的河道。天津市为海河流域众流汇集之所，也是大运河必须经过的地方。海河若是发生问题，必然会影响大运河的畅通。新中国成立以后，大力治理淮水和海河，就为治理大运河奠定了良好的开端。一九五三年建成的控制洪泽湖水位的三河闸，全长697.75米，排水流量12000立方米/秒，不仅控制住了洪泽湖的水位，也确保了白马、高邮、邵伯诸湖的正常水位，大运河的里运河段因之不虞停滞。至于临清以下的南运河，由于使用的是卫河水流，而卫河水流本是相当清澈的，经过几次疏浚，水流更为通畅。加固了大运河主流一些河段堤防，拓宽和新开了一些河道，修建了控制水位的节制闸和船闸，大大提高了通航的能力。为了保持北京市附近的北运河河道的完整，必要时分泄洪水，还在通县修了一条运潮减河，把北运河的部分洪水导入潮白河。这条运潮减河由通县北关的浮桥起，向东经过王家场、古城、招里、胡庄，直到东堡村与潮白河沟通，全长12公里[1]。在此以前，由于十三陵水库的兴建，也控制了北运河上游的温榆河的水量。

可是这中间，随着农田灌溉事业的发展，用水日益增多，甚至运河水也被截用。其中江淮之间的里运河，由于有洪泽、白马、高邮、邵伯诸湖为之挹注，还不虞匮乏；临清以北的南运河，由于卫河水源较旺，虽亦被截用，也还不至于影响航运；最成问题的是徐州和临清间的一段。徐州和临清间这一段本是依靠泗水和汶水，尤其是汶水还要南北分流，泗、汶两条河流被截用，运河就难于通航。济宁之南的南阳、独山、昭阳、微山等所谓南四湖，本是运河的水柜，以时调节运河中的水量。由于水位下降，湖底露出水面，芦苇丛生，这就使徐州至黄河二百多公里一段处于半停航状态，黄河以北至临清一段实际断航。

1982年拓浚了里运河，1983年又拓浚了不牢河。不牢河是由微山湖西南流出来的一条河流，分流的地方在徐州市北茅村的西北。分流之初，向南流注，在茅村之南再折向东流，于邳县西北与大运河的通济新河河段相会合。这里所说的通济新河，指上起泇河，下达骆马湖口，全长56里的一段。不牢河疏拓成功，实际上成了一段新的运河河道，较之原来由夏镇（在今山东微山县北）绕道泇河一段河道为捷近。临清至济宁一段河道也得到疏拓。

大运河引水较为困难的河段，是徐州以北直至黄河引用泗水和汶水的一段，由黄河北至临清一段也有同样的情况。其实，像北京、天津及河北省一带，由于北方雨水少，近年来工农业生产较为集中，城乡供水不足也已成为突出的问题。为了解决这样一些问题，国家将有计划地逐步实施南水北调。南水北调的计划有三条线路，其中与大运河有关的为东线。东线是在长江下游的江苏省扬州市附近的大型江都抽水站抽引江水，沿大运河向北输水。1983年，政府批准兴建东线的第一期工程已经初步取得成效。

南水北调东线工程的引水路线虽然有些比较新的线路，但绝大部分都是

1 1963年7月26日《北京日报》。

沿大运河北上。由江都抽水站起循运河北上直至淮安县。在淮安县离大运河改循淮水西上，至高良涧又改沿万福河而下，复入于大运河中。现在大运河上的淮安复线船闸正在施工中，则南北航道当仍因旧贯。淮安县以北，循大运河直至邳县，再分循不牢河和邳县经泇河至韩庄（在微山湖东南角），入于微山湖，再由南四湖而达于济宁附近。南四湖这一段是和大运河密切结合的，在行将到达黄河岸边时，改由东平湖，而不行运河的河道。由黄河岸边至临清一段，也是离开大运河，稍偏于它的西侧。临清以北，大运河所行的是卫河的河道，南水北调的线路也是循卫河北行的。虽说两者有些不相吻合的地方，这究竟都是些短促的河段，不会再发生若何较大的困难。

1985年元月，大运河淮泗段疏浚工程竣工，并恢复通航。淮泗段长期航运不畅，是京杭运河上的“卡脖子”地段。大运河复航以后，徐州、邳县、台儿庄等港口的煤和黄砂以及其他货物，都将源源运出[1]。1985年12月22日，新华社报道素称大运河上“卡脖子”区段的京杭运河高邮县临城段的拓宽疏浚工程正式通过竣工验收，接着又发表了《京杭大运河苏北段整治基本结束》一文。至此，“六五”计划期间国家重点建设项目——京杭大运河苏北段的主航道整治任务胜利完成。全线北起徐州，南至扬州的404公里河道基本达到二级航道标准，满载煤炭的千吨级顶推船队可从徐州煤炭基地直下长江。这段运河经过综合治理，水运能力大大增强，综合效益已日渐显示出来。1982年以来，拓宽了158公里原来狭窄堵塞的航道，兴建了淮安、宿迁两个船闸，使八百里运河达到底宽六七十米，水深四米的二级航道标准，可通航两千吨的船队。运河苏北段的年通过能力将比整治前增加五百万吨左右，同时也大幅度增加了江水北调量，这是以前从来没有过的成就。这一时期沿河新建了八个翻水站，加上原来的江都抽水站等设施，将长江水逐级提升，送往缺水地区。淮安以南50公里河道中的埂切除工程竣工后，可增加送水量每秒80立方米，改善了沿运河地区近二千万

1　1985年1月18日《人民日报》。

亩耕地的灌溉及城市的工业、人民生活用水条件。运河东侧俗称“锅底洼”，运河水面比兴化县的城墙还高。历史上累次运河决堤都发生在这里。这次运河苏北段续建工程中，用疏浚河道挖出的泥土加固运河大堤，在险段采取块石护坡等措施，沿河地区一百平方公里的排涝条件得到改善[1]。就是这样，这段工程的水利、调水等综合效益就都先后发挥出来，确实是令人鼓舞的消息。治理其他各处运河的工程正在不断进行，喜讯将会陆续传来。这不仅使这条大运河得到全面恢复和更多的改善，而且由于现代化的施工，还将使它成为船舶络绎不绝、运输日益繁忙的河道。

## 一些小运河的开凿

新中国成立以来，在恢复和整治大运河之外，还兴建了一些规模较小的运河。广东省雷州半岛的青年运河就是其一。雷州半岛北部有一条九州江，发源于广西陆川县东，南流经廉江县北，折向西南流，入于安铺港。九州江在廉江县北坡脊形成鹤地水库，青年运河即由鹤地水库引水南流，经廉江县东、海康县北，向东注于雷州湾。另有一条支流，于海康县客路之北分出西南流，至海康县西纪家之南入海。青年运河流经之地大部分是平原地区，仅遂溪县南有少许高地，这条运河即绕此高地之西，还是易于施工的。（附图四十六　青年运河图）

还有可以称道的是江苏的江北，这里本是一个小运河最多的地区，新中国成立以来修建的更多，新通扬运河就是最长的一条。扬州与南通之间旧有一条运河，这是在前面已经论述过的。这条原来的运河经过泰州、海安、如皋等处，河道就不免多所弯曲。新通扬运河的扬州、海安间河段却

1　1986 年 1 月 8 日《人民日报》。

附图四十六

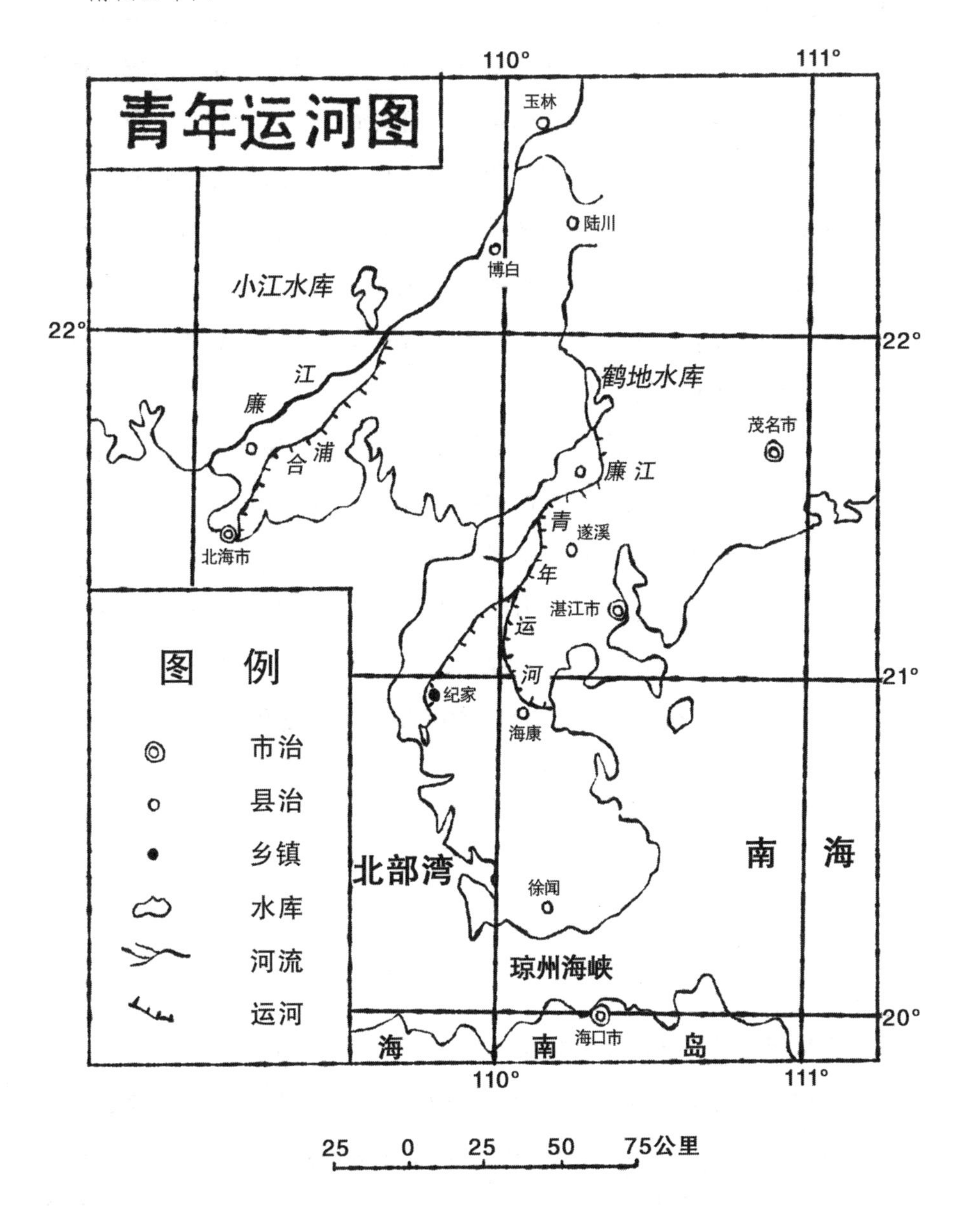

青年运河图
110°
111°
玉林
陆川
博白
小江水库
22°
江
廉
鹤地水库
茂名市
合
浦
廉 江
北海市
青
遂溪
年
湛江市
运
图 例
河
21°
纪家
海康
市治
县治
乡镇
水库
河流
运河
北部湾
南
海
徐闻
琼州海峡
20°
海口市
海
南
岛
110°
111°
25 0 25 50 75公里

离开原来的河道另行修建，由扬州通向其东北的宜陵，再由宜陵直达海安。宜陵、海安之间几乎是东西笔直的。海安至南通之间仍循原来的河道，尚未见有所改动。不过在海安稍西地方另有一条新运河东南流，经磨头至南通市天生港以西入于长江，这就是如海运河。这条新运河是和海安、南通间旧运河大致平行，而更为端直少弯曲。由南通赴海安，经过一段短促的江路，即可进入运河，直达海安。（附图四十七　江苏江北诸运河图）

由南通至吕四场，原来有运盐河，也有串场河，现在又新修了通吕运河。这是由南通笔直通到吕四场的运河。这样笔直的运河也是以前所没有的。通吕运河之北，原来有一条立发河，由海安通到其东的栟茶场，现在再经整治，成为栟茶运河。

这里还应该称道的是由南通经过海安到阜宁的通榆运河。由南通到海安本是新通扬运河流经的河道，通榆运河也使用了这段河道。由海安到阜宁，当地旧有一条范公堤，乃是宋代范仲淹所修的防海堤。后来海岸向东伸展，堤东逐渐设县，迄今已有射阳、大丰等县。范公堤西旧有一条串场河，阜宁附近的串场河就修在范公堤东，而不在堤西。现在海安以北的通榆运河都修在这条范公堤之东，为沿海的交通创造了便利的条件。

## 余　论

回顾我国运河发展演变的历史，两千多年来，前后兴建络绎不绝。能够利用的河流，能够开凿运河的地区，相当多的部分都先后兴工修建。所有建成的运河都已发挥出一定的效益，有些重要的运河在当时就已成为交通的命脉，并且对后世也有相当巨大的影响。这是先民智慧的结晶，常令世人发生珍念和景慕。

这些运河有的早已断流湮塞，甚至遗迹也不易寻觅；有的仍碧流清澈，

附图四十七

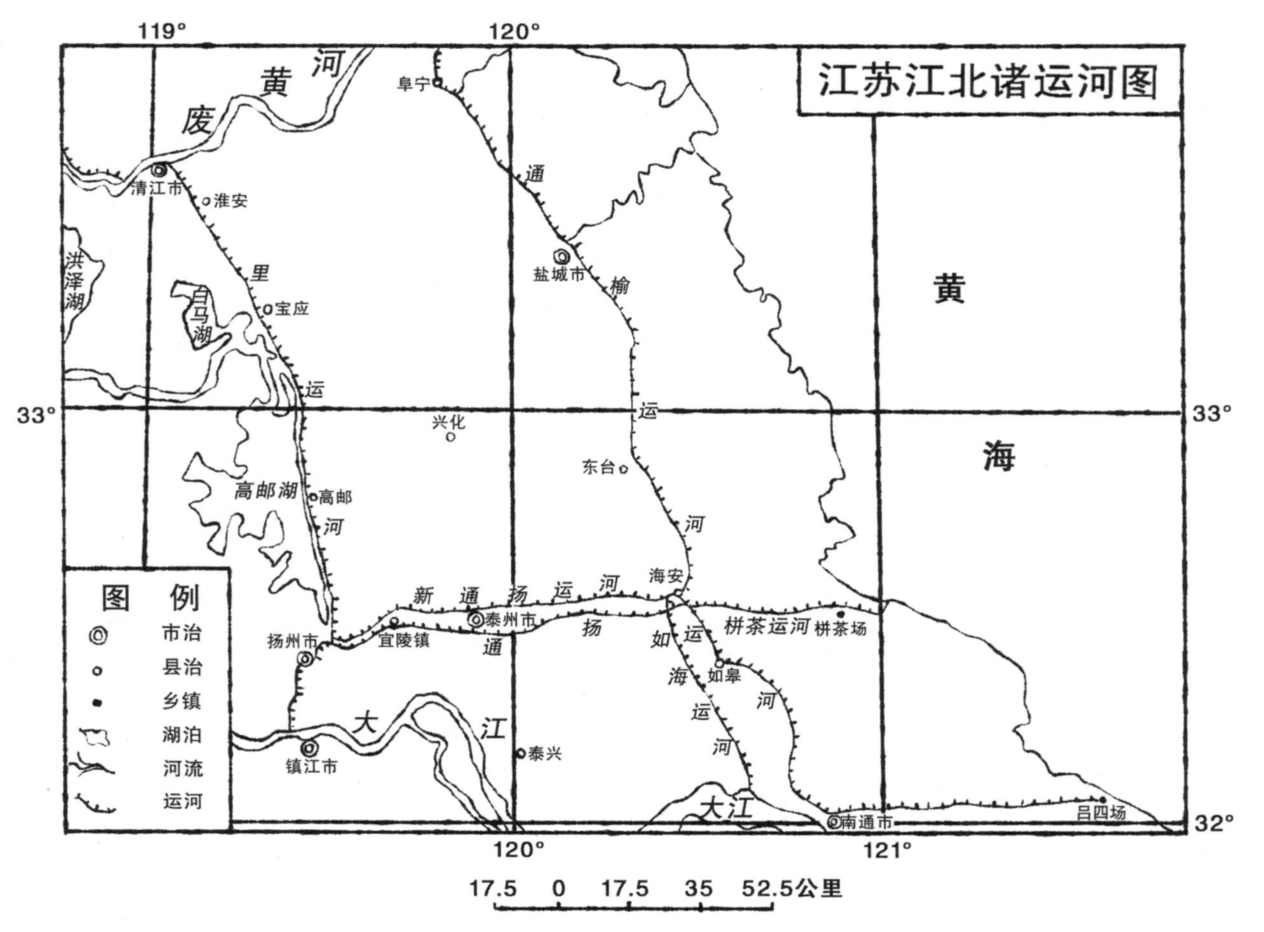
江苏江北诸运河图
119°
120°
33°
32°
121°
黄
海
废
黄
河
清江市
淮安
洪泽湖
白马湖
宝应
里
运
河
高邮湖
高邮
阜宁
通
盐城市
榆
运
河
兴化
东台
海安
新
通
扬
运
河
泰州市
宜陵镇
扬州市
通
扬
如
运
海
运
河
如皋
河
栟茶运河
栟茶场
大
江
镇江市
泰兴
大江
南通市
吕四场
图例
市治
县治
乡镇
湖泊
河流
运河
17.5 0 17.5 35 52.5公里

船舶往来不绝。大运河的南段就是这个样子。尤其是江苏省宝应、高邮以南直至浙江杭州，更是如此。此外还有一些较小的运河，如浙东运河、江苏里下河地区一些运盐河，以及湘、漓二水间的灵渠，也仍然都能够发挥出若干的作用。当前江苏省境内的大运河河段业已整治成功，其他残破的河段也将继续兴工。大运河若能早日整理通航，贯通我国东部的水上交通干线得告成功，将是一个重大的建树，对四化建设必然会起到显著的助力。若干小运河的相继兴修，更是锦上添花，效果日益扩大。千百年来，劳动人民智慧和精力所结成的硕果能够继续发扬光大，而且远远超过前人的旧规，更是一项不可磨灭的光荣业绩！

大运河的整治是恢复和扩大前人已有的硕果。对于大运河以外的其他前代运河又将如何？这必然是相应而起的问题。当然，古往今来，时时会有新的变化，这在一些地形和水道方面都可显示出来。有些运河，或其中某些河段，由于变化较大，已经难于恢复，有的却不宜率然弃置，使其长期埋没于荒烟蔓草之中。因为运河的兴修本是为了便利交通运输，虽说是时移世易，原来的作用并未能消失殆尽，毫无指望。就目前来说，水运虽不如陆运便捷迅速，可是水运也有其节省费用的优点。不然，我国东部南北的交通，既有津浦、沪宁、沪杭等铁路，就不必再从事于大运河的整治了。

从历史往事观察，黄河下游南北广大平原，自来是兴修运河最多的地区。自鸿沟系统诸运河肇其端倪以后，其后陆续兴修，规模最大的当推唐宋的汴河和太行山东的永济渠。千百年来，由于黄河频繁溃决，洪水挟带泥沙淤积，下游南北的平原皆已有所升高。平原是适宜兴修运河的地区，这在古今并无过大差别；如果说，要恢复古代的运河，这个地区应是首先受到考虑的所在。这个地区在远古时期是我国文化的摇篮，也是我国先民的发祥地。当时文化能够有显著的发达，原因自非一端，河流众多也应是其中的一点[1]。如果在这里恢复以往的运河，不仅能够促进这个地区的四化，

1　拙著《由地理的因素试探远古时期黄河流域文化最为发达的原因》（刊 1983 年《历史地理》第三辑）。

也将使这个地区的文化更加发达起来。

在这个地区恢复以前的运河，也不是轻而易举、克奏肤功的，其中最大的一个问题则是黄河的影响。如果黄河不能得到很好的治理，不仅中原运河的恢复难以一劳永逸，就是现在的京杭大运河也难保其万无一失。现在京杭大运河与黄河成交叉形状，以现代治河的工艺，运河可以由黄河之上架桥越过，也可以凿洞由黄河之下穿过；可是黄河万一溃决，则运河河道就很可能被洪水所挟带的泥沙淤为平地。中原的运河不论其为鸿沟，为汴河，抑为永济渠，都有一个共同的特点，就是引用黄河水流。如果恢复这样一条或几条运河，这个共同的特点依然存在，殆难于避免。因为舍黄河之外，没有一条大川能够起到相同的作用。如果黄河不治，即令分黄河的水口不被冲毁，溃决的黄水同样会湮没其所及之地的运河河道。

其实事在人为，不必为这些问题而裹足不前。无论鸿沟或汴河，一经开凿，都有数百年的畅通时期。鸿沟和汴河的最后淤塞，虽有人为的原因，自然的原因实不能稍加漠视。鸿沟一经开凿，初未闻中间多事疏浚。若非西汉中叶，黄河决于瓠子（今河南濮阳县南），鸿沟还不至于受阻。黄河决于瓠子之后，东南注巨野（今山东省西南部），通于淮泗[1]，这样鸿沟的下游必然遭到湮没，而全流也就不能不受影响。汴河自隋炀帝开凿之后，历经唐代，也未闻多事疏浚。可是到了宋代，疏浚工作竟然成了常规，政府还为之定了制度。就是这样经常疏浚，中叶以后，汴河河床已经高于平地，有些地方甚至高出丈余。北宋王朝倾覆，自然说不上再事疏浚，于是向日通航的河流竟成为车马往来的大道。

为什么会有这样一些情形，还和黄河脱离不了关系。黄河多泥沙，一般人早有定论。其中各时期的泥沙含量，也不是前后永为定型，多寡相同。大要说来，黄河中上游流域植被覆盖良好的，侵蚀不会过于严重，所含泥沙量是不会很多的。相反，植被受到破坏，侵蚀趋于严重，所含泥沙量自

1 《史记》卷二九《河渠书》。

然就会增多。鸿沟初开凿时，黄河中上游森林仍极繁茂，草原也相当广大，河水中的泥沙并不显得过多，所以鸿沟用不着多事疏浚，就能长期畅通无阻。自从秦国不断开拓边地，秦始皇和汉武帝继之，在边地设立郡县，迁徙人户，改变游牧地区为农耕的地区，黄河就日趋浑浊，导致了频繁的溃决，鸿沟也难免受到影响。自东汉魏晋以来，黄河中上游草原地区显然有所扩大，而曾经遭受破坏的森林又得以逐渐恢复。这当然会减低侵蚀，使土壤得以保存。自东汉初年起，黄河能够安澜八百年，这不是偶然形成的。在这样的基础上开凿的汴河就能够较为长期畅通；后来黄河中上游植被情形改变了，汴河的问题就纷至沓来，不易维持下去。

这些历史事实说明一点：就是黄河并非不可治理，是在人谋的臧否。黄河能够治理，不仅中原诸运河有恢复的可能，就是恢复后也还可以有较长时期的畅通。

当前举国上下，同心同德，团结奋斗，努力实现四化。运河关系到国家的交通事业，也是四化中不可或缺的环节，如能继旧创新，则将来的发展是完全可以预期的。

# 后　记

这本书在40年代印制的时候，由于印刷条件很差，竟没有能够附上有关的地图。去年交由陕西人民出版社出版前，经过修改，对文字作了增补，同时附上地图，稍稍了结过去的一点心愿。

为了添绘地图，我应该感谢谭其骧教授。承他送给我一套《中国历史地图集》（八开本），使我能够以之作为底图，有很大的方便。对于这样的盛情，我只有“中心藏之，何日忘之”！我还应该感谢田智慧和张道义两位同志，承他们悉心清绘，才能完成这些图幅。隆情厚谊，感荷无已，谨志于此，略表谢忱。

史念海

1987年

# 编后记

史念海先生作为我国历史地理学的主要创建人与开拓者之一，一生著作颇丰。这些作品堪称我国历史地理学知识的一座宝库。《中国的运河》是史念海先生跨出沿革地理研究，并开始思及历史上人类活动与地理变迁相互影响的杰作。如何见微知著，从中国历代运河的兴修，重新理解人与自然之间的共处哲学，是当今广大读者强烈要求和极为关心的事情。本书出版正是立足于此。

本书于1944年由重庆史学书局第一次出版，1987年经作者修订，由陕西人民出版社再版。2013年人民出版社出版《史念海全集》，收入了本书。此次出版即以人民社为底本进行编校。

由于本书撰写时间较为久远，其中涉及的一些地理名词于今有不尽一致的地方，编者在保证不影响阅读的情况下，尽量保留原貌。底本中的47幅地图，编者进行了耗时颇久的精修，以期读者能更直观地感受中国的运河。

尽管全体编辑人员尽心竭力，反复雕琢打磨，但由于资料和水平有限，难免会出现遗漏和差错，恳请同行和广大读者提出宝贵意见，以待重印时修正。

编者